内蒙古
玉米品种布局及精细种植区划

高聚林　谢　岷　孙继颖　等　著

中国农业科学技术出版社

图书在版编目（CIP）数据

内蒙古玉米品种布局及精细种植区划 / 高聚林等著. 北京：中国农业科学技术出版社，2024. 8. -- ISBN 978-7-5116-7037-3

Ⅰ. S513

中国国家版本馆CIP数据核字第 202461AN46 号

责任编辑 李 华
责任校对 李向荣
责任印制 姜义伟 王思文

出 版 者 中国农业科学技术出版社
北京市中关村南大街 12 号 邮编：100081
电 话 （010）82109708（编辑室） （010）82106624（发行部）
（010）82109709（读者服务部）
网 址 https: // castp.caas.cn
经 销 者 各地新华书店
印 刷 者 北京建宏印刷有限公司
开 本 170 mm × 240 mm 1/16
印 张 14.75
字 数 249 千字
版 次 2024 年 8 月第 1 版 2024 年 8 月第 1 次印刷
定 价 98.00 元

《内蒙古玉米品种布局及精细种植区划》

著者名单

主　著： 高聚林　谢　岷　孙继颖

副主著： 于晓芳　王志刚　李丽君

罗　军　樊　丽　刘　剑

参　著： 胡树平　苏治军

桑丹丹　范雅芳

《内蒙古玉米品种布局及精细种植区划》

内容简介

本书为“十三五”国家重点研发计划“粮食丰产增效科技创新”重点专项“东北西部春玉米抗逆培肥丰产增效关键技术研究与模式构建”项目的主要研究成果。本书紧紧围绕内蒙古干旱半干旱区春玉米高产稳产的限制因素和突出问题，通过对内蒙古1951—2020年气象资料与近10年春玉米品种种植分布情况进行系统整理和分析，利用GIS技术和MaxEnt模型对内蒙古春玉米进行适宜性评价研究和精细种植区划，并对近年内蒙古气象干旱时空变化特征进行研究，以期更好地对内蒙古地区春玉米高产稳产进行最优化气候资源配置提供科学依据。

本书是全面介绍内蒙古玉米品种种植气候区划的科技专著，不仅可以为农业、气象、自然资源、高等院校和科研院所等相关研究人员提供参考，也可为相关业务部门提供管理指导。

前 言

玉米是高产粮食作物，在内蒙古自治区其种植面积、总产量、单产水平皆居粮食作物之首，是自治区第一大农作物，在自治区农业生产和粮食安全中占举足轻重的地位。2022年，全区玉米种植面积达4 307.015万公顷，占粮食作物种植面积的36.4%左右；玉米总产达27 720.30万吨，占全区粮食总产的40.3%左右；玉米单产平均为6 436.08千克/公顷；面积、总产、单产均在全国各省份中排名前列。但是，20世纪90年代以来，自治区玉米单产水平基本徘徊在4 800～6 450千克/公顷，年际间变化主要受品种和气候的影响。为此，笔者在“十三五”国家重点研发计划“粮食丰产增效科技创新”重点专项“东北西部春玉米抗逆培肥丰产增效关键技术研究与模式构建”项目的支持下，从内蒙古气候资源到玉米品种分布，再到内蒙古玉米种植适宜性区划，系统地梳理了内蒙古玉米品种种植情况与气候影响因子。因此，《内蒙古玉米品种布局及精细种植区划》对内蒙古自治区玉米品种及气候影响进行研究，以期揭示气候和品种变化背景下内蒙古玉米种植布局和生产情况，进而为内蒙古不同地区玉米高产稳产栽培提供科学依据。

本书共7章，各章内容及编写人员如下：第1章介绍内蒙古的自然地理和气候概况，包括地形地貌、气候类型及其对农牧业生产的影响，为理解玉米种植的地理和气候背景提供基础知识。本章编写人员为孙继颖、刘剑、范雅芳。第2章深入分析了内蒙古玉米品种的当前布局及存在的问题。本章编写人员为李丽君、桑丹丹、罗军。第3章和第4章分别探讨了内蒙古的热量资源和降水资源分布情况及特征，这些是影响玉米生长和产量的关键气象因素。本章编写人员为谢岷、樊丽。第5章关注气象干旱的时空变化特征，提供了对极端天气事件影响的深入理解，对于玉米种植制定应对策略至关重要。本章编写人员为谢岷、于晓芳、王志刚、胡树平、苏治军。第6章讨论了内蒙古玉米精细种植的气候区划，为科学种植和资源配置提供了理论支撑。本章编写人员为谢岷、樊丽。第7章提供了关于内蒙古各地适合栽培的玉米品种的详细指南和推荐，旨在帮助农业工作者和农场主选择最适合当地条件的品种。本章编写人员为李丽君、桑丹丹、罗军、谢岷、樊丽。

本书的整体构想是由农业农村部玉米专家指导组成员及内蒙古玉米首席专家高聚林教授提出，并由高聚林教授负责全书的内容安排及统稿工作。本书出版得到了“十三五”国家重点研发计划“粮食丰产增效科技创新”重点专项“东北西部春玉米抗逆培肥丰产增效关键技术研究与模式构建”项目（2017YFD0300802）的资助，相关研究工作得到了国家气象科学数据中心和内蒙古自治区农牧业技术推广中心等单位的大力支持，为研究提供基础数据和宝贵资料；同时也感谢研究生杨绣娟、张鹏、王彦淇、陈天奇等在数据资料收集、整理和文字校对方面做出的工作。

由于本书是相关项目研究成果的汇总与集成，书中部分内容已经在国内外期刊上进行整编发表。限于著者水平和时间紧迫，书中表达不妥、纰漏之处在所难免，恳请广大读者不吝赐教。

著　者

2024年3月

目 录

1 内蒙古自然地理及气候概况

内蒙古自治区是一个省级少数民族自治区，简称内蒙古，其行政辖域范围总体上包含12个一级地方行政区域，即所辖呼和浩特（首府）、呼伦贝尔、包头、鄂尔多斯、乌海、赤峰、通辽、巴彦卓尔、乌兰察布和阿拉善盟、兴安盟、锡林郭勒盟。内蒙古位于亚洲中部区和蒙古高原的东南部，属于一个狭长且广袤的地区，从祖国大陆东北方北部边界线的额尔古纳河北岸开始，向西南一直向北绵延至甘肃北部的草原边缘，横跨整个东北、华北、西北3个主要经济区域。内蒙古最东与最西两个地区之间相隔直线距离达2 400多千米，最南与最北两个地区之间相隔直线距离达1 700多千米，全区土地总面积约占全国土地面积的12.3%，达118.3万平方千米，仅次于新疆、西藏，居全国第3位。内蒙古与黑龙江、吉林、辽宁、河北、山西、陕西、宁夏和甘肃8个省（区）直接为邻，毗邻内蒙古的北部联邦地区与毗邻蒙古国和白俄罗斯的南部联邦地区，国境线长达4 200多千米。

1.1 自然地理概况

1.1.1 地理地貌

内蒙古地貌呈现出一种由西部高原、山脉和中部平原三者相间形成的典型带状结构，其地貌以平均海拔在1 000米以上的高原地貌为主，在内蒙古东部是作为内蒙古高原与松辽平原分水岭的大兴安岭地带，西部拥有着广阔无垠的腾格里沙漠、巴丹吉林沙漠、乌兰布和沙漠，南部地区是内蒙古最为富饶的嫩江平原、河套平原和西辽河平原，北部地区是被誉为世界美丽花园的呼伦贝尔大草原和水草丰美的锡林郭勒草原。

1.1.1.1 高原

在阴山山脉以北，大兴安岭之西，北至国界，西至东经106°附近的内蒙古高原是蒙古高原的一部分，面积约34万平方千米。内蒙古高原古有“瀚海”之称，一般海拔在1 000～1 200米，整体呈南部高北部低，东部地区高西部地区低，最低海拔为600米左右，广义的内蒙古高原还包括位于贺兰山以西的阿拉善高原和阴山之南的鄂尔多斯高原，目前内蒙古高原的边缘依旧为农业、牧业、林业交错的地区。内蒙古高原的东部边缘属森林草原黑钙土地带，东部广大地区为典型草原栗钙土地带，西部地区为荒漠草原棕钙土地带，最西端已进入荒漠漠钙土地带。

鄂尔多斯高原是位于内蒙古南部的高原。东、西、北三面由黄河环绕，南以长城与黄土高原相隔，面积约13万平方千米，高原东部属栗钙土干草原地带，西部属棕钙土半荒漠地带。地处内蒙古中部的鄂尔多斯，海拔1 000～1 300米。西部地势较高，最高山峰桌子山自北向南伸延，海拔达2 149米，在鄂尔多斯北部为库布齐沙漠，中部为草原并夹有盐碱湖沼，南部为毛乌素沙地。鄂尔多斯北沿是黄河三级阶地，是包头内陆断陷的南缘。东南部为构造凹陷盆地，境内广泛分布第四纪沉积层和现代河湖沉积。鄂尔多斯流沙和“巴拉”（翻译自蒙古语，意为固定或半固定的沙丘）分布广泛。由于不合理开垦，过度樵采和放牧，大片沙区中的固定巴拉日益沙化，在高原中部亦新出现不少沙化地面。全区除桌子山外，岩层基本水平，中生代沉降形成向斜盆地，沉积较厚的中生代沙岩、沙砾岩、页岩，西部有第三纪红色沙岩。第四纪以来各地有不同幅度的上升。因西部沙丘不断向南迁移，我国已在长城沿线营造防护林带。鄂尔多斯杭锦旗以东至鄂尔多斯东胜以西一带是鄂尔多斯高原海拔较高的地区。在高原东部切割河谷部分地区海拔可下降到1 000米以下，高原顶面个别地区海拔可达1 600米以上。

1.1.1.2 平原

平原是陆地上最平坦的区域，海拔一般在200米以下。平原地区整体地貌开阔而平坦，起伏很小，它以较小的起伏区别于丘陵，同时以较小的高度区别于高原。平原的类型较多，按其形成的主要原因一般可分为构造平原、侵蚀平原和堆积平原，但大多数平原形成是河流冲击的结果。

堆积平原是在地壳下降运动速度较小的过程中，沉积物补偿性堆积形成的平原，洪积平原、冲积平原、海积平原都属于堆积平原。如长江中下游平原就是冲积平原。侵蚀平原，也叫剥蚀平原，是在地壳长期稳定的条件下，风化物因重力、流水的相互作用而使地表逐渐被剥蚀，最后风化形成的石质侵蚀平原。侵蚀平原一般略有起伏状，如我国江苏徐州一带的平原。构造平原是因地壳抬升或海面下降而形成的平原，如俄罗斯平原。在内蒙古南部有着最肥沃的嫩江平原、河套平原和西辽河平原。

嫩江平原是个沿大兴安岭东麓由北、向南延伸的带状山前倾斜波状平原。其地域范围较小，土地面积只有2 462平方千米。地势由东北向西南倾斜，越往东越低，海拔200～500米。靠近大兴安岭东部地区有丘陵分布，相对高度100～300米。嫩江平原河谷众多，河谷阶地宽坦。地面多起伏呈波状形，起伏甚微。因处在大兴安岭东侧山麓和松辽平原之间的过渡地带，对大兴安岭山体起屏障性作用，故年降水丰富，年降水量可达450～530毫米，河网密度大，支流多，河床宽阔，水质优良，且地下水资源也十分丰富，易于开采和利用。土壤潜在的肥力高，是呼伦贝尔、兴安盟的主要农业基地和粮食产地。

嫩江平原较大面积分布着黑土地，且水土资源蕴藏丰富，是我国重要的能源基地、粮食主产区和主要的商品粮基地，也是我国仅次于三江平原的具有较大经济规模和粮食增产潜力的区域。随着东北地区旧工业基地的振兴，特别是又一批国有大型商品粮生产基地的投入建设，嫩江流域面临难得的历史性变革机遇，但也同时面临着严峻挑战。一方面，嫩江平原是世界三大苏打盐碱地分布区之一，土地资源盐碱化和荒漠化严重，利用率与产出率、经济效益与生态效益低下；另一方面，嫩江流域大型水利工程建设严重滞后，农业大多是靠天吃饭，农业生产力低。

河套平原是阴山山脉与鄂尔多斯高原间的断陷冲积湖积平原，位于内蒙古西南部，北至阴山南麓，断层崖耸立于平原之北，界线明显；南到鄂尔多斯高原北缘的陡坎，由于库布齐沙漠的散布，其南北边界的分界线较模糊，西与乌兰布和沙漠相连，东及东南与蛮汗山山前丘陵相接。介于北纬40°10′～41°20′，东经106°25′～112°，东西长约500千米，南北宽20～90千米，面积约2.6万平方千米。河套平原平均海拔900～1 200米，地势由西向东微倾，西北部第四纪沉积层厚达千米以上。山前平原为洪积平原，面积约为平原总面积的1/4，其余部分均属于黄河冲积平原。广义的河套平原由贺兰山以东的银川平原（又称西套平原）、内蒙古狼山、大青山以南的后套平原和土默川平原（又称前套平原）组成，位于鄂尔多斯高原与贺兰山、狼山、大青山间的陷落地区。在内蒙古有着"天下黄河，唯富一套"之说。狭义的河套平原仅指后套平原，面积近10 000平方千米。自清代以来，人们在后套平原上修渠引黄河灌溉，为内蒙古主要农业区。但由于灌溉水大量渗入，使地下水位升高，盐碱地面积增加。

西辽河平原位于内蒙古通辽中部，大兴安岭南段山地与冀北、辽西山地之间，东与松辽平原相接，由西辽河及其支流形成的冲积平原和残留的沙质古老冲积平原组成。西辽河平原的行政区域包括科尔沁、开鲁、科尔沁左翼中旗、奈曼旗、科尔沁左翼后旗大部、库伦旗北部和扎鲁特旗南部，东西长270千米，南北宽100～200千米，总面积5.29万平方千米。西部狭窄，东部宽阔，地势西高东低，南北向中部倾斜，海拔由西部950米逐渐下降到东部最低120米，是内蒙古重要的粮食和畜产品生产地区。整个平原地平土厚，水源充足，便于引水灌溉和农业机械作业。

西辽河平原盛产玉米、小麦、大豆、葵花籽、甜菜、蓖麻等优质农作物，是内蒙古重要的大型农业生产基地之一，被誉为"内蒙古粮仓"。在西辽河下游处有大面积的近代沙地，称为沙坨与沙塌，其中固定、半固定沙地占80%以上，流动沙地占15%左右。平原上生长的植被有沙地疏林、沙生灌丛、沙蒿等群落，可作为林地和草牧场。平原上部分地区由于排水不畅，耕地盐渍化情况恶化。

西辽河平原与河套平原最大不同之处，就是前者风沙层很厚为沙丘覆盖的冲积平原，此外其北部地势低，海拔仅150～400米，是内蒙古境内地势最低的地区，为松辽平原的边缘组成部分；而河套平原湖积冲积层很厚，海拔则在1 000米左右，地势平坦，由于被阴山山际环抱，风沙较厚。这两个平原都有较大的河流——黄河与西辽河滋养，灌溉方便，是内蒙古最重要的农业经济发展区域。

1.1.1.3 山脉

内蒙古高原与鄂尔多斯高原的边缘镶嵌的大兴安岭、阴山山脉，它们的海拔均未超过2 000米，在地质构造基础上虽然差异很大，但自中生代以后的发展基本上经历了一致的地质构造变化过程，表现在地貌轮廓上都有许多相似之处：比较齐平的山顶，代表着古代准平面的遗址，由于高原的山体隆升与山前的断陷运动作用，形成了一个单面山的形势，一坡下降急峻，一坡下降平缓，自平原望之，山势巍峨，而且有被流水切割成的深沟和峡谷，山麓有洪积冲积扇的分布，但越过山脊之后，山势低沉，平淡无奇，这里流水作用显著减弱，山麓地带普通分布着风力堆积的沙层。这些山脉对山前的平原起屏障作用，阻碍了风沙向东南方的侵袭[1]。

阴山山脉是中国北部东西向山脉和重要地理分界线，横亘在内蒙古中部及河北最北部，介于东经106°～116°，西端以低山没入阿拉善高原；东端止于多伦以西的滦河上游谷地，长约1 000千米；南界在河套平原北侧的大断层崖和大同、阳高、张家口一带盆地谷地北侧的坝缘山地；北界大致在北纬42°，与内蒙古高原相连，南北宽50～100千米。

阴山山脉为东西走向，属古老断块山。西起狼山、乌拉山，中为大青山、灰腾梁山，南为凉城山、桦山，东为大马群山，长约1 200千米，平均海拔1 500～2 000米，山顶海拔2 000～2 400米。集宁以东到沽源、张家口一带山势降低到海拔1 000～1 500米。阴山山脉在呼和浩特以西的西段地势高峻，脉络分明，海拔1 800～2 000米，最高峰呼和巴什格山位于狼山西部，海拔2 364米。山与山之间的横断层经流水侵蚀形成宽谷，为南北交通要道，山脉主体由太古代变质岩系和时代不一的花岗岩构成，在两侧及山间盆地内有新生代地层。南坡与河套平原之间相对海拔高度约1千米，经长期流水的侵蚀，现代山脉边缘已较地质构造上的断层边缘向北后退10～30千米。在山前和山谷两侧普遍发育有多级阶地。山脉北坡起伏平缓，丘陵与盆地交错起伏分布，相对高度50～350米，丘间盆地沿构造线呈东西向分布，盆内沉积有白垩系、第三系地层，上覆第四系厚层沙质黏土。源于阴山的河流横切丘陵，支流极少，河床宽坦，与现代水流级不相称。呼和浩特以东的东段山区海拔一般在1 500米左右，地形狭窄，主要有苏木山、马头山、桦山等。在集宁张北一带被玄武岩沉积覆盖，部分地区的熔岩台地已被侵蚀切割成平顶低山和丘陵。低山和丘陵间盆地内存在白垩纪、第三系和现代化学沉积。盆地间的岭脊低而宽，相对高度300～500米，有些盆地以其中心集水成湖，较大者如岱海、黄旗海、安固里淖、察汗淖等。

大兴安岭素有千里绿色长廊之称，位于祖国的东北部。大兴安岭南北长，东西狭，地跨黑龙江、内蒙古，总面积达2 136万公顷，其中67%位于内蒙古境内，南起西拉木河流域，北抵黑龙江，纵长500多千米，是连接松嫩平原和呼伦贝尔大草原的重要天然屏障。大兴安岭是由雅克山、岳尔济山、雉鸡场山等群山构成，西高东低，而南部地势又高于北部。平均海拔高度大致在700～1 300米。

大兴安岭以兴安盟境内洮儿河为界分为南北两段。大兴安岭山地东西两侧是嫩江右岸支流和额尔古纳河水系的发源地，森林覆盖率一般可达60%以上，以大兴安岭落叶松占优势的针叶林为主，主要树种有大兴安岭落叶松、樟子松、红皮云杉、白桦、蒙古栎、山杨等，是我国东北重要的自然生态屏障和国家森林保育区。南段又称苏克斜鲁山，长约600千米，草原植被居多，最高峰位于赤峰克什克腾旗的黄岗峰，海拔2 035米。在大板—林东—鲁北—乌兰哈达一线以东的低山地带坡缓谷宽，宽阔的山间盆地与河谷平原相互交错，水草肥沃丰美，是优良的牧场。

1.1.1.4 沙漠

腾格里沙漠坐落于内蒙古阿拉善西南部，北纬37°～40°，东经102°～106°。其东西走向长约160千米，南北走向长约240千米。腾格里沙漠总面积大约为4.3万平方千米，它是中国的第四大面积的沙漠。它属于阿拉善沙漠东部的一部分，坐落于银额盆地。阿拉善左旗作为腾格里沙漠的主要行政区域划分，它的西部边缘归属于甘肃民勤，东南部边缘属于宁夏中卫。腾格里沙漠内部包括了大量的山地、残丘、湖盆、沙丘、草滩、平原等，它们在内部交错分布，内部沙丘面积占据大部分，高达71%，流动型沙丘为大多数，沙丘高度大多在10～20米。沙漠内部湖泊数量总计422个，50%以上含有积水，多为退缩或者已经干涸的残留湖泊。

腾格里沙漠属于阿拉善高原的冲积平原，在地质结构上属于断陷盆地，被湖积物（黏土或者细沙状态下冲击）覆盖，它的上面多为风积物、冲积物或者淤积物，大多是3～10米并不相等的半固定或者固定的沙丘，流动或者平缓沙地，以及一些地区分布相互交错的丘间低地。

腾格里沙漠气候类型为中温带地区极为典型的温带大陆性气候，被西风环流终年控制，腾格里沙漠降水量年平均约为103毫米，降水最稀少的年份降水量大约为33.3毫米，降水最多的年份降水量大约为105.3毫米，每年的平均温度约在7.8℃，年平均降水蒸发量为2 259毫米，年日照时数约3 181小时，平均无霜期大约为168天，以西南风盛行为主，腾格里沙漠主要的自然危害为风沙危害，西北风作为主要害风，风势巨大且强烈，但是其作为沙漠地区，光热资源十分丰富。

巴丹吉林沙漠是中国八大沙漠之一，内蒙古第一大沙漠，其坐落于内蒙古西部阿拉善右旗的北部，位于银额盆地，位于东经98°～104°，北纬39°～42°，它的总面积大约为5.22万平方千米。巴丹吉林沙漠的海拔为1 200～1 700米，沙山之间的高度相对可达到500多米，必鲁图峰就在巴丹吉林沙漠之中，它是当今世界上最高的沙峰，其海拔大约为1 617米，有沙漠珠穆朗玛峰之称。巴丹吉林沙漠高大山丘在其中部密集，沙丘密集而又高耸，巴丹吉林沙漠总面积的61%为沙山，高度为200～300米，最高的沙山可达500米以上。沙丘链环绕在这些高大沙山附近，高度为20～50米。

巴丹吉林沙漠地质结构属于阿拉善地块，其有着较为缓和的地貌状态，大多由山间凹地和低山残丘相间构成，在地表上，第四纪沉积物随处可见，如此就形成了沙漠和戈壁。在巴丹吉林沙漠所覆盖的范围内，除了北部、东部和南部有一些面积较小的残丘和准平原化基岩以外，广大辽阔的巴丹吉林沙漠绝大部分被沙丘覆盖，在沙漠之中流动沙丘占据了主要的部分，高达83%。

巴丹吉林沙漠的气候类型为温带大陆性沙漠气候，此地夏季降水稀少，十分干旱。平均年降水量低至50～60毫米，且大多集中在6—8月，年平均气温为7～8℃，最高气温绝对数可达37～41℃，最低气温绝对数可达-37～-30℃，沙漠表层温度高达70～80℃，年平均蒸发量大约为3 500毫米，巴丹吉林沙漠的蒸发量为降水量的40～80倍，沙漠夏季的温度十分高，在内蒙古范围内是太阳能资源最丰富、光照时间最充足的几个地区之一。

作为中国八大沙漠之一的乌兰布和沙漠，其坐落于内蒙古西部阿拉善盟和巴彦淖尔之间，位于银额盆地。位于北纬39°～40°，东经106°左右，乌兰布和沙漠西到吉兰泰盐湖，南到贺兰山北面，北临狼山，东近黄河，跟河套平原在东北部相接。地形自南到西倾斜，东西距离为110千米，南北距离为170千米，总面积约1万平方千米，海拔为1 028～1 054米。

乌兰布和沙漠的地质属于阿拉善高原的冲积平原，地质构成上属于断层盆地，在地表上，湖积物随处可见，沙漠上大多为风积物、冲积物或淤积物。在乌兰布和沙漠上大多为固定或者半固定的沙丘，平缓或者流动的沙地地貌。磴口的东南方自南向北为黄河流经的方向，由东南朝西北倾斜的地势是磴口绿洲，该绿洲整体海拔为1 048～1 053米。但是乌兰布和沙漠的整体高度都远远低于黄河，从而就有了引流黄河之水用来灌溉的条件，这就使得该地区蒸发量大，降水稀少，干旱少水这一不良因素得到了进一步改善。乌兰布和沙漠的地下水为5～8米，水资源在浅层中比较丰富，水质也相对清澈，用来种植农田庄稼十分合适。根据其勘探调查资料显示表明，乌兰布和沙漠浅层水资源十分丰富，含水层大约为100米，拥有57亿立方米的总储水量。

乌兰布和沙漠的气候类型为中温带地区十分典型的温带大陆性气候，被西风环流终年控制导致降水量缺少，平均降水量每年为103毫米，平均降水量最多的年份为150毫米，平均降水量最低的年份为33.3毫米。平均年气温为7.8℃，最高气温绝对数为39℃，最低气温绝对数为-29℃，蒸发量年平均为2 259毫米。年光照时长约为3 181小时，该地区西南风终年为主要风向，该地区主要的自然灾害之一就是风沙侵蚀危害，风势过于强烈巨大。但是该地区和其它沙漠地区的特征也一样，光热资源十分丰富。

1.1.2 水文

内蒙古大约有1 000个湖泊和1 000条河流。我国的第二大河流黄河，它自宁夏的石嘴山流经到内蒙古，流向从南到北，类似马蹄形状环绕鄂尔多斯高原。在其境内，河流流域面积大于1 000平方千米的大概有200条，河流流域面积大于300平方千米的大概有450条。200平方千米之上的湖泊总共有4处，呼伦贝尔湖是中国第五大淡水湖，其所在地位于呼伦贝尔高原，湖泊面积大概为2 315平方千米。

1.1.2.1 河流

在内蒙古范围内，由于河川径流最终归宿和循环形式的不尽相同，可以按其分为内流和外流作为不同的水系。贺兰山和阴山以及大兴安岭，是作为内流和外流不同水系的分水岭。内流水系占总面积的9.8%，流经面积大约为

11.41万平方千米。外流水系占总面积的52.5%，流经面积大约为61.34万平方千米。非内外流水系的内陆荒漠占总面积的37.7%，面积大约为44.09万平方千米。在该境内绝大部分河流的走向为西北至东南，总体上体现平行分布的排列状态，相隔间距自东向西呈现越来越大的趋势。阴山和大兴安岭是一些大型河流的发源地，降水是这些河流主要的水量补给方式，除此之外还有冰山融雪补水和地下水补给的方式。许多河流的洪水期是7—8月，同时也存在融雪水或者融冰的春汛现象。在此地春季或者冬季也存在河流枯水的现象。河流含沙量普遍都比较高，纳林河坐落于鄂尔多斯高原东部，该河流在内蒙古境内含沙量最高。

全区地表水资源为671亿立方米，除黄河过境水外，境内自产水源为371亿立方米，占全国总水量的1.67%。地下水资源为300亿立方米，占全国地下水资源的2.9%。扣除重复水量，全区水资源总量为518亿立方米。内蒙古地区的水资源分布不均，地区和时程不同，水资源分布不同。除此之外，内蒙古地区的水资源也和耕地人口的分布不尽相同。在东部地域上的黑龙江流域地区，土地面积大约为内蒙古的27%，耕地总面积大约为内蒙古的20%，人口大约为内蒙古的18%，但是水资源占据了整个内蒙古的65%，人均占水量是内蒙古总均值的3倍以上。内蒙古境内包括中西部地区的黄河和西辽河以及海滦河，流域面积为内蒙古的26%，耕地总面积为内蒙古的30%，总人口大约为内蒙古的66%，但其水资源占据了内蒙古的25%，除了黄河沿岸的一些地区，剩下的地区水资源十分短缺。

内蒙古平均地表流量为291亿立方米，为总河川流经量的78%，平均径流量约为80亿立方米，占总河川流经量的22%。因受到了下垫面以及大气降水等因素的影响，河川年径流量地区分布不均，水资源地区分布也不尽相同，年与年之间变化差异较大，6—8月是降水量集中的月份，汛期的径流量为全年径流量的一半以上。除此之外，从内蒙古外流入的河流径流量为330.6亿立方米。

1.1.2.2 湖泊

我国有关水域数据统计资料分析显示，在内蒙古管辖范围内，目前拥有大型湖泊水域上千个，有10多个大型湖泊的水域覆盖面积大于50平方千米。

内蒙古范围内，湖水较浅和湖面较小的湖泊占据了大多数，盐湖占比较大，淡水湖占比较少。存在湖泊的地区，地表水域流经较浅，然而气候干旱蒸发旺盛，所以境内湖泊面积大部分都在几平方千米之内。湖水的水深也比较浅，同时存在着许多季节性的湖泊，存在个别的湖泊通过地下水补给从而湖面较深。在我国境内比较著名的呼伦湖，它的水域面积就在1 000平方千米以上，贝尔湖为中国和蒙古国共有湖泊，湖水面积在500～1 000平方千米。100～500平方千米的湖泊也有很多，比如岱海、黄旗海、达里诺尔湖等。内蒙古80%以上的湖泊都属于盐湖，内蒙古是我国盐湖分布的主要省份。其中比较闻名的有中泉子湖、吉兰泰盐湖、北大池盐湖、呼和诺尔湖等。众多盐湖的存在，是由内蒙古气候和环境共同决定的。

1.1.2.3 土地资源

内蒙古的土地面积大约是118.3万平方千米，该地区土地广阔，资源较为丰富，土地面积约占全国土地面积的12.3%，内蒙古在全国范围内土地面积排名第三（第一名是新疆，第二名是西藏）。内蒙古总体的自然草原覆盖面积大概是8 800万公顷，总体的自然森林覆盖面积大概是2 614.85万公顷，总体的农业耕地面积大概是888.6万公顷。牲畜存栏数量高达7 192.4万头，牛奶、羊肉等产量居于全国第一位，林牧用地是内蒙古的主要用地途径。

（1）草场资源。内蒙古草地种类繁多，是当今保存最完好的草地之一。内蒙古大草原东起大兴安岭，西至阿拉善，东西向平均长度约2 400千米，南北向长度200～500千米。内蒙古大陆草原范围横跨华北部、东北部和西北部，区域性气候形态类型丰富多样，涵盖干旱、半干旱和半湿润三大类，海拔平均值在1 000米以上。内蒙古草原位于内蒙古高原和鄂尔多斯高平原上，草原面积广阔，高达几千千米。如此优越独特的地理条件，加上草原本身的一些特有优点，因此内蒙古草原地区是全国极其重要的畜牧业产地，同时也对华北部、东北部和西北部的生态安全有着极为重要的意义。

内蒙古境内有6个有着较高国际知名度的大草原，分别是内蒙古乌兰察布人草原、内蒙古鄂尔多斯大草原、内蒙古乌拉特大草原、内蒙古锡林郭勒大草原、内蒙古呼伦贝尔大草原和内蒙古科尔沁大草原。植物种类高达2 000余种，形成了一条绿色植被带，成为内蒙古最大的生态安全保障。同时也涵盖了千余种牲畜饲用植被，其中有100多种饲用价值比较高，如一些羊矛、冰草、羊草、野燕麦等，尤其适宜作饲料。地带性的森林植被主要类型包括温性典型森林草原、温性草甸草原、温性典型草原化荒漠、温性草原化森林荒漠、温性森林荒漠等。地带性的典型草原和绿化占到了土地区域总面积的89%，同时该地区也广泛分布具有非地带性的原生植被，如低山平地土壤草甸、山区地域土壤草甸和山地沼泽等，非地带性原生植物面积约占土壤区域总面积的11%。内蒙古的产草量规律极为明显，自西向东呈现增长的态势，各种类型的草场单产在23～191千克/亩[①]。草甸草原位于东北部，其降水比较丰富，牧草的种类也非常多，土质也较肥沃，从而具备了一些高产的特征，对于养牛业来说十分适宜。位于中部和南部的草原，降水相对比较充沛，尽管没有一些草甸地区的农业牧草产量和很高的人口密度，但该地区的牧草却适合牲畜食用，对于放羊十分适宜。由于我国荒漠性放牧草原地区位于鄂尔多斯高原和阴山北部，该地牧草稀少，产量大大降低，虽然气候干旱，降水也相对较少，但是牧草中的蛋白质、脂肪含量相对较高，特别适合一些小牲畜的放牧。荒漠牧草在内蒙古的最西部，气候较为温和，牧草产量少，且其大多含盐和带刺，对于骆驼的饲养十分适合。草原地区优良的畜牧业资源比较丰富，比如鄂尔多斯细羊毛、三河马和大黄山牛等，一些优质的畜牧产品在国内外也十分出名。

内蒙古草原主要在半干旱地带和干旱地带，气候较为恶劣，降水稀少，年与年之间以及时空地域方面分布不匀。同时也因为其无霜期较短、气温较低等原因，再加之草原生态地区本来较为脆弱，一旦草原植物遭到了严重破坏，草原地区的恢复就十分困难。最近几年来，内蒙古政府大力实行草原生态系统防护，使草原系统不良退化得到扼制。

（2）森林资源。内蒙古地理条件复杂繁多，加之其覆盖范围广阔，土地资源丰富，在此条件下形成了丰富多样的森林资源。据2020年全区森林资源管理“一张图”更新结果显示，全区森林面积4.08亿亩，居全国第一位，森林覆盖率23.0%；人工林面积660万公顷，居全国第三位；森林蓄积16亿立方米，居全国第五位。天然林主要分布在内蒙古大兴安岭原始林区和大兴安岭南部山地等11片次生林区，人工林遍布全区各地。森林中的野生植物高达2 700余种，野生的脊椎动物700余种。树木类型也繁杂多样，乔灌树高达350余种，全区内既有防风固沙的防护林，还有一些优质的用材林，同时也有一些极为罕见的国家保护树种。内蒙古大兴安岭林区森林面积817.36万公顷，

---

① 1亩≈667平方米，1公顷=15亩，全书同。

活立木总蓄积8.87亿立方米，森林覆盖率76.55%，均居全国国有林区之首，是我国最大的集中连片的国有林区。其森林生态维系着我国东北、华北地区的生态安全，是额尔古纳河、黑龙江、嫩江、松花江的水源涵养地，是保障东北粮食主产区和呼伦贝尔大草原的绿色屏障。

大兴安岭国有林区目前是全国覆盖范围内最大的国有林区，面积大约为10.67万平方千米。大兴安岭森林主体园区被称为森林生态博物馆，它既是东北、华北粮食主产区以及呼伦贝尔草原及森林生态安全保障，同时又是松花江和黑龙江的起点。从1952年到目前开发该地区建设为止，大兴安岭地区已经提供了2亿多立方米的森林副产品，已经向国家上缴了各种相关税费超过200亿元，是建设投入的4倍之多，从实际行动上支持了国家以及内蒙古建设。该地区天然的次生林主要分布在内蒙古的阴山和贺兰山以及罕山等平原中，一些大型天然林都是具有较高的科学研究价值和经济利用价值的珍稀树种，比如油松、山杨林、云杉、松树林等。内蒙古森林中人工林也是极为重要的一部分，除在一些地理环境较好的平原地区进行植树造林外，水土流失严重地区也展开了植树造林活动。一些用材林以及防护林等得到了较快的发展，在内蒙古范围内人工林面积为331.65万公顷。1987年国家重点建设的三北防护林生态工程，有着作为世界上著名的森林生态工程之最及中国绿色森林“万里长城”之称，使得该地区35%以上的天然林木生态资源可以得到有效保护，50%以上位于平原区和农区的生态林网一体化也因此得以基本实现。一些荒漠地带上的绿洲还存在着特有的森林植被来保护生态环境，在农牧业方面和防风护沙方面的保护有着不可替代的作用。

（3）耕地资源。内蒙古境内的耕地资源极为丰富，耕地面积人均为0.36公顷，居全国第一。耕地资源主要集中在平原和河流两岸的地区和山区，主要分布在河套平原区、土默川平原区、西辽河流域平原区、大兴安岭岭东和大兴安岭岭南平原区。上述平原区由于土地和灌溉条件较好，水资源丰富，所以它们是内蒙古境内主要的粮食生产区，除此之外，在鄂尔多斯丘陵区和阴山丘陵区还涵盖一部分耕地地区，形成了内蒙古重要的粮仓。内蒙古的主要农作物品种约有25类，有高达上万个品种，其中主要品种有荞麦、高粱、马铃薯、水稻、小麦、玉米、向日葵、蜜瓜、甜菜等，荞麦是目前内蒙古的主要特色，远近闻名。除此之外，内蒙古也是许多耐旱、耐寒水果的适宜生长地，比如梨、苹果、山楂、海棠等。

（4）水资源。内蒙古境内共有大小河流千余条，祖国的第二大河——黄河，由宁夏石咀山附近进入内蒙古，由南向北，围绕鄂尔多斯高原，形成一个马蹄形。流域面积在1 000平方千米以上的河流有107条；流域面积大于300平方千米的有258条。有近千个大小湖泊。全区地表水资源为406.60亿立方米，与地表水不重复的地下水资源为139.35亿立方米，水资源总量为545.95亿立方米，占全国水资源总量的1.92%。全区多年平均水资源可用量253.44亿立方米，其中地表水可用水量140.14亿立方米，地下水可用水量113.93亿立方米，其它水源可用水量7.68亿立方米。年人均占有水量2 200立方米，耕地每公顷平均占有水量0.76万立方米。

内蒙古多年平均地表水资源量约369.99亿立方米。由于河川径流受大气降水及下垫面因素的影响，年径流量地区分布不均，水资源也不平衡，局部地区水量富而有余，而大部分地区干旱缺水。同时，河川径流年内分布不均，年际间变化比较大。年降水集中在6—9月，汛期径流量占全区径流量的60%～80%。历年间径流量大小不匀，相差很大。年径流量最大与最小的比值，东部林区各河流为4～12，中部各河流为6～22，西部地区部分河流可高达26以上。

内蒙古多年平均地下水资源量为217.84亿立方米，与地表水的重复量为72.12亿立方米。全区地下水资源的分布受大气降水、下垫面条件和人类活动的影响，具有平原区多、山丘区少和内陆河流域更少的特点。平原区扣除与山丘区地下水资源量间的重复量后的平均地下水资源模数为3.26万立方米/平方千米，为山丘区地下水平均水资源模数的1.9倍。内陆河流域地下水资源模数为0.79万立方米/平方千米，因而地下水资源十分贫乏，只是在内陆闭合盆地的平原或沟谷洼地地下水才比较富集。全区按自然条件和水系的不同，分为大兴安岭西麓黑龙江水系地区；呼伦贝尔高平原内陆水系地区；大兴安岭东麓山地丘陵嫩江水系地区；西辽河平原辽河水系地区；阴山北麓内蒙古高平原内陆水系地区；阴山山地、海河、滦河水系地区；阴山南麓河套平原黄河水系地区；鄂尔多斯高平原水系地区；西部荒漠内陆水系地区。

内蒙古大部分地区的多年平均降水量为100～450毫米，总体范围内呈现自西向东增长的趋势，但是也有一些降水量极少的地区，比如额济纳旗其年降水量少于50毫米。7—9月是全年降水较为集中的3个月份，为全年累计降水总量的一半以上。内蒙古地区的自然水资源分布不均，由于地区和时间的差异，水资源的分布也各地区不相同，除此之外，内蒙古地区的土地水资源分布和耕地资源分布也不相互匹配。在东部地区的黑龙江流域，土地总面积大约为内蒙古的27%，耕地面积大约为内蒙古的20%，人口大约为内蒙古的18%，但是水资源却占据了整个内蒙古的65%，人均饮用水总量是整个内蒙古均值的3倍以上。在中西部地区的黄河和西辽河以及内蒙古海滦河两大流域，土地面积约占到内蒙古的26%，耕地面积约占到内蒙古的30%，总体人口约占到内蒙古的66%，但是水资源却占据了整个内蒙古的25%，除了黄河沿岸的一些地区，剩下的一些地区，水资源十分匮乏。

根据《内蒙古统计年鉴2020》显示，2019年内蒙古供水总量大约为190.88亿立方米，其中地表水供给量大约为100.00亿立方米，地下水供给量大约为86.63亿立方米，其它途径的供给量大约为4.25亿立方米；2019年内蒙古用水总量为190.88亿立方米，其中农业用水量为139.62亿立方米，工业用水量为14.58亿立方米，生活用水量为11.66亿立方米，生态环境补水量为25.02亿立方米。2019年内蒙古人均用水量为751.61立方米，人均水资源量为1 763.58立方米，见表1-1[2]。

表1-1 2019年内蒙古水资源统计数据

指标	水资源量
水资源总量（亿立方米）	447.88
地表水资源量	305.78
地下水资源量	233.76
供水总量（亿立方米）	190.88
地表水	100.00
地下水	86.63
其它	4.25
用水总量（亿立方米）	190.88

（续表）

指标	水资源量
农业	139.62
工业	14.58
生活	11.66
生态环境补水	25.02
人均用水量（立方米）	751.61
人均水资源量（立方米）	1 763.58

注：地表水资源量与地下水资源量之和不等于水资源总量，有重复计算部分。

1.2 气候概述与特征

1.2.1 气候概述

内蒙古因地域广袤，地形复杂，导致气候种类复杂多样，大兴安岭北面部分地区主要为寒温带季风性的针叶林气候，大兴安岭其它大部分地区、岭东地区以及集宁、多伦、凉城以南部分地区均为中温带季风气候，其中大兴安岭北面中部一部分地区主要为中温带季风性的针叶、阔树木和混交林，其余的大部分地区均属于中温带季风性的森林和草原气候。大兴安岭西麓以东，集宁、多伦、凉城以北和以西大部分地区均属中温带大陆性气候，其中五原隆兴昌以东大部分地区均属中温带大陆性荒漠草原气候，五原隆兴昌以西、贺兰山西麓以东大部分地区均属中温带大陆性荒漠草原的中温带气候，贺兰山西麓以西大部分地区均属中温带大陆性荒漠气候。这种气候从东到西也是呈现了一个湿润、半湿润、干旱、半干旱、极干旱的大致分布。

1.2.2 气候特征

内蒙古境内高原地域广阔，高原森林范围覆盖面积较大，距离我国海洋远，所处的纬度相对比较高，边沿部分地区均被秦岭山脉直接阻断，气候以西北温带和大陆性季风气候类型为主，主要地区具备了年降水量少而不匀、风大、寒暑四季气候变化剧烈等气候特点。总的来讲，内蒙古的气候特点是春季平均气温和大风、暴雨骤然上升，大风、暴雨天气相对会比较多；夏季短促炎热，降水相对比较集中；秋季由于平均气温较低会容易出现霜冻，霜冻往往早来造成了当地农业生产大量减产；冬季漫长严寒，多寒潮天气。

（1）冬季寒冷漫长，夏季炎热短促。大部分地区每年的极端最低气温范围为-48～-32℃，比同纬度的欧洲地区低20～28℃，而夏季的最高极端气温，大部分范围为32～42℃，又比同纬度的欧洲地区高20℃，冬季持续时间长达5个月以上，而夏季只能持续2个月左右。呼伦贝尔大兴安岭岭上、岭北，冬季可持续长达7个月，基本没有夏季。同我国的一些内陆地区相比，内蒙古高原中东部的地区夏季短促而凉爽。

（2）平均气温日、月、年相差较大，无霜期短。大部分地区，多年来的平均最冷月份与最热月份的平均气温在全年相差32～46℃，比同一个纬度的其它欧洲地区高近20℃。而一日之内，最高气温与最低气温相差12～17℃，比我国华北平原地区高3～5℃，比同样纬度的北美、欧洲地区高5～8℃，这有利于当地植物营养物质的不断积累和植物品质的不断提高。一年之内，日最小气温温度大于2℃的为无冰冻霜期，大兴安岭地区平均不足100天，大部分平原地区平均持续时间为60～80天；其余的大部分平原地区持续天数平均为100～150天，较中国华北平原偏多30～50天。

（3）降水多集中于夏季，且地区具有较强的水热同期效应。受季风气候的温度变化因素影响，冬季干燥而寒冷，降水主要大量集中在夏季，6—8月的平均夏季降水量为地区全年平均降水量的60%～75%。与此同时，降水量和温度同期，有利于当地畜牧场和草地及其它土壤农作物的生长与繁殖。

降水量区域强度分布不均，且降水强度变化率大。每年全区降水量在50～450毫米，东部地区常年降水较多，由东部逐渐向西部递减。东部的鄂伦春年平均降水量最高可达486毫米，西部的阿拉善高原每年平均降水量最少小于50毫米，额济纳旗年平均降水量约37毫米。蒸发气体含量大部分高原地区通常高于1 200毫米，大兴安岭东部山区每年的自然蒸发量通常少于1 200毫米，巴彦淖尔内蒙古高原地区则在3 200毫米以上。降水相对波动变化率较大，尤其是中西部远离沿海地区，由于长期以来在东亚夏季风的边缘作用影响下，降水非常不稳定，年降水波动变化率常常可以达到20%～30%；东部地区的年降水变化率也常常可以达到16%~20%，干旱等气候问题相对突出。

（4）太阳能充足，日照较多。内蒙古日照充足，光能资源非常丰富，大部分地区年日照时数都大于2 700小时，阿拉善高原的西部地区达3 400小时以上。太阳总辐射量为4 600~6 400兆焦耳/平方米·年，是全国日照最多和太阳能最丰富的地区之一。

（5）冬、春季多大风，风能资源丰富。中西部偏北地区8级以上的大风日数每年达到50~80天，是全国风能资源最丰富的地区之一。全年大风日数平均在10~40天，70%发生在春季。其中锡林郭勒、乌兰察布高原达50天以上；大兴安岭北部山地一般在10天以下。近年来，沙暴活动日趋频繁，沙暴日数大部分地区为5~20天，阿拉善西部和鄂尔多斯高原地区达20天以上。

2019年内蒙古全区的平均气温在-3.6（图里河）~10.7℃（内蒙古额济纳旗），与近年我国气象历史上的同期（1981—2010年）天气平均温度水平相比，气温更是东高西低，锡林郭勒盟及以东部大部分其它地区的气温平均偏高1~2.1℃（乌拉盖），以西大部分其它地区的平均气温接近常年。2019年全区平均气温为6.1℃，比历史同期偏高1℃，比上年同期高0.3℃，为1961年以来同期第5高（图1-1）。

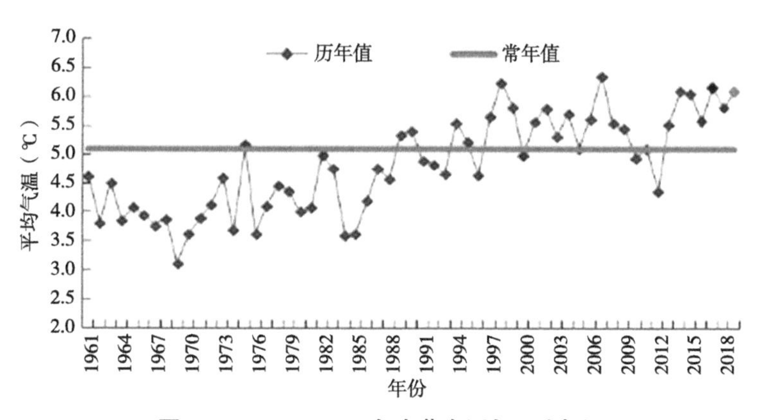

图1-1 1961—2019年内蒙古历年平均气温

2019年全区总降水量在32毫米（额济纳旗）~756.5毫米（莫力达瓦旗），与历史同期（1981—2010年）相比，除鄂尔多斯西北部、巴彦淖尔南部、乌海、阿拉善东部等地偏少25%~40.4%（伊克乌素）外，其余地区均接近常年或偏多25%至2.2倍（拐子湖），其中阿拉善北部偏多1倍以上。

2019年全区平均降水量343.3毫米，较历史同期平均值偏多21.9毫米，比上年同期少39.4毫米，为1961年以来同期第23位（图1-2）。

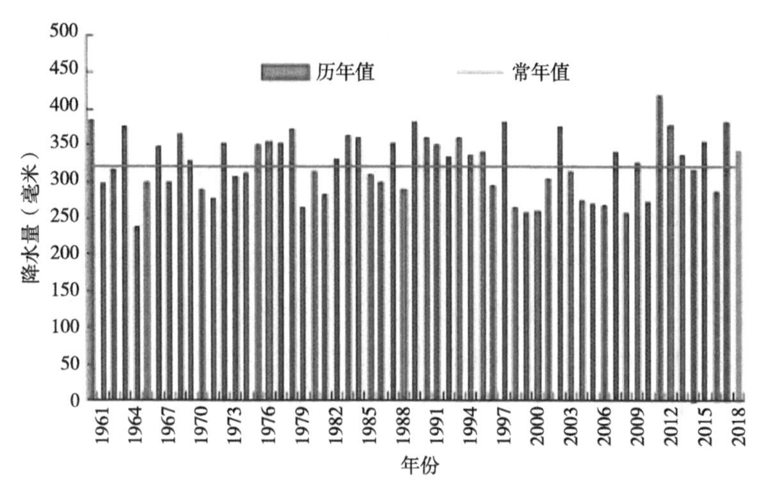

图1-2　1961—2019年内蒙古历年年降水量

2019年全区共7站日最高气温已经达到或大大超过了极端温度阈值，出现了极端高温的事件，比去年减少了4站日。

2019年12月全区共14站日持续降雪量已经达到或远远超过极端持续降雪历史阈数极值，出现了极端持续降雪的事件，较上年同期增加5站日，其中河北阿尔山、东乌珠穆沁旗2站已经远远超过了全区历史降雪极值。

2019年共7站日的平均降水量已经达到或远远超过了历史极端的平均降雨阈值，出现了许多极端的特大降雨灾害事件，较之往年少38站日，其中那仁拐子湖、那仁宝力格、希拉穆仁共3站的平均降水量已经远远超过了历史的降雨极值。2019年春季，全区累计出现8次重大影响范围的沙尘暴等天气灾害，比去年同期减少3次。2019年4月4日，内蒙古境内再次出现了2019年第一次比较大规模的沙尘暴袭击过程，较历年同期偏晚48天，较2018年晚21天。沙尘暴现象中以5月10—12日的8次过程强度相对较强，全区累计出现67站、96站次数大量浮尘、扬沙或者其它类型沙尘暴天气。其主要途径受到台风影响的区域主要是内蒙古阿拉善北部、巴彦淖尔大部和内蒙古兴安盟东北部、锡林郭勒西北部和内蒙古包头北部[3]。

1.3 农牧业生产现状

内蒙古2019年统计全年累计就地播种的农作物面积888.6万公顷，比上一年同期同比增长0.7%。其中，粮食作物的平均播种面积682.8万公顷，增长0.6%；农业经济和各类主要农作物的平均播种覆盖耕地面积205.8万公顷，增长1.2%。粮食产品的总产量3 652.6万吨，比上一年同期同比增长2.8%；食品油料的总产量228.7万吨，增长13.5%；甜菜的总产量629.6万吨，增长22.1%；蔬菜总产量1 090.8万吨，增长8.4%；水果（包括果用瓜）的总产量280.4万吨，增长6.1%。内蒙古2019年全年肉类总产量264.6万吨，比上年下降1.0%。其中，猪肉产量62.6万吨，下降12.9%；牛肉产量63.8万吨，增长3.8%；羊肉产量109.8万吨，增长3.2%；禽肉产量20.7万吨，增长5.1%。禽蛋产量58.1万吨，增长5.3%。牛奶产量577.2万吨，增长2.1%。年末牲畜存栏数7 192.4万头（只），比上年下降1.2%。其中，生猪存栏429.6万头，下降13.6%；牛存栏626.1万头，增长1.6%；羊存栏5 975.9万只，下降0.4%。年末全区农牧业机械总动力3 859.9万千瓦，比上年同口径增长5.4%[4]，见表1-2。

表1-2　2019年主要农畜产品产量和牲畜存栏数及增长速度

指标	2019年产量	比上年增长（%）
粮食（万吨）	3 652.6	2.8
小麦（万吨）	182.7	-9.7
玉米（万吨）	2 722.3	0.8
稻谷（万吨）	136.2	11.7
大豆（万吨）	226.0	26.0
薯类（万吨）	139.1	-7.2
油料（万吨）	228.7	13.5
甜菜（万吨）	629.6	22.1
水果（含果用瓜）（万吨）	280.4	6.1
蔬菜（万吨）	1 090.8	8.4
牛奶（万吨）	577.2	2.1
绵羊毛（万吨）	11.5	-2.8

（续表）

指标	2019年产量	比上年增长（%）
山羊绒（吨）	6 312.0	-4.5
肉类总产量（万吨）	264.6	-1.0
猪肉（万吨）	62.6	-12.9
牛肉（万吨）	63.8	3.8
羊肉（万吨）	109.8	3.2
年末牲畜总头数（万头、只）	7 192.4	-1.2
大牲畜（除牛处）（万头）	160.8	-1.0
羊（万只）	5 975.9	-0.4
猪（万头）	429.6	-13.6
牛（万头）	626.1	1.6

1.3.1 农业

2019年内蒙古农业总产值达16 063 407万元，较2018年提升3.4%。2019年内蒙古的农作物播种总面积为888.5万公顷，粮食作物的播种总面积为682.8万公顷，其中谷物的播种面积为513.4万公顷（小麦的播种面积为53.8万公顷，玉米的播种面积为377.6万公顷，稻谷的播种面积为16.1万公顷），豆类播种面积为139.4万公顷，薯类播种面积为30.0万公顷。经济作物的播种面积为205.8万公顷，其中油料作物的播种面积为93.1万公顷（向日葵的播种面积为58.8万公顷，胡麻的播种面积为4.5万公顷，油菜的播种面积为25.9万公顷），甜菜的播种面积为12.7万公顷，烟叶的播种面积0.1万公顷，麻类的播种面积0.1万公顷，蔬菜的播种面积为20.1万公顷；其它农作物的播种面积为61.3万公顷，其中青饲料占37.1万公顷。

2019年内蒙古粮食作物总产量达3 652.6万吨，其中谷物总产量高达3 261.8万吨（小麦总产量高达182.7万吨，单位耕地面积产量约合3 396千克/公顷；玉米总产量2 722.3万吨，单位耕地面积产量7 209千克/公顷；稻谷总产量为136.2万吨，单位耕地面积产量为8 474千克/公顷），豆类产量为251.6万吨（大豆产量为226.0万吨，单位土地面积产量为1 899千克/公顷），薯类总产量为139.1万吨。油料作物的总产量大约为228.7万吨，其中向日葵的总产量大约为172.8万吨，单位耕地面积产量大约为2 938千克/公顷；胡麻的总产量大约为5.9万吨，单位耕地面积产量大约为1 319千克/公顷；油菜的总产量大约为39.0万吨，单位耕地面积产量大约为1 504千克/公顷。甜菜的总产量大约为629.6万吨，单位耕地面积产量大约为49 420千克/公顷。烟叶总产量大约为0.4万吨。麻类总产量大约为0.3万吨。蔬菜种植总产量1 090.8万吨，单位耕地面积产量大约为54 400千克/公顷。果用瓜果总产量大约为230.2万吨，单位耕地面积产量大约为38 052千克/公顷。

2019年内蒙古有效灌溉面积达319.92万公顷，灌区有效灌溉面积为154.55万公顷，节水灌溉面积为293.10万公顷，喷灌和滴水灌溉面积为175.77万公顷，渠道防渗节水面积为76.03万公顷。2019年全年化肥的施用量为218.44万吨，其中，氮肥的施用量为83.46万吨，磷肥的施用量为38.48万吨，钾肥的施用量为18.36万吨，复合肥的施用量为78.14万吨。农用塑料薄膜使用量大约为9.42万吨，地膜的使用量大约为8.08万吨，地膜的覆盖面积高达141.59万公顷；农用柴油的使用量大约为77.38万吨，农药的使用量大约为2.73万吨，见表1-3[2]。

表1-3 2019年内蒙古农业生产条件

指标	2019年产量
有效灌溉面积（万公顷）	319.92
灌区有效灌溉面积（万公顷）	154.55
节水灌溉面积（万公顷）	293.10
喷灌和滴灌（万公顷）	175.77
渠道防渗节水面积（万公顷）	76.03
化肥施用量（万吨）	218.44
氮肥（万吨）	83.46
磷肥（万吨）	38.48
钾肥（万吨）	18.36
复合肥（万吨）	78.14

（续表）

指标	2019年产量
农用塑料薄膜使用量（万吨）	9.42
地膜使用量（万吨）	8.08
地膜覆盖面积（万公顷）	141.59
农用柴油使用量（万吨）	77.38
农药使用量（万吨）	2.73

1.3.2 畜牧业

内蒙古区域辽阔，主要牲畜种类较多，分布也较为广泛。2019年内蒙古畜牧业生产总产值达13 904 597万元，牲畜总头数为7 192.40万头（只），大型家畜养殖共有786.92万头，其中内蒙古拥有家畜奶牛626.08万头，良种及改善的乳用牛166.43万头，黑白花乳用牛85.55万头，马67.11万头，驴69.31万头，骡7.16万头，骆驼17.26万头。据统计显示，2019年末，内蒙古全区共有家畜羊5 975.89万只，其中绵羊4 352.67万只，细毛羊及其改良的小头羊902.41万只，半细毛羊及其改良的小头羊660.50万只，小尾寒羊及其改良的小头羊1 245.10万只，山羊1 623.23万只，生猪存栏429.59万头。

2019年内蒙古共全部出栏肉猪758.39万头，当年全部出栏和自宰的全部肉用牛为383.31万头，当年全部出售和自宰的全部肉用绵羊6 458.33万只。当年我国的肉类生鲜食品总产量大约为264.56万吨，其中猪肉生鲜食品产量大约为62.57万吨，牛肉生鲜食品产量63.78万吨，羊肉生鲜食品产量109.79万吨。当年内蒙古奶类总产量为582.92万吨，其中牛奶577.20万吨。山羊毛总产量共11 697.51吨（山羊粗毛总产量5 385.56吨，山羊绒总产量为6 311.95吨）。绵羊毛产量为114 874.72万吨，蜂蜜产量为1 853.60吨，鸡蛋产量为58.16万吨，年末实现家禽5 194.40万只。2019年内蒙古的牛皮总产量为315.35万张，绵羊皮总产量为4 823.86万张，山羊皮总产量为1 106.86万张，驼绒总产量为504.16吨。2019年内蒙古出售肉类总量为2 320 034.45吨，其中出售猪肉526 118.43吨，出售牛肉582 101.47吨，出售羊肉986 239.01吨。2019年共出售牛、羊奶5 171 920.64吨，出售羊毛113 182.88吨，出售家禽

9 942.57万只。

1.3.3 林业

内蒙古境内的森林植被覆盖范围主要可以包括十一片次生阔叶林区和大兴安岭山脉原始森林覆盖区，还有少数的人工次生林区。森林中的野生植物高达2 700余种，野生的脊椎动物700余种。树木类型也繁杂多样，乔灌树高达350余种，全区内既有防风固沙的防护林，还有一些优质的用材林，同时也有一些极为罕见的国家保护树种。内蒙古现有自然保护区共182个，其中国家级自然保护区29个。自然保护区面积共有1 267.00万公顷，森林覆盖率达22.10%。

内蒙古森林主要分布大兴安岭原始林区，大兴安岭南部次生林区及宝格达山、迪彦庙、克什克腾、茅荆坝、大青山、蛮汉山、乌拉山、罕山、贺兰山和额济纳等次生林区，以及经过长期建设形成的人工林区。林木主要树种有落叶松、白桦、栎类、杨树、黑桦、榆树、樟子松、油松等乔木和锦鸡儿、白刺、山杏、柠条、沙柳、梭梭、杨柴、沙棘等灌木。

2019年内蒙古林业总产值达1 008 945万元，营造林土地总面积99.98万公顷，其中天然造林、封育土地总面积为68.82万公顷，人工造林土地总面积为36.94万公顷，飞播造林土地总面积为3.22万公顷。当年封山育林土地总面积为12.14万公顷，退化林的修复及人工生态更新土地总面积为16.52万公顷，森林养殖保护覆盖面积为31.17万公顷。

参考文献

［1］ 孙金铸. 内蒙古地貌[J]. 内蒙师院学报（自然科学），1959（5）：47-64.

［2］ 内蒙古自治区统计局. 内蒙古统计年鉴[M]. 北京：中国统计出版社，2020.

［3］ 气候特点. 内蒙古自治区人民政府[EB/OL]. [2021-1-6].https://www. nmg. gov. cn/asnmg/yxnmg/qhtd/

［4］ 2019农牧业发展情况. 内蒙古自治区农牧厅[EB/OL]. [2020-3-5].http://nmt. nmg. gov. cn/gk/zfxxgk/fdzdgknr/tjsj/202003/t20200305_1681300. html.

2　内蒙古玉米品种布局现状及存在的问题

2.1　内蒙古玉米生产品种分布现状

根据内蒙古统计年鉴记载，如表2-1所示，2017年内蒙古玉米播种面积为371.6万公顷，总产量为2 497.4万吨，单位面积产量为每公顷6 720千克；2018年内蒙古全区玉米播种面积为374.2万公顷，总产量为2 700.4万吨，单位面积产量为每公顷7 215千克；2019年内蒙古全区玉米播种面积为377.6万公顷，总产量为2 722.3万吨，单位面积产量为每公顷7 209千克。连续3年内蒙古玉米播种面积逐年上升，产量逐年增加，单位面积产量在上升中逐步趋于稳定，随着优良品种的选育、先进技术的应用加上政策的支持，玉米产量将会不断上升。

表2-1　内蒙古2017—2019年玉米播种面积、总产量及单位面积产量

年份	播种面积（万公顷）	总产量（万吨）	单位面积产量（千克/公顷）
2017	371.6	2 497.4	6 720
2018	374.2	2 700.4	7 215
2019	377.6	2 722.3	7 209

如表2-2所示，在内蒙古各盟（市）2018—2019年玉米总产量有着较大的差异，造成这种差异主要是各盟（市）的耕地面积不同、年平均有效积温不同、地理位置不同、降水量不同以及考虑玉米种植比较效益等多种因素共同作用导致的。2018—2019年，通辽连续两年玉米总产量在各盟（市）中排名第一，2018年玉米总产量为762.31万吨，2019年玉米总产量达785.18万

吨；乌海连续两年玉米总产量在各盟（市）中最低，2018年玉米总产量为3.33万吨，2019年玉米总产量为3.07万吨。

表2-2　2018—2019年内蒙古各盟（市）玉米总产量

地区	2018年玉米总产量（万吨）	2019年玉米总产量（万吨）
呼和浩特	119.61	139.53
包头	84.24	92.28
呼伦贝尔	385.89	331.97
兴安盟	452.38	468.75
通辽	762.31	785.18
赤峰	459.17	448.87
锡林郭勒盟	4.79	8.21
乌兰察布	32.12	38.93
鄂尔多斯	153.95	173.67
巴彦淖尔	228.10	219.29
乌海	3.33	3.07
阿拉善盟	14.50	12.58
合计	2 700.39	2 722.33

玉米从生育时期上，可分为迟熟、中熟、早熟品种；从抗病特性上，可分为抗病与感病品种。不同生态区对不同类型的玉米品种不仅直接影响其产量，而且也对相应的性状有较大的影响。因此，不同类型的玉米品种也对不同生态区有相应的适应性，比如不同海拔区对生育时期有要求，感病区域对品种的抗病特性有要求。如果仅以产量为唯一衡量指标对玉米品种进行布局划分，不仅具有局限性，同时也会对品种的区域布局造成不良影响。

2.1.1　呼和浩特玉米生产品种分布现状

如表2-3所示，呼和浩特种植的玉米品种数量较多较杂。

表2-3　呼和浩特玉米生产品种播种面积

品种名称	种植面积（万亩）	审（鉴、认）定/登记编号
38P05	0.5	蒙认玉2014008
M8	1.1	蒙审玉2012024号
MC278	1.9	蒙审玉2014003号
S青贮118	0.6	N089
T808	1.7	蒙审玉2017031号
XD108	0.9	蒙审玉2015001号
博奥408	0.5	蒙审玉2017008号
博品1号	0.7	蒙审玉2015012号
博玉1号	0.6	辽审玉〔2005〕243号
布鲁克2号	1.3	蒙审玉2005010号
诚信1503	0.8	国审玉20176038
赤单208	5.6	蒙审玉2010027号
赤单218	1.9	蒙审玉2013009号
大地11号	0.9	蒙审玉2009028号
大丰30	6.1	蒙认玉2015013号
大京九26	1.8	蒙审玉（饲）2016004号
大民168	0.9	（蒙）引种〔2017〕第1号
大民3307	3.9	蒙审玉2008024号
德禹101	0.7	（蒙）引种〔2017〕第1号
登海NK66	1.1	蒙审玉2016028号
迪卡159	0.8	蒙认玉2016004号
东单507	0.9	国审玉20176048
东陵白	3.5	蒙认饲2004005号
方玉1号	0.5	蒙审玉2008026号
丰田101	2.7	蒙审玉2015030号

（续表）

品种名称	种植面积（万亩）	审（鉴、认）定/登记编号
丰田12号	0.9	蒙审玉2007009号
丰田14号	1.5	蒙审玉2008022号
丰田5号	0.5	蒙审玉2007007号
丰田6号	2.1	蒙审玉2005006号
丰泽一	0.7	蒙审玉2010009号
峰单189	11.5	蒙审玉2015010号
恒育1号	2.4	蒙审玉2016019号
泓丰656	6.7	蒙审玉2013002号
泓丰808	2.1	蒙审玉2016030号
华科3A2000	6.9	（蒙）引种〔2017〕第1号
华农887	0.7	蒙审玉2014014号
滑玉168	1.9	蒙认玉2016016号
吉单513	0.7	蒙审玉2014039号
吉农大115	0.6	国审玉2007003
吉农大259	0.5	吉审玉2006009
吉农玉719	1.8	（蒙）引种〔2017〕第3号
金艾130	1.2	蒙审玉2014027号
金艾588	3.1	蒙审玉（饲）2016001号
金创103	5.8	蒙审玉2016036号
金创6号	2.1	蒙审玉2014035号
金创998	3.9	蒙审玉2012027号
金山126	0.7	蒙审玉2012008号
金山22号	0.8	蒙审玉2008006号
金穗58	4.7	蒙审玉2017014号
金穗86	0.5	蒙审玉2017025号

（续表）

品种名称	种植面积（万亩）	审（鉴、认）定/登记编号
金田8号	0.7	蒙审玉2011008号
金玉208	1.9	蒙认玉2008032号
金园15	3.5	蒙认玉2016015号
金园5	1.1	蒙审玉2017006号
金韵308	1.8	蒙审玉2016032号
晋单73号	0.7	蒙认玉2014005
九单318	0.5	（蒙）引种〔2017〕第1号
九园15	0.5	蒙审玉2017049号
九园33	1.2	蒙审玉2014029号
九园36	0.8	蒙审玉2013024号
九园38	0.7	蒙审玉2015033号
均隆1217	2.9	蒙审玉2016020号
科多八号	0.9	蒙认玉2014009号
科河24号	0.6	国审玉2015023
科河699	0.9	蒙审玉2017007号
垦玉50	0.7	蒙审玉2015018号
乐农18	0.7	国审玉20176034
乐玉一号	1.3	蒙认玉2009027号
蠡玉133	0.5	蒙审玉2017017号
利禾1	5.9	蒙审玉2014002号
利禾7	0.7	蒙审玉2017023号
联创808	0.7	国审玉20176012
辽单588	0.6	辽审玉2015059
辽禾6	0.6	国审玉2011001
龙生5号	0.9	晋审玉2016007

（续表）

品种名称	种植面积（万亩）	审（鉴、认）定/登记编号
龙育10	0.8	黑审玉2013021
满世通526	2.7	蒙审玉2008012号
美育99	1.1	辽审玉〔2011〕515号
内单四号	3.5	内农种审证字第0151号
农富106	0.8	蒙审玉2017021号
农华101	2.9	蒙认玉2011016号
农华106	3.7	蒙审玉2012011号
平安169	0.9	国审玉20180320
强盛16号	0.5	宁审玉2012008
强盛31号	0.5	蒙认玉2004023号
强盛388	1.3	晋审玉2013007
强盛389	1.5	晋审玉20170009
沁单十一	0.9	蒙审玉2013026号
庆单3号	1.2	蒙认玉2015004号
庆单6号	3.5	黑审玉2007020
沈玉801	1.5	国审玉2015005
松科706	3.1	晋审玉20170008
松玉410	5.1	蒙认玉2015007号
松玉419	5.8	吉审玉2012013
铁研28号	0.5	辽审玉〔2006〕271号
铁研58	1.1	蒙认玉2015002号
铁研919	1.1	辽审玉2013003
通平1	0.7	蒙审玉2012012号
五谷318	3.5	蒙审玉2015025号
五谷568	4.1	蒙审玉2015029号

（续表）

品种名称	种植面积（万亩）	审（鉴、认）定/登记编号
五谷702	0.6	蒙审玉2010029号
五谷704	3.7	宁审玉2012019
西蒙6号	10.3	蒙审玉2012018号
西蒙919	1.2	蒙审玉（饲）2017004号
先玉335	2.1	蒙认玉2008023号
先玉698	3.9	蒙认玉2014001号
翔玉198	0.8	吉审玉2015018
新引KXA4574	0.7	蒙认玉2009020号
鑫科玉1号	1.5	蒙认玉2016002号
雄玉581	3.7	吉审玉2015016
伊单131	1.8	蒙审玉2017012号
优迪919	0.7	蒙认玉2015001号
玉龙9号	0.89	蒙审玉2012033号
豫禾863	0.7	蒙认玉2015010号
豫青贮23	3.5	蒙认饲2007007号
张玉2号	1.5	蒙认玉（1997）0271号
章玉10号	1.9	晋审玉2016005
正成018	0.8	蒙认玉2016017号
正弘558	1.9	蒙审玉2016004号
种星618	7.9	蒙审玉2009004号
种星619	5.7	蒙审玉2009006号

2.1.2 包头玉米生产品种分布现状

包头种植的主要玉米品种如表2-4所示。

表2-4 包头玉米生产品种播种面积

品种名称	种植面积（万亩）	审（鉴、认）定/登记编号
M99	0.8	蒙审玉2016012号
登海605	0.8	蒙认玉2011001号
登海618	0.8	蒙认玉2016006号
稷秾1205	0.8	吉审玉2016038
金创T808	0.8	蒙审玉2017031号
均隆1217	0.9	蒙审玉2016020号
利禾1	0.8	蒙审玉2014002号
利禾7	0.8	蒙审玉2017023号
利合16	0.51	蒙认玉2013009号
联创808	1	国审玉2015015
辽单588	1	国审玉2015021
翔玉218	1	国审玉20180295
新引KWS9384	3	蒙审玉2018009号
优迪919	0.8	蒙认玉2015001号
雄玉581	1	吉审玉2015016
雄玉582	0.8	蒙审玉2016013号
种星718	0.6	蒙审玉2017027号

2.1.3 锡林郭勒玉米生产品种分布现状

锡林郭勒种植的主要玉米品种如表2-5所示。

表2-5 锡林郭勒玉米生产品种播种面积

品种名称	种植面积（万亩）	审（鉴、认）定/登记编号
承单22号	6	黑审玉2015053
德美亚1号	0.4	蒙认玉2012013号

（续表）

品种名称	种植面积（万亩）	审（鉴、认）定/登记编号
德美亚2号	0.5	蒙认玉2012014号
方玉36	12	蒙审玉2009024号
富友9号	7	蒙认玉2005010号
冀承单3号	16.4	内农种审字第0180号
辽单青贮625	18	国审玉2004027
四单136号	3.7	蒙认玉2006017号

2.1.4 通辽玉米生产品种分布现状

通辽种植的主要玉米品种如表2-6所示。

表2-6　通辽玉米生产品种播种面积

品种名称	种植面积（万亩）	审（鉴、认）定/登记编号
MC121	4	国审玉20180070
MC738	50	蒙审玉2016006号
NK718	10	蒙审玉2011003号
北农青贮208	2	京审玉2007012
北农青贮368	15	国审玉20180175
博品1号	2	蒙审玉2015012号
布鲁克2号	2	蒙审玉2005010号
大京九26	2	国审玉20170049
迪卡159	1	蒙认玉2016004号
东单1331	2	国审玉2016607
富友7号	30	辽审玉〔2005〕207号
禾新9	5	蒙审玉2016011号
宏博1088	2	蒙审玉2008013号

（续表）

品种名称	种植面积（万亩）	审（鉴、认）定/登记编号
宏博2106	10	蒙认饲2011002号
宏博218	8	蒙审玉2007013号
宏博66	5	蒙审玉2016035号
宏博778	2	蒙审玉2011011号
厚德186	1	蒙审玉2015026号
华农887	10	蒙审玉2014014号
滑玉14	2	蒙认玉2011018号
吉单50	10	蒙认玉2015009号
吉农大778	2	国审玉20170015
金创8号	1	蒙审玉2010043号
金科248	1	冀审玉2015015号
金岭青贮37	15	蒙草审N079
金岭青贮17	1	蒙草审N027
金岭青贮27	1	蒙草审N028
金育226	3	辽审玉20180041
京科青贮516	15	国审玉2007029
京科665	20	国审玉2013003
京科968	810	国审玉2011007
科多八号	6	蒙认玉2004009号
乐农18	4	国审玉20176034号
利禾2	1	蒙审玉2014008号
联创808	10	国审玉20176012
宁玉438	2	蒙审玉2017062号
农富88	5	蒙审玉2016018号
农富99	2	蒙审玉2016015号

（续表）

品种名称	种植面积（万亩）	审（鉴、认）定/登记编号
秋乐368	6	蒙审玉2017004号
人禾698	2	蒙审玉2011012号
屯玉556	1	国审玉2016606
屯玉639	1	国审玉20176033
伟科702	1	蒙审玉2010042号
文玉3号	15	蒙审玉（饲）2013001号
翔玉1421	2	蒙审玉2017015号
翔玉988	2	国审玉20186093
裕丰303	20	国审玉2015010
豫青贮23	5	国审玉2008022
哲单21	2	蒙审玉2002005
哲单39	3	蒙审玉200003
郑单958	10	蒙认玉2002003
中单909	10	蒙认玉2013010号
中科玉505	10	国审玉20176025

2.1.5　赤峰玉米生产品种分布现状

赤峰种植的主要玉米品种如表2-7所示。

表2-7　赤峰玉米生产品种播种面积

品种名称	种植面积（万亩）	审（鉴、认）定/登记编号
38P05	1.157	蒙认玉2014008
CF22	2.537	蒙审玉2012037号
FT909	1.68	蒙审玉2017016号
MC278	3.405	蒙审玉2014003号

（续表）

品种名称	种植面积（万亩）	审（鉴、认）定/登记编号
MC670	3.35	蒙审玉2016037号/国审玉20176018
MC703	0.845	蒙审玉2015007号
MC738	1.28	蒙审玉2016006号
NK718	1.33	蒙审玉2011003号
奥弗兰	0.894	蒙审玉2018072号
宾玉1号	2.08	蒙认玉2013008号
并单16号	1.93	蒙认玉2015012号
博品1号	2.631	蒙审玉2015012号
布鲁克1099	1.025 6	蒙审玉2016039号
布鲁克990	0.875	蒙审玉2014016号
承单22	1.572	蒙认玉2003010号
赤单208	1.692	蒙审玉2010027号
赤单218	11.303	蒙审玉2013009号
赤早5	0.832	蒙审玉2004016号
大德216	5.252	蒙审玉2014030号
大地11号	0.784	蒙审玉2009028号
大丰30	7.359	蒙认玉2015013号
大京九23	5.015	国审玉2008022
大民420号	1.507 8	蒙认玉2007042号
大民707	1.536	蒙审玉2010015号
大民803	1.751	蒙审玉2010019号
丹玉336	1.06	辽审玉2015023
德单1001	3.028	国审玉20180309
德单1002	1.715	国审玉2016608
德单1029	3.428	蒙审玉2014017号

（续表）

品种名称	种植面积（万亩）	审（鉴、认）定/登记编号
德单11号	1.175	蒙审玉2012007号
德单2号	2.499	蒙审玉2005019号
登海605	0.91	蒙认玉2011001号
登海618	2.324	蒙认玉2016006号/国审玉20176113
迪卡159	1.762 5	蒙认玉2016004号
东单2008	1.51	蒙认玉2009018号
东科308	0.812	国审玉2015602
东陵白	1	蒙认饲2004005号
丰单3号	3.14	蒙认玉2009007号
丰黎99	1	蒙认玉2009024号
丰田101	4.78	蒙审玉2015030号
丰田10号	2.215	蒙审玉2006001号
丰田11号	1.18	蒙审玉2007008号
丰田12号	2.221	蒙审玉2007009号
丰田13号	2.60	蒙审玉2008021号
丰田14号	2	蒙审玉2008022号
丰田15	3.80	蒙审玉2009027号
丰田1号	1.54	蒙审玉2007006号
丰田5号	2.70	蒙审玉2007007号
丰田6号	1	蒙审玉2005006号
丰田833	0.993	蒙审玉2010026号
丰田837	0.95	蒙审玉2010037号
丰田840	1.01	蒙审玉2013004号
丰田9号	0.80	蒙审玉2005009号
峰单189	7.035	蒙审玉2015010号
富尔116	1.10	国审玉2015604
富尔1号	0.80	国审玉2013006

（续表）

品种名称	种植面积（万亩）	审（鉴、认）定/登记编号
罕玉1号	0.884	蒙审玉2009012号
罕玉5号	1.268	蒙审玉2010014号
禾田1号	1.352 8	蒙认玉2015008号
和玉4号	1	蒙审玉2006005号
和育181	1.56	蒙审玉2016045号
和育185	1.945	蒙审玉2016003号
和育187	4.555	国审玉20170014
恒育1号	0.78	蒙审玉2016019号
宏博1088	1.85	蒙审玉2008013号
宏博2106	1.12	蒙认饲2011002号
宏博66	2.63	蒙审玉2016035号
宏博K88	1.235	蒙审玉2017042号
华科3A308	2.70	吉审玉2014041
华农887	1	国审玉20170020
华玉201	1	蒙审玉2007029号
吉单180	4	内农种审证字第0175号
吉东28	0.90	国审玉2007005
吉农大401	7.258	蒙认玉2012001号
吉农大668	3.03	国审玉2014004
冀承单3号	4.469	内农种审字第0180号
捷奥737	1.92	冀审玉2016047号
金艾130	4.467 5	蒙审玉2014027号
金艾588	2.61	蒙审玉（饲）2016001号
金创103	0.998	蒙审玉2016036号
金创998	2.63	蒙审玉2012027号
金垦10号	1.485	蒙审玉2015017号
金山22号	1.21	蒙审玉2008006号

（续表）

品种名称	种植面积（万亩）	审（鉴、认）定/登记编号
金饲13号	1	蒙认饲2008004号
金穗99	0.80	蒙审玉2010041号
金园15	1.31	蒙认玉2016015号
金韵308	1.08	蒙审玉2016032号
晋单73	5.055	吉审玉2013029
京科665	2.96	国审玉2013003
京科968	102.80	国审玉2011007
均隆1217	2.16	蒙审玉2016020号
垦玉50	1.08	蒙审玉2015018号
利禾1	25.484	蒙审玉2014002号
利禾10	1.04	国审玉20180007
利禾2	9.20	蒙审玉2014008号
利禾3	5.468	蒙审玉2016023号
利禾5	4.223	国审玉20180061
利禾8	2.683	蒙审玉2015020号
利合16	1.304	国审玉2007002
利民3号	0.819	国审玉2007018
良玉188	0.84	国审玉2010006
良玉208	0.80	国审玉2011005
良玉58	0.90	蒙审玉2007001号
辽禾6	3.50	国审玉2011001
辽科38	1.24	吉审玉20170017
龙生19号	0.88	晋审玉20170013
龙作1号	1.30	国审玉2012001
蒙龙3	0.80	蒙审玉2010025号
米哥	1.24	冀审玉2011019号
宁玉525	0.83	国审玉2008003

（续表）

品种名称	种植面积（万亩）	审（鉴、认）定/登记编号
农华101	2.75	蒙认玉2011016号/国审玉2010008
农华106	6.25	蒙审玉2012011号
鹏玉1号	1.10	黑审玉2012016
平安169	11.60	吉审玉2013012
平安186	0.80	吉审玉2014036
齐玉5号	4.20	黑审玉2012025
齐玉6号	3	黑审玉2014015
沁单683	2	蒙审玉2009020号
沁单712	6.51	蒙审玉2009019号
沁单九	1.843	蒙审玉2010016号
庆单3号	1.026	黑审玉2003001
秋禾126	2.30	国审玉2016609
三泰九	1.20	蒙审玉2011016号
硕秋5号	3.601	蒙审玉200006
绥玉17	4.878	蒙认玉2011015号
天农九	1.78	蒙认玉2011021号
铁旭338	3.86	蒙审玉2012004号
铁研919	3.60	辽审玉2013003
通平1	1.268	蒙审玉2012012号
屯玉556	1.837 5	国审玉2016606
伟科702	5.35	蒙审玉2010042号
五谷318	1.036	蒙审玉2015025号
西蒙6号	1.841	蒙审玉2012018号
先玉1111	1	吉审玉2015021
先玉335	24.239	国审玉2006026
先玉508	3.70	国审玉2006043
先玉696	4.75	国审玉2006025

（续表）

品种名称	种植面积（万亩）	审（鉴、认）定/登记编号
先玉698	13.75	蒙认玉2014001号
先玉987	6.86	晋审玉2014004
先正达408	7.772	蒙审玉2007020号
翔玉211	1.50	吉审玉2016056
翔玉218	2.20	国审玉20180295/蒙审玉2016001号
翔玉998	16.60	吉审玉2014038
鑫达135	0.800 8	蒙审玉2012035号
鑫达188	0.80	蒙审玉2015002号
鑫达5号	0.968	蒙审玉2008027号
兴单13号	0.84	蒙审玉2002012
兴丰68	0.80	蒙审玉2015013号
兴垦7号	1.50	蒙审玉2004001号
益丰29	0.80	吉审玉2007052
英国红	19	蒙认饲2004006号
优迪919	2.43	吉审玉2016039
玉龙11号	3.382	蒙审玉2013021号
玉龙157	0.76	蒙审玉2014020号
玉龙228	2.288 5	蒙审玉2016043号
玉龙7899	11.55	蒙审玉2016033号
玉龙8号	1.20	蒙审玉2010021号
玉龙9号	14.12	蒙审玉201233号
裕丰303	9.50	国审玉20170030
豫青贮23	3.212 5	国审玉2008022
元华2号	0.80	蒙认玉2007028号
张玉1059	1	冀审玉2003006号
哲单39	5.62	蒙审玉200003号
真金202	1.150 5	蒙审玉2009030号

（续表）

品种名称	种植面积（万亩）	审（鉴、认）定/登记编号
正成018	3.50	国审玉20170021
郑单958	5.488 5	国审玉20000009
中单2996	10.73	蒙审玉2000011号
中单308	0.768 7	蒙审玉2011001号
中单909	4.50	国审玉2011011
中地9988	1.18	辽审玉2013038
中科玉505	8.48	国审玉20176025
中农大221	1	蒙认玉2006013/冀审玉2004017号
中农大2号	0.80	蒙认玉2008026号

2.1.6 呼伦贝尔玉米生产品种分布现状

呼伦贝尔种植的主要玉米品种如表2-8所示。

表2-8 呼伦贝尔玉米生产品种播种面积

品种名称	种植面积（万亩）	审（鉴、认）定/登记编号
38P05	13	蒙认玉2014008号
A6565	6.5	蒙审玉2016017号
安早10	5.2	国审玉2014007号
并单16号	20.5	蒙认玉2015012号
布鲁克1099	0.6	蒙审玉2016039号
大德216	8.3	蒙审玉2014030号
大德317	6.1	国审玉20180017
德美亚1号	50	蒙认玉2012013号
德美亚2号	0.5	蒙认玉2012014号
登科269	2.5	蒙审玉2014033号
东北丰0022	1	蒙审玉2017039号
东农257	6	黑审玉2014042

（续表）

品种名称	种植面积（万亩）	审（鉴、认）定/登记编号
法尔利1010	20	蒙审玉2015019号
丰田1号	1.4	蒙审玉2007006号
丰早303	1	蒙审玉2010003号
丰泽118	0.8	蒙引玉2017第1号
锋玉4号	5.2	蒙审玉2015006号
锋玉5号	11.8	蒙审玉2016007号
富成198	5.8	国审玉20170010
富成388	3	黑审玉2017037
富单12号	10	蒙审玉2013019号
富单2号	5.5	蒙认玉2012002号
哈育189	1.5	蒙引玉2017第1号
罕玉5号	5	蒙审玉2010014号
禾田1号	17.5	蒙认玉2015008号
禾田4号	25.5	黑审玉2013024
合玉25	5	黑审玉2015047
呼单517	6.3	蒙审玉2016025号
华农292	10	蒙审玉2014023号
九玉1034	5.5	蒙审玉2012026号
九玉四号	0.5	蒙审玉2007025号
克单10号	2	黑审玉2003011
垦沃6号	1	国审玉2016603号
利合16	0.5	国审玉2007002
利合228	9	国审玉20190020
龙育10	22	黑审玉2013021
隆平702	13.5	蒙审玉2014032号
南北5号	5	蒙认玉2016012号
鹏诚10号	5.1	蒙审玉2015005号

（续表）

品种名称	种植面积（万亩）	审（鉴、认）定/登记编号
鹏诚3号	3	内蒙古引种备案第一批206号
鹏诚579	7.1	黑审玉2015044
鹏诚8号	2	吉审玉2014006
鹏玉3号	0.5	蒙引玉2017第1号
瑞福尔1号	10	蒙引玉2017第1号
瑞福尔2号	5	蒙引玉2017第3号
赛德1号	2	晋审玉2016003
绥玉24	0.8	黑审玉2011028
天和2号	2	吉审玉2015002
天和6	6.6	黑审玉2015038
屯玉188	13.2	蒙认玉2014009号
先达101	1.5	国审玉2015003
先达201	0.5	蒙审玉2011013号
先达203	16.5	蒙审玉2014028号
先达205	11	黑审玉2015045
先玉1219	5	蒙审玉2015004号
新引KWS9384	0.5	蒙审玉2018009号
鑫科玉1号	1	蒙认玉2016002号
兴丰11	1	蒙审玉2014038号
兴丰12	3	蒙审玉2015014号
兴丰68	8	蒙审玉2015013号
兴垦5号	0.5	蒙审玉2003005号
兴垦6号	5	蒙审玉2009031号
兴农5号	9	蒙审玉2015023号
伊单54	3	蒙认玉2014003号
伊单9	5.1	吉审玉2011001
益农玉12号	3.4	黑审玉2017033

（续表）

品种名称	种植面积（万亩）	审（鉴、认）定/登记编号
益农玉14号	3.5	黑审玉2017041
院军一号	0.7	国审玉20170009
中地606	3	蒙审玉2015003号

2.1.7　乌兰察布玉米生产品种分布现状

乌兰察布种植的主要玉米品种如表2-9所示。

表2-9　乌兰察布玉米生产品种播种面积

品种名称	种植面积（万亩）	审（鉴、认）定/登记编号
并单16号	2.2	蒙认玉2015012号
承单16号	3.7	蒙认玉2003007号
承禾8号	0.7	蒙审玉2012001号
东单2008	3	蒙认玉2009018号
东陵白	35.3	蒙认饲2004005号
鄂玉10号	2	国审玉2000014
丰田12号	4	蒙审玉2007009号
冀承单3号	11.5	内农种审字第0180号
捷奥737	0.7	蒙引种2017第119号
金垦10号	1.7	蒙审玉2015017号
金糯628	1.7	国审玉2007034
京华8号	2.5	蒙审玉2010031号
京农科728	2	蒙认玉2016011号
利合16	5.2	蒙审玉2011013号
龙单13	1.8	内农种审字第0331
嫩单12	1.4	蒙认玉2007014号
农丰2号	1.8	蒙审玉2008014号
沁单712	3	蒙审玉2009019号

（续表）

品种名称	种植面积（万亩）	审（鉴、认）定/登记编号
沈玉33号	4.5	国审玉2011015
四单19	3	内农种审字217号
先达201	2.2	蒙审玉2011013号
先正达408	3	蒙审玉2007020号
玉龙11号	3	蒙审玉2013021号
玉龙1号	1	蒙审玉2011017号
真金202	2.4	蒙审玉2009030号
中北410	1.7	蒙认饲2005002号
种星七号	2.2	蒙审玉2009007号

2.1.8　巴彦淖尔玉米生产品种分布现状

巴彦淖尔种植的主要玉米品种如表2-10所示。

表2-10　巴彦淖尔玉米生产品种播种面积

品种名称	种植面积（万亩）	审（鉴、认）定/登记编号
大地6号	0.5	蒙审玉2007012号
大丰30	4	蒙认玉2015013号
大民3301	1.1	蒙审玉2014037号
大民3307	4.2	蒙审玉2008024号
登海618	4.3	蒙认玉2016006号
丰田101	1.2	蒙审玉2015030号
丰田6号	7.3	蒙审玉2005006号
富友968	1.7	吉审玉2012023
厚德405	1.7	蒙审玉2010010号
金创103	8.1	蒙审玉2016036号

（续表）

品种名称	种植面积（万亩）	审（鉴、认）定/登记编号
金创1号	5.6	蒙审玉2009003号
金创6号	5.3	蒙审玉2014035号
金山8号	1.4	蒙审玉20040020号
金田11号	2.6	蒙审玉2010012号
金田8号	11.5	蒙审玉2011008号
金田9号	6.8	蒙审玉2011009号
金豫8号	0.5	蒙认玉2010002号
京科528	4.8	蒙认玉2011004号
九玉7号	0.5	蒙审玉2014006号
九园33	0.5	蒙审玉2014029号
九园一号	0.5	蒙审玉2007003号
钧凯青贮909	0.9	蒙审玉（饲）2017003号
科多八号	1.4	蒙认玉2004009号
科河24号	8.2	国审玉2015023
科河28	11.3	蒙认玉2012017号
科河409	0.5	蒙审玉2008016号
科河699	24.7	蒙审玉2017007号
利禾1	9.3	蒙审玉2014002号
蒙农2133	1.5	蒙审玉2007023号
宁单10号	9.2	蒙认玉2007033号
宁玉218	1.7	蒙审玉2013013号
农华101	5.1	蒙认玉2011016号
农华106	0.5	蒙审玉2012011号
西蒙208	10.3	陕审玉2015028号
西蒙668	9.5	甘审玉2015003

（续表）

品种名称	种植面积（万亩）	审（鉴、认）定/登记编号
西蒙6号	32	蒙审玉2012018号
西蒙919	1	蒙审玉（饲）2017004号
西蒙青贮707	8.2	蒙审玉饲2013003号
先玉696	1	蒙认玉2011026号
先正达408	0.5	蒙审玉2007020号
益农1号	1.8	蒙审玉2017044号
元华1号	1.5	蒙认玉2006005号
长城706	0.8	蒙认玉2006014号
郑单958	0.5	蒙认玉2002003号
种星618	1.7	蒙审玉2009004号
种星618	1.7	蒙审玉2009004号

2.1.9　兴安盟玉米生产品种分布现状

兴安盟种植的主要玉米品种如表2-11所示。

表2-11　兴安盟玉米生产品种播种面积

品种名称	种植面积（万亩）	审（鉴、认）定/登记编号
A6565	3.2	蒙审玉2016017号
CF22	1.9	蒙审玉2012037号
FT806	0.2	蒙审玉2018032号
M99	0.22	蒙审玉2016012号
MC278	1.3	晋审玉20170022
MC670	0.5	国审玉20176018
MC948	0.7	蒙审玉2017024号

（续表）

品种名称	种植面积（万亩）	审（鉴、认）定/登记编号
NK733	6	蒙审玉2010030号
XD108	0.4	蒙审玉2015001号
必祥101	7.3	蒙审玉2015031号
宾玉1号	1	蒙认玉2013008号
并单16号	4.5	蒙认玉2005012号
博金100	1	蒙审玉2018035号
博品1号	3.3	蒙审玉2015012号
布鲁克1099	1	蒙审玉2016039号
承玉33	1.5	冀审玉2013019号
赤单208	2	蒙审玉2010027号
赤单218	3.5	蒙审玉2013009号
春玉101	0.2	国审玉20180052
大德216	20.4	蒙审玉2014030号
大德317	1	国审玉20180017
大丰30	3.8	蒙认玉2015013号
大民三号	0.7	蒙审玉2003007号
大民309	0.5	蒙审玉2016046号
大民3212	0.4	辽审玉〔2012〕565号
大民3301	1.5	国审玉2016605
大民3307	27.8	蒙审玉2008024号
大民3309	2	蒙审玉2008025号
大民390	0.3	吉审玉2009035
大民420	3.9	吉审玉2006037

（续表）

品种名称	种植面积（万亩）	审（鉴、认）定/登记编号
大民707	29.9	蒙审玉2010015号
大民803	4.5	蒙审玉2010019号
大民8803	3.7	国审玉20176047
大民8860	7.8	蒙审玉2012017号
大民899	1	吉审玉2014039
大玉M737	0.4	蒙审玉2007028号
德单1001	1	国审玉20180309
德单1002	0.4	国审玉2016608
德单1029	5	蒙审玉2014017号
德单11号	0.6	蒙审玉2012007号
德美亚1号	5.1	蒙认玉2012013号
登海605	4	国审玉2010009
登海H899	2.2	国审玉20176006
迪卡159	3.2	吉审玉2015020
东科308	2.5	国审玉2015602
东陵白	26.1	蒙认饲2004005号
东农251	4	蒙认玉2012019号
东农256	2.4	蒙认玉2016003号
飞天358	1	吉审玉2014019
丰垦008	23.1	蒙审玉2010007号
丰垦10号	4	蒙审玉2010007号
丰垦139	15.4	国审玉20180314
丰田11号	3	蒙审玉2007008号

（续表）

品种名称	种植面积（万亩）	审（鉴、认）定/登记编号
丰田12号	3.6	蒙审玉2007009号
丰田14号	8.6	蒙审玉2008022号
丰田1601	0.5	国审玉20180005
丰田6号	15.5	蒙审玉2005006号
丰田833	0.4	蒙审玉2010026号
峰单189	5	蒙审玉2015010号
锋玉3号	3.2	蒙引玉2017第128号
锋玉5号	3.2	蒙审玉2016007号
富单12	1	蒙审玉2013019号
富单2号	2	蒙认玉2012002号
富单3号	2	蒙审玉2009029号
富尔116	11.4	国审玉2015604
海玉15	2.8	黑审玉2009022
罕玉1号	21.9	蒙审玉2009012号
罕玉336	1	蒙审玉2016044号
罕玉5号	20.5	蒙审玉2010014号
禾田4号	0.2	黑审玉2013024
和育181	0.5	蒙审玉2016045号
和育185	2	蒙审玉2016003号
和育187	1.8	国审玉20170014
亨达366	0.5	吉审玉2016053
恒育1号	6.7	蒙审玉2016019号
宏博18	3.8	蒙审玉2010032号

（续表）

品种名称	种植面积（万亩）	审（鉴、认）定/登记编号
泓丰656	3.6	蒙审玉2013002号
泓丰808	2.6	蒙审玉2016030号
呼单517	1.1	蒙审玉2016025号
呼单7号	1	内农种审0324号
华农1107	2	国审玉20170013
华农292	14	蒙审玉2014023号
华农887	5.7	国审玉2014011
吉单27	16.1	蒙认玉2007002号
吉单32号	11.4	蒙认玉2012012号
吉单441	0.28	吉审玉2012002
吉单502	0.71	蒙认玉2014011
吉单535	37.55	吉审玉2006061
吉东28	3.2	国审玉2007005
吉东56	5	吉审玉2016012
吉东81	2.18	国审玉2015004
吉农大302号	2	蒙认玉2008024号
吉农大401	6.2	蒙认玉2012001号
吉农大516	0.5	吉审玉2007006
吉农大778	2.4	国审玉20170015
金艾130	5.3	蒙审玉2014027号
金艾588	4.2	蒙审玉（饲）2016001号
金博士717	0.4	国审玉20176039
金产5	0.5	吉审玉2012003

（续表）

品种名称	种植面积（万亩）	审（鉴、认）定/登记编号
金冲1号	2	蒙审玉2011018号
金创103	0.6	蒙审玉2016036号
金垦10号	2	蒙审玉2015017号
金岭青贮10	3.9	蒙草审N007
金岭青贮17	4.8	蒙草审N027
金岭青贮357	2.7	蒙草审N097
金岭青贮377	2.1	蒙草审N017
金平618	2.3	晋审玉2013006
金穗58	2	蒙审玉2017014号
金园15	3	吉审玉2014023
金韵308	3	蒙审玉2016032号
金正泰1号	0.17	吉审玉2016023
晋单73	3.3	蒙认玉2014005号
九园15	2.6	蒙审玉2017049号
军育535	0.7	吉审玉2012017
均隆1217	2.6	蒙审玉2016020号
科多八号	4.8	蒙审玉2014009号
科瑞981	3	吉审玉2016049
科泰928	3	吉审玉2016041
科玉15	1.5	国审玉20180083
乐农18	3	国审玉20176034
雷润303	4	蒙审玉2013001号
利禾1	28.7	蒙审玉2014002号

（续表）

品种名称	种植面积（万亩）	审（鉴、认）定/登记编号
利禾5	10.5	蒙审玉2017005号
利禾7	7.6	蒙审玉2017023号
利民27	3	蒙审玉2012020号
利农368	7.4	蒙审玉2013016号
良玉21	0.2	蒙审玉2008019号
良玉918	0.5	国审玉2014005
良玉99	4	国审玉2012008
辽河4号	1.3	蒙审玉2004021号
辽禾6	3	国审玉2011001
辽科38	1	吉审玉20170017
绿育4117	1	蒙认玉2009014号
满世通507	1.5	蒙审玉2007015号
蒙吉813	3.2	蒙审玉2016031号
南北1号	2	黑审玉2007022
南北5号	3	蒙认玉2016012号
嫩单12	1	黑审玉2005008
农夫9号	2.4	蒙认玉2011017号
农华106	6.6	蒙审玉2012011号
农华213	1	蒙审玉2015027号
鹏诚10号	0.6	蒙审玉2015005号
鹏诚6号	5	黑审玉2014003
鹏诚9号	2.7	蒙审玉2014024号
平安169	6.9	吉审玉2013012

（续表）

品种名称	种植面积（万亩）	审（鉴、认）定/登记编号
平育11	5.15	蒙认玉2005013号
齐玉2号	2.6	蒙认玉2012010号
齐玉3号	3.9	黑审玉2010010
沁单3号	1.6	蒙审玉2007030号
沁单683	4.4	蒙审玉2009020号
沁单969	0.14	蒙审玉2015035号
庆单9号	3.2	黑审玉2010024
秋乐126	3	国审玉2016609
省原80	2	吉审玉2013018
省原85	2	蒙审玉2012009号
四育18	0.5	吉审玉2006018
松科706	2.5	晋审玉20170008
松玉410	3.5	蒙认玉2015007号
松玉419	2	吉审玉2012013
天农九	37.8	蒙认玉2011021号
铁旭338	4.1	蒙审玉2012004号
铁研919	1	辽审玉2013003
通单248	1.2	吉审玉2010021
屯玉556	0.5	国审玉2016606
五谷318	1	蒙审玉2015025号
五谷568	3.5	蒙审玉2015029号
五谷702	2.3	蒙审玉2010029号
西蒙6号	0.5	蒙审玉2012018号

（续表）

品种名称	种植面积（万亩）	审（鉴、认）定/登记编号
先达203	3	蒙审玉2014028号
先玉335	3.7	国审玉2006026
先玉696	3.2	国审玉2006025
先玉698	1	蒙认玉2014001号
先正达408	5.8	蒙审玉2007020号
翔玉126	3	国审玉2016609
翔玉218	2	蒙审玉2016001号
翔玉326	0.6	蒙审玉2017028号
翔玉998	7.1	蒙审玉2014004号
兴单13号	7.1	蒙审玉2002012
兴丰5号	17.9	蒙审玉2013020号
兴丰12	5.5	蒙审玉2015014号
兴丰68	15	蒙审玉2015013号
兴垦10号	3.5	国审玉2006003
兴垦3号	2	国审玉2006011
兴垦5号	2	蒙审玉2332005号
兴农5号	10.3	蒙审玉2015023号
兴农7	7	蒙审玉2014019号
鑫鑫1号	0.6	黑审玉2008022
雄玉582	3	蒙审玉2016013号
英国红	31.85	蒙认饲2004006号
优迪339	1	晋审玉20170010
优迪919	5.9	蒙认玉2015001号

（续表）

品种名称	种植面积（万亩）	审（鉴、认）定/登记编号
优旗199	1	辽审玉2015033
优旗909	1	蒙审玉2014034号
玉龙10号	2.4	蒙审玉2013025号
玉龙157	6	蒙审玉2014020号
玉龙7899	1.8	蒙审玉2016033号
玉龙9号	17	蒙审玉2010021号
豫禾863	4	蒙认玉2015010号
原单68	10	吉审玉2007018
原玉10	0.12	吉审玉2014003
云天2号	1	蒙审玉2009022号
长单506	2	蒙认玉2009032号
长丰59	9.5	蒙审玉2012021号
哲单39	9	蒙审玉200003
真金202	1	蒙审玉2009030号
真金208	0.5	蒙审玉2016041号
郑单958	4.6	国审玉20000009
中单308	2.6	蒙审玉2011010号
中地606	0.2	蒙审玉2015003号
中地9988	0.8	辽审玉2013038
中科505	2	国审玉20176025
中科玉505	3.9	国审玉20176025
种星618	3.5	蒙审玉2009004号
卓玉819	10.3	蒙审玉2012002号

2.1.10 鄂尔多斯玉米生产品种分布现状

鄂尔多斯种植的主要玉米品种如表2-12所示。

表2-12 鄂尔多斯玉米生产品种播种面积

品种名称	种植面积（万亩）	审（鉴、认）定/登记编号
32D22	1	国审玉2005013
M99	0.8	蒙审玉2016012号
MC278	2	蒙审玉2014003号
MC670	2.7	蒙审玉2016037号
MC703	5	蒙审玉2015007号
巴单6号	1.2	蒙审玉2005005号
包玉2号	1	蒙审玉2006003号
包玉9号	0.8	蒙审玉2012025号
博品1号	2	蒙审玉2015012号
布鲁克2号	1	蒙审玉2005010号
承单20	1	蒙认玉2012003号
赤单218	2	蒙审玉2013009号
大丰30	5	蒙认玉2015013号
大民3307	6.5	蒙审玉2008024号
德单1029	2	蒙审玉2014017号
德单8号	2	蒙认玉2008025号
登海NK66	4.3	蒙审玉2016028号
迪卡159	2.5	蒙认玉2016004号
丰田101	7	蒙审玉2015030号
丰田12号	1.2	蒙审玉2007009号
峰单189	10	蒙审玉2015010号
富友968	2.2	吉审玉2012023

（续表）

品种名称	种植面积（万亩）	审（鉴、认）定/登记编号
罕玉5号	2	蒙审玉2010014号
恒育1号	0.8	蒙审玉2016019号
宏博66	1.5	蒙审玉2016035号
泓丰656	6	蒙审玉2013002号
吉农大401	3.3	蒙认玉2012001号
纪元一号	1.2	京审玉2005008
金艾130	0.5	蒙审玉2014027号
金创1088	3	宁审玉2015018
金创6号	3	蒙审玉2014035号
金创998	3	蒙审玉2012027号
金创T808	0.5	蒙审玉2017031号
金穗99	4	蒙审玉2010041号
金田11号	2	蒙审玉2010012号
金田8号	1.5	蒙审玉2011008号
金园15	1	蒙认玉2016015号
金韵308	4	蒙审玉2016032号
九园38	1.8	蒙审玉2015033号
均隆1217	7.2	蒙审玉2016020号
钧凯918	1	蒙审玉2016047号
科河409	2	蒙审玉2008016号
科河8号	1.5	蒙审玉2005007号
利禾1	6	蒙审玉2014002号
利禾5	1.8	蒙审玉2017005号
联创808	0.6	国审玉2015015
辽禾6	3	国审玉2011001

（续表）

品种名称	种植面积（万亩）	审（鉴、认）定/登记编号
辽河1号	2	蒙审玉2004025号
龙生5号	0.6	龙生5号
满世通507	1	蒙审玉2007015号
内单四号（哲单七号）	12	内农种审字第0151号
宁玉218	1	蒙审玉2013013号
农富99	3	蒙审玉2016015号
农华032	3.3	国审玉2012007
农华101	3.2	蒙认玉2011016号
农华106	3.3	蒙审玉2012011号
农科大8号	2	陕审玉2012022
强盛31	0.5	国审玉2003043
庆单3号	3	蒙认玉2015004号
胜丰157	2	蒙审玉2016022号
太玉339	2.3	晋审玉2009020
铁旭338	2.2	蒙审玉2012004号
铁研58	2	蒙认玉2015002号
西蒙668	1.3	甘审玉2015003
西蒙6号	5	蒙审玉2012018号
先玉1225	4.8	宁审玉20190015
先玉335	6.3	蒙认玉2008023号
先玉696	3.8	蒙认玉2011026号
先玉698	2.7	辽审玉〔2008〕359号
翔玉998	3	蒙审玉2014004号
延科288	9.5	国审玉2014018
伊单131	5	蒙审玉2017012号

（续表）

品种名称	种植面积（万亩）	审（鉴、认）定/登记编号
伊单81	2.8	蒙审玉2012014号
裕丰303	0.6	国审玉20170030
裕丰307	0.5	国审玉20186049
章玉10号	0.3	晋审玉2016005
长城706	1.2	蒙认玉2006014号
哲单33	2.3	蒙审玉2002006号
真金202	1	蒙审玉2009030号
真金306	2.1	蒙审玉2006008号
真金308	8	蒙审玉2015032号
正成018	3.9	蒙认玉2016017号
中单2996	2	蒙审玉2000011号
中科玉505	0.3	国审玉20176025
中农资204	1	蒙审玉2014013号
种星618	6.6	蒙审玉2009004号

2.2　内蒙古玉米生产品种存在的问题

由于内蒙古地处祖国北部边疆，过去一些学者对内蒙古玉米地方品种的遗传多样性、抗逆性、遗传潜势和改良利用等方面做过一些研究，但对内蒙古玉米地方品种资源进行系统研究却较少，主要存在以下问题。

一是种质资源挖掘、利用还不够。全区地域辽阔，气候复杂，生态类型多样，相对而言，玉米种质资源比较丰富。从事玉米品种选育的种子企业和科研单位不在少数，但多数育种单位科研育种实力不强，投入有限，育种还是以常规育种为主，没有充分挖掘育种材料优良性状。建议育种单位加大育种人力、物力、精力和财力的投入，加强育种材料的引进、鉴定、利用，筛选出抗逆性强、亲和力好、配合力优、综合性状总体表现优良的亲本，通过常规育种、单倍体育种、分子育种等，加快培育生育期适中、耐密、宜机收品种，满足农业生产需求。

二是市场品种多，突破性品种少。随着品种试验渠道的拓宽，联合体试验、绿色通道等，还有引种备案政策的推动，每年仅内蒙古审定和备案的品种就有几百个，还不包括国审品种包含内蒙古区域的品种。据统计，推广面积在1万亩以上的品种多达1 000个，个别重点农业旗（县）市场上销售的品种多达400个。虽然品种繁多，但大多数属于同类品种，突破性品种缺乏，年推广面积在100万亩以上的品种寥寥无几，能上50万亩的品种很有限，推广10万亩以上的品种也不多。从目前生产对品种需求以及品种选育推广情况看，很难做到一个品种像郑单958、先玉335等品种一样大面积大范围的推广应用，要从品种特征特性和适宜区域考虑，做到因种而推，发挥品种的优良品性，促进产量增收。

三是自主选育品种市场占有率不高，种子企业核心竞争力不强。近几年，虽然内蒙古自治区实施种业振兴行动，从政策扶持，项目支持上加大了品种选育的投入，加快了内蒙古自治区自选品种的选育和推广。但自育品种在生产上的占比仅为1/3，不符合内蒙古作为用种大区的地位不相匹配。要加大品种选育的推广力度，组建市场营销团队，摸清用种需求，加大品种的推广。同时学习先进经验，做好品种售后服务跟踪工作，抢占更多市场，提高品种占有率，实现内蒙古的土地种自己的品种，用更多的内蒙古品种产出更多的中国粮。

3 内蒙古热量资源分布情况及特征

热量是农作物生长发育和产量形成所必需的自然条件，农业气候带分布、农作物结构、耕作制度、品种布局、各种农事活动与栽培措施、冷害及霜冻程度和产量高低等，都在很大程度上取决于农作物生长发育期间热量资源的多少与稳定程度等诸多因素[1]。因此，更好地了解内蒙古热量资源的时空分布规律，对热量资源进行科学的分级评价，对于合理规划与开发利用本地的气候资源、促进农业高效高质和可持续发展均具有重要的现实意义。农业环境中的热量通常用农业界限温度、积温、无霜期等指标来进行综合衡量[2]。近年来，由于温室效应引起全球气温不断升高，气候变化对农业热量资源的影响研究引起了国内外学者的普遍关注[3-6]，大量研究成果对研究农业对气候变化的响应具有积极的贡献，本章研究基于历史气象资料对内蒙古全域玉米热量资源的分布特征和变化趋势等进行分析，为探索内蒙古地区玉米热量资源的高效利用，实现玉米稳产增产和提质增效提供理论基础和技术支撑。

在农作物生长期内，平均气温是制约生长发育的重要因子，气温的高低直接决定了作物能否顺利完成生长全过程。因此，平均气温既是表示生长期内温度水平的重要标志，也是与农业生产关系密切的重要气候条件。同时，积温也是决定农业生产的关键因子之一，通常把10℃以上的积温作为农作物的重要热量指标，日平均气温稳定通过0℃时，在春季，冬小麦和早春作物进入旺盛生长期；到了秋季，喜凉作物光合作用显著减弱，等温作物停止生长，因此，研究积温变化规律对农业生产有很重要的指导意义。

玉米是喜温作物，生长速率与温度密切相关，对温度的变化非常敏感。研究表明，在一定温度范围内，温度越高，玉米发芽出苗速度越快，玉米种子发芽下限温度为6～7℃，最适温度为20℃，且在玉米营养生长期间，低温条件下生长慢，光合作用弱。如果日平均气温在15℃和20℃两种条件下持续10天，玉米叶面积增量分别为75平方厘米和182平方厘米[7]。反之平均气温升高，玉米出苗速度和营养生长速率增加；平均气温降低，成熟期将延迟，单产降低[8]。不同玉米品种全生育期所需≥10℃积温不同，一般认为晚熟品种为2 800～3 000℃·天，中熟品种为2 500～2 700℃·天，早熟品种为2 200～2 500℃·天[9]。积温不仅影响玉米形态特征、叶面积指数、生物量积累和产量，还影响玉米的光合作用、呼吸作用、细胞膜结构和保护酶活性等生理生化特性[10-13]。因此，热量资源变化对玉米生产有重要影响。

3.1 热量资源时空分布特征

本研究分析内蒙古不同区域近50年的气象各要素时空变化特征，气象数据来源于中国气象局国家气象数据中心的“中国地面气候资料日值数据集（V3.0）”（后面各章节也用此数据源）。该数据集包含了中国699个基准、基本气象站1951年1月以来本站气压、气温、降水量、蒸发量、相对湿度、风向风速、日照时数和0厘米地温要素的日值数据。本研究选取内蒙古50个基准地面气象观测站的1951—2020年连续性日值数据集，并对部分站点的缺测和异常数据予以剔除。收集数据包括各个站点经纬度信息、逐日气温和降水等数据。

温度对作物的发育和成熟率起着重要作用。玉米的热量单元指数（Corn heat units，CHU）是一种度量温度对玉米生长发育影响的热量指标，认为玉米完成一定的生育期都需要一定热量的累积，是生长季节累积热量的量度，相比于潜在成熟度指标生长度天数（GDD），CHU更适合玉米潜在成熟度的衡量[14-15]。由于热量单元指数在热积温方法的基础上，充分考虑到气温的日变化，所以热量单元指数被广泛应用到农学、气象学和生物学等学科中，评价热量对植物生长发育的影响。同时，作物热量单元指数也被认为是影响作物的生长发育和成熟的主要气候因子之一[16-17]。在作物残留氮和土壤氮素矿化的研究中，由于间接地影响，热量单元指数也可以有效地评价和预测氮素矿化的情况，帮助制定作物轮作的方案和施肥计划[18-19]。在国外，利用热量单元指数来评价气象因素与作物产量的关系已有多年的研究，作物热量单元指数也在不同的地区得到相应的验证[20-22]。在国内，关于热量单元指数的应用鲜有报道。刘布春等利用玉米热量单元指数作为模型参数对我国东北地区低温冷害预报进行了研究，结果表明，模型较好地评估和预测出区域低温冷害发生的程度和范围[15]。但玉米热量单元指数在国外得到了广泛地应用[16][20][22]。国内部分学者[15][23]将Heat units翻译成“热量单位”，但也有部分学者[24]在报道中将其翻译为“热量单元”。根据笔者的理解，由于Heat units具有一定地域性，翻译成为“热量单元”则更为贴切，所以在本著作中，将沿用“热量单元”这一翻译来对内蒙古热量资源的空间分布特征进行分析研究，其中日均玉米热量单元指数将用以下公式来计算[25]：

$$Y_{max}=3.33\times(T_{max}-10)-0.084\times(T_{max}-10)^2$$

$$（当T_{max}<10.0，Y_{max}=0.0） \quad (3.1)$$

$$Y_{min}=1.8\times(T_{min}-4.44)$$

$$（当T_{min}<4.44，Y_{min}=0.0） \quad (3.2)$$

式中，T_{max}和T_{min}分别是每日最高气温和最低气温，由式（3.1）、式（3.2）即可计算得出：

$$日均玉米热量单元指数(CHU)=\frac{Y_{max}+Y_{min}}{2} \quad (3.3)$$

3.1.1 不同月份的内蒙古玉米热量单元指数分布特征

通过对1951—2020年内蒙古不同地区玉米生长季（4—10月）内热量单元指数的累计值研究发现，在玉米播种期4月，内蒙古西部阿拉善全境、鄂尔多斯和巴彦淖尔部分旗（县）玉米热量单元指数最高，其次是鄂尔多斯与赤峰市南部，CHU在222～296，此部分地区玉米可以适时早播，为后期玉米生长发育争取更多热量资源，如图3-1所示。

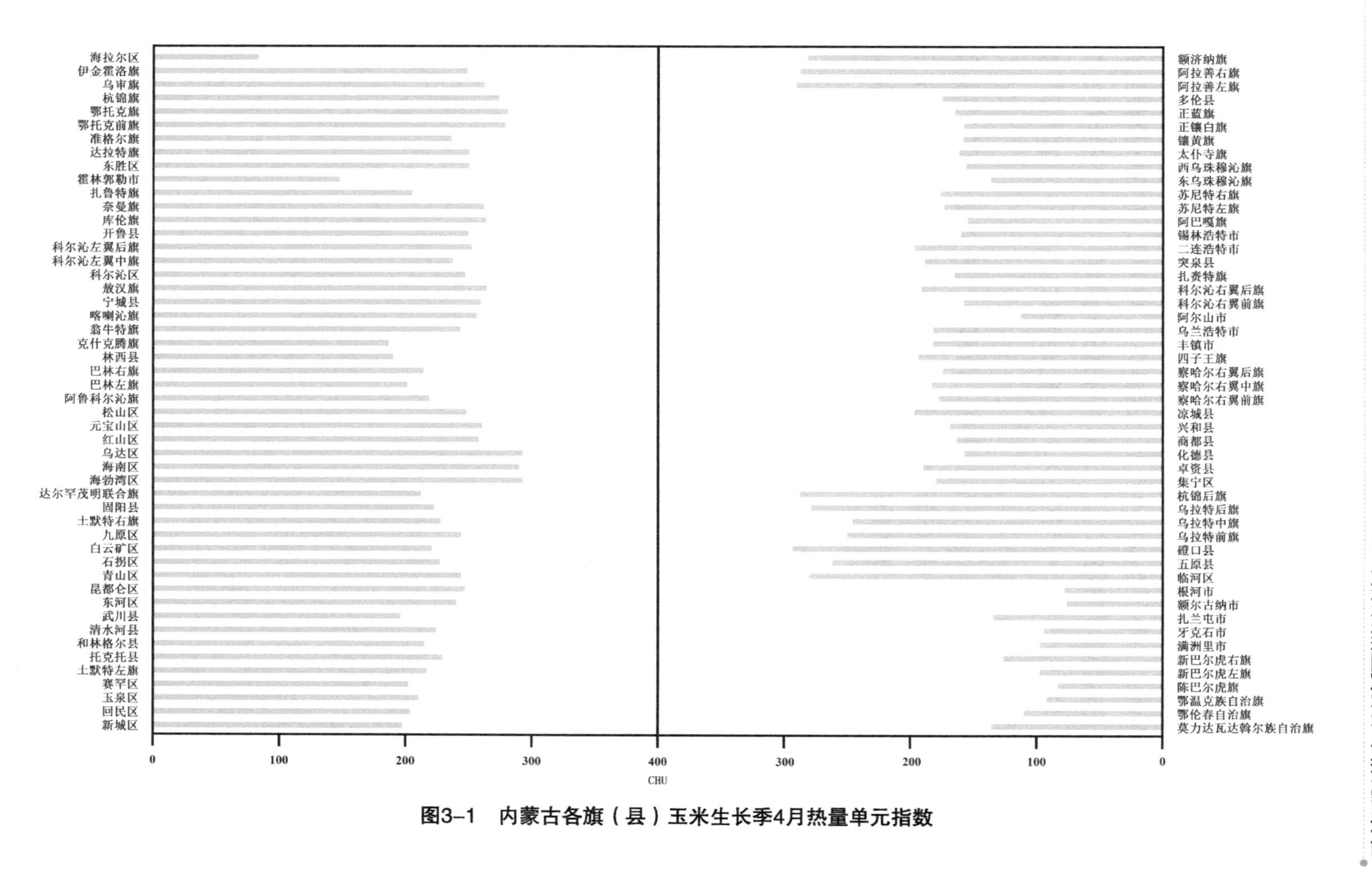

图3-1 内蒙古各旗（县）玉米生长季4月热量单元指数

在玉米播种期（或出苗期）5月，内蒙古西部阿拉善全境、鄂尔多斯和巴彦淖尔部分旗（县）玉米热量单元指数较高，大部分旗（县）CHU均大于450；通辽与赤峰东南部的CHU在485～560，上述地区玉米可以适时早播，为后期玉米生长发育争取更多热量资源，如图3-2所示。

6月，内蒙古玉米自西向东由南至北逐步进入拔节期，西部阿拉善全境、鄂尔多斯和巴彦淖尔西部旗（县）、赤峰和通辽南部旗（县）玉米热量单元指数最高，其次整个内蒙古地区玉米热量单元指数由西向东、由南向北逐级递减，如图3-3所示。

由图3-4可知，在玉米拔节至开花期，西部阿拉善全境、鄂尔多斯和巴彦淖尔西部旗（县）、赤峰和通辽南部旗（县）热量指数积累较快，玉米发育进程也有所加快，开花期提前。此期是玉米需水关键期，一旦缺水将影响开花授粉的正常进行。

由图3-5可知，在玉米吐丝至灌浆期，西部阿拉善全境、鄂尔多斯和巴彦淖尔西部旗（县）、赤峰和通辽南部旗（县）容易发生高温热害，将会缩短玉米灌浆时间，降低灌浆速率，使得千粒重下降，引起减产。

在玉米成熟期，鄂尔多斯和巴彦淖尔西南部旗（县）、赤峰和通辽南部旗（县）应该充分利用玉米生育后期利于干物质积累的热量资源，尽量延长玉米灌浆时间，让玉米粒重潜力充分发挥，见图3-6和图3-7。

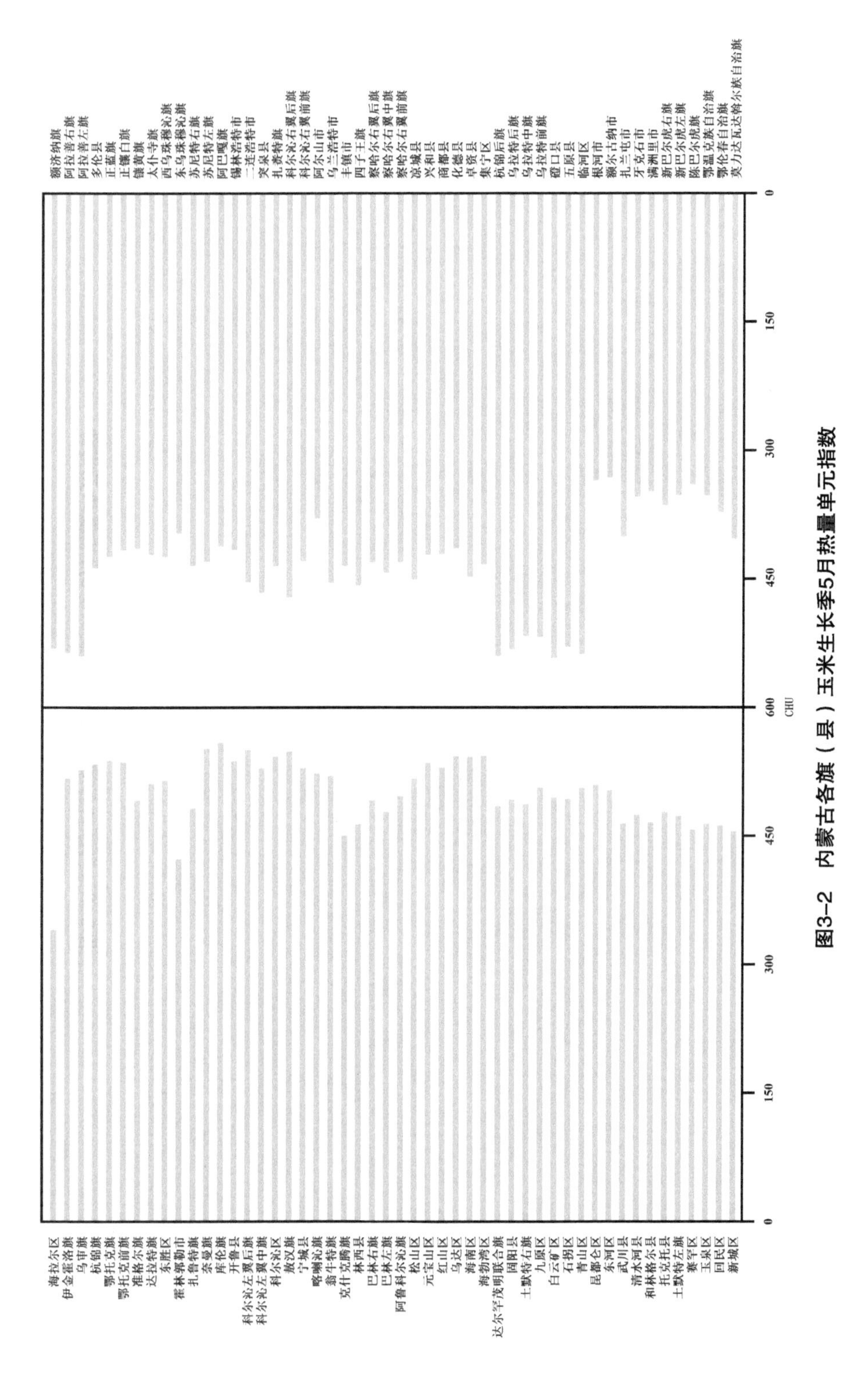

图3-2 内蒙古各旗（县）玉米生长季5月热量单元指数

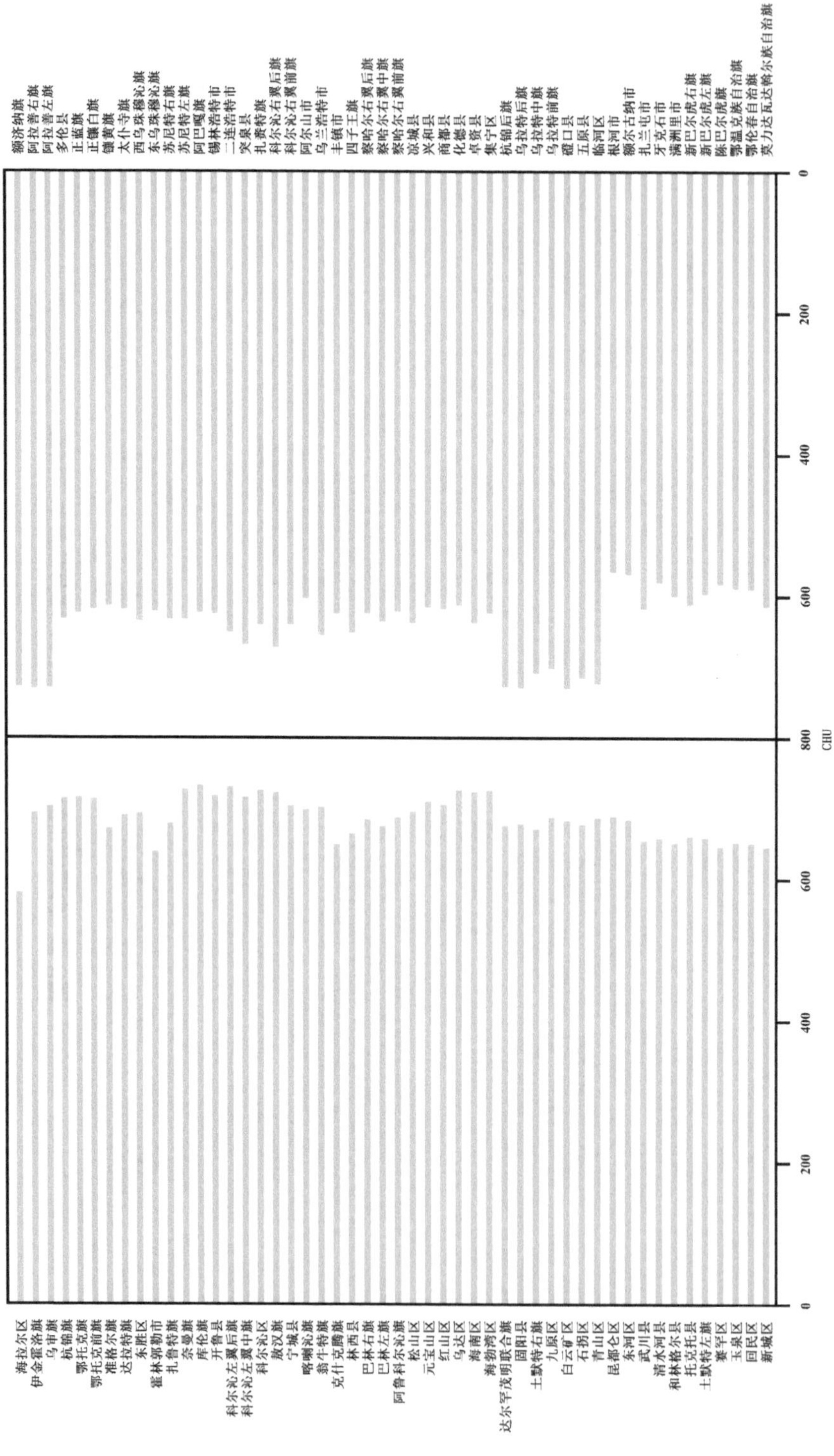

图3-3　内蒙古各旗（县）玉米生长季6月热量单元指数

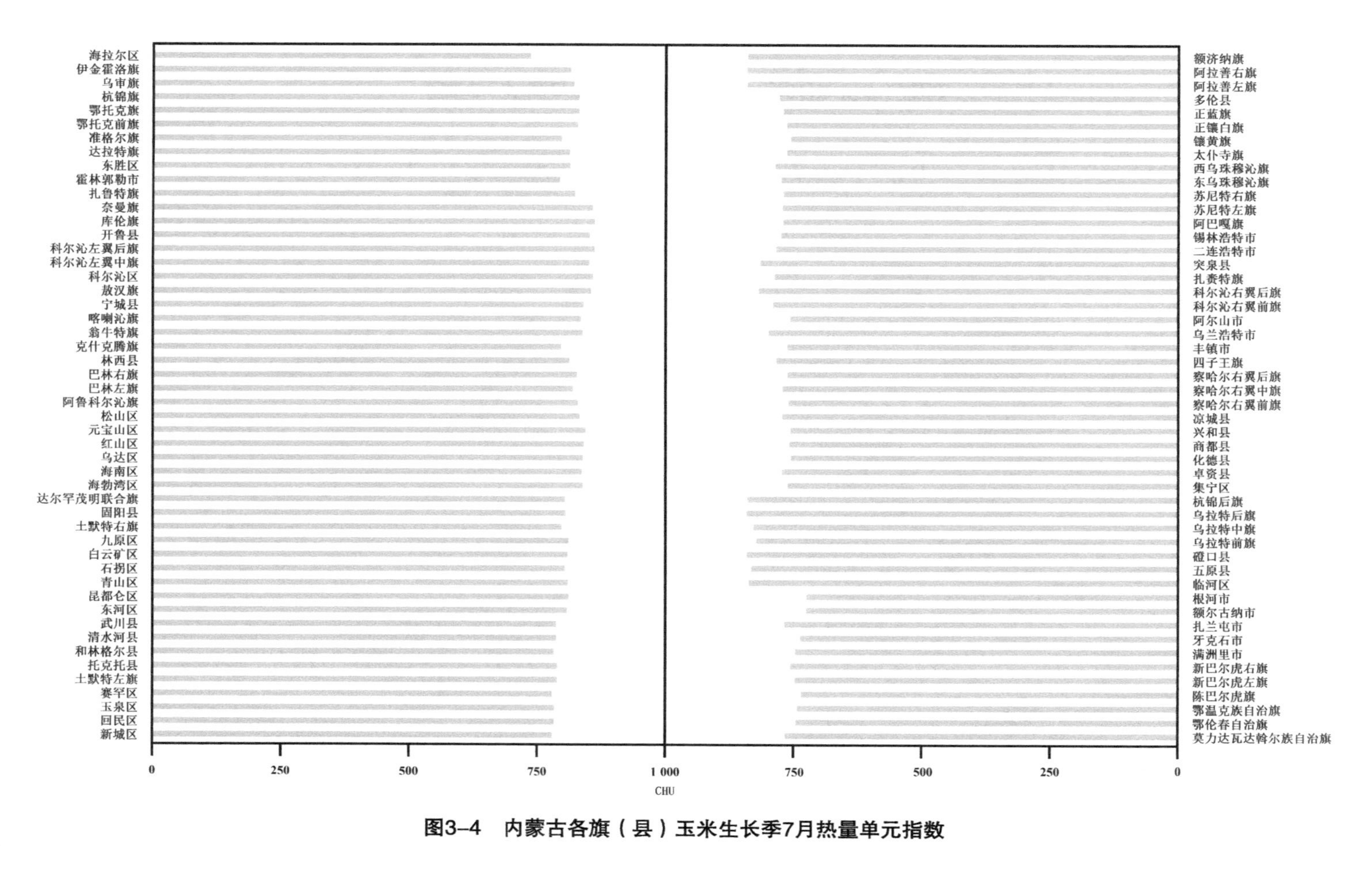

图3-4　内蒙古各旗（县）玉米生长季7月热量单元指数

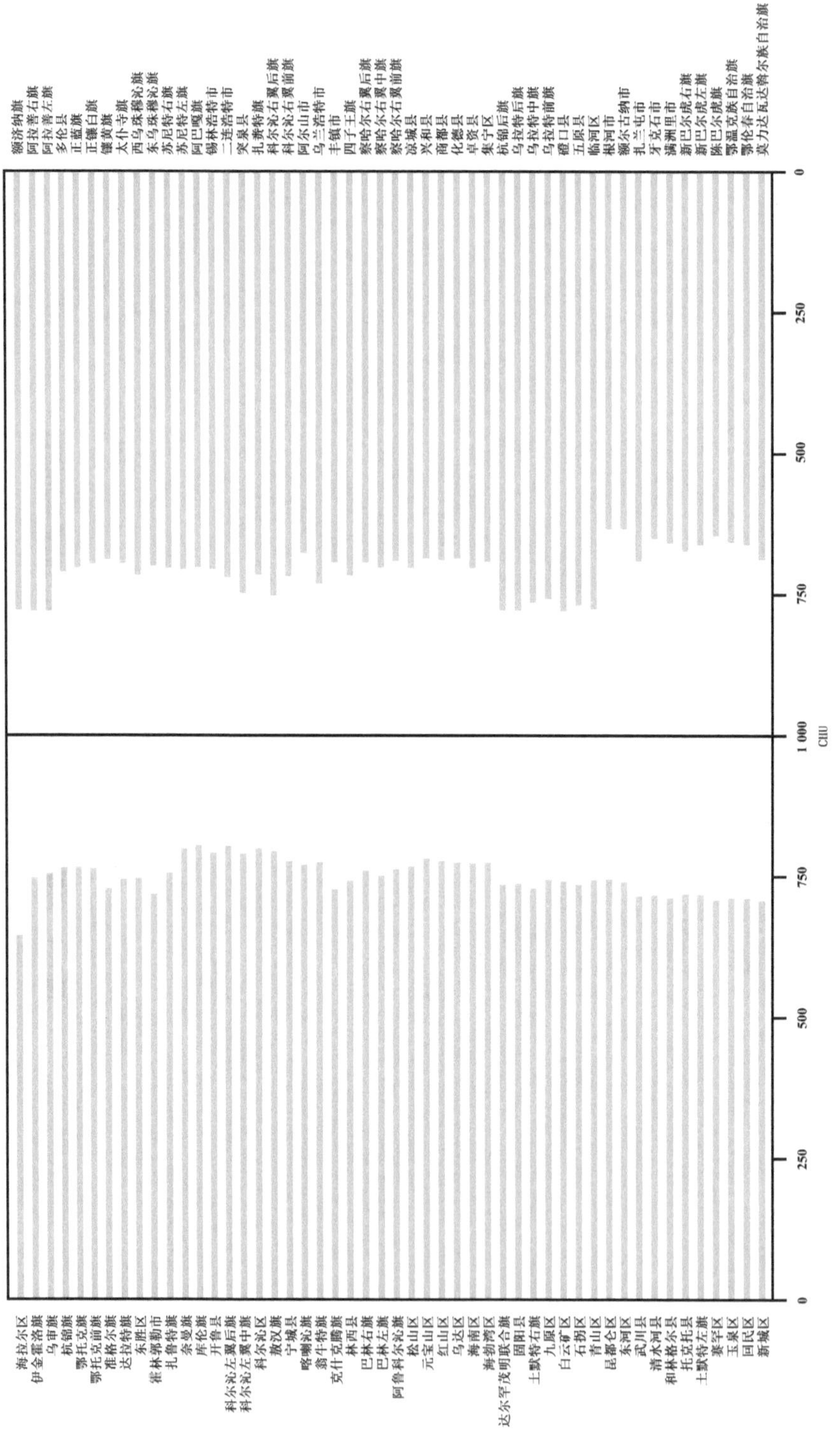

图3-5 内蒙古各旗（县）玉米生长季8月热量单元指数

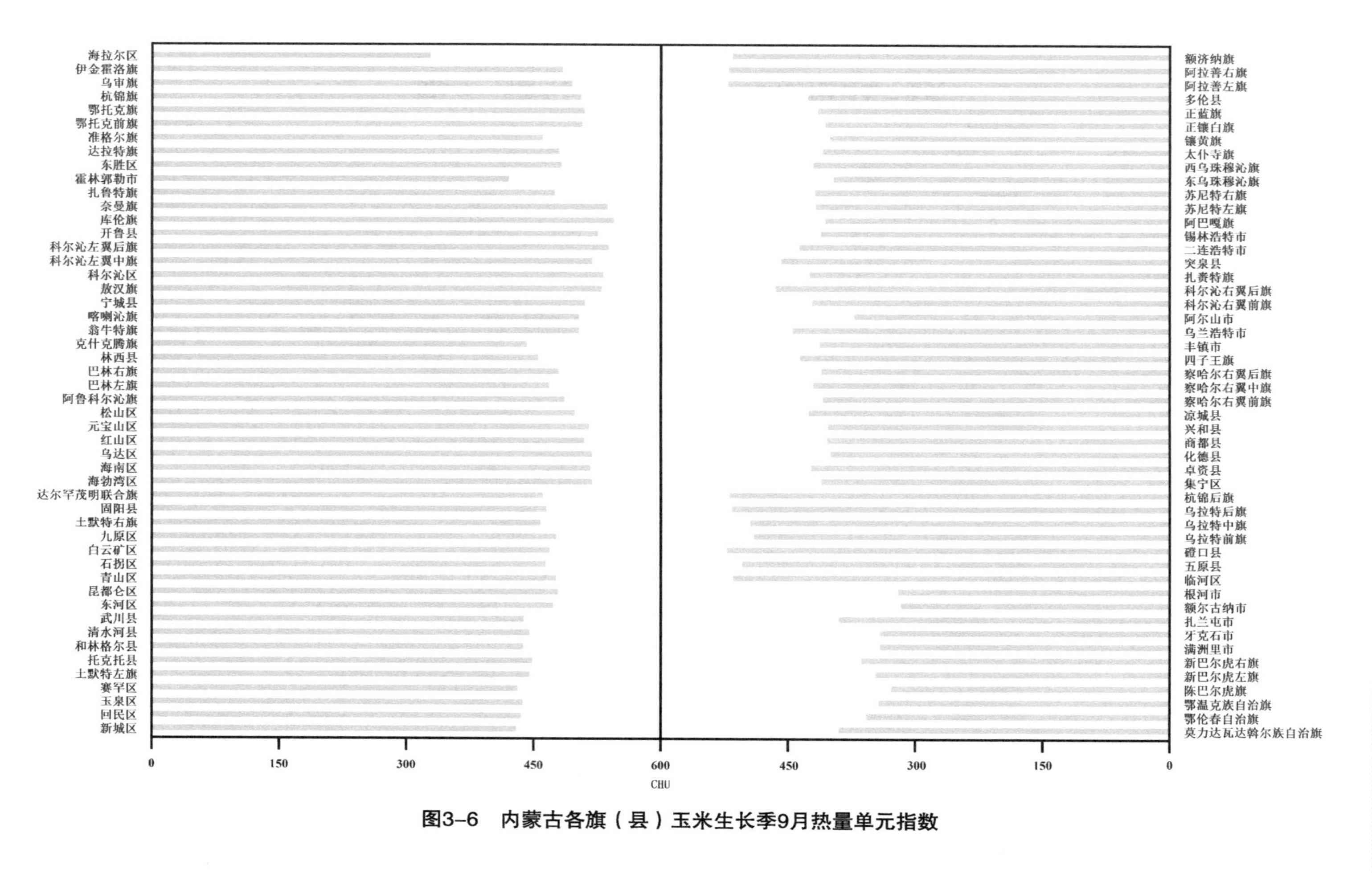

图3-6 内蒙古各旗（县）玉米生长季9月热量单元指数

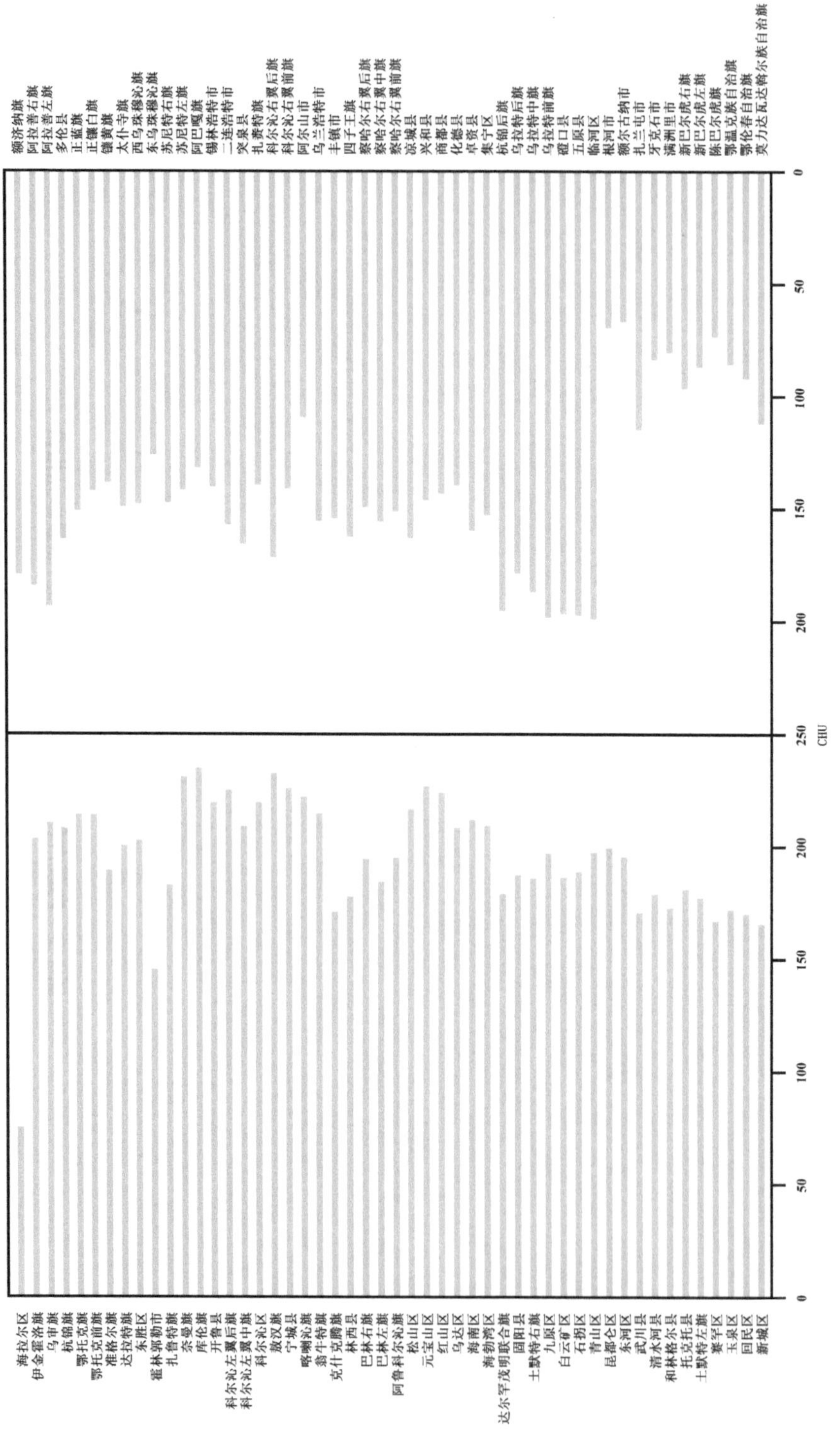

图3-7　内蒙古各旗（县）玉米生长季10月热量单元指数

3.1.2 不同年份内蒙古玉米热量单元指数分布特征

通过对内蒙古部分农业重点旗（县）的玉米整个生长季的不同年份热量单元指数的累计值研究分析可知，自20世纪60年代起，内蒙古扎兰屯和扎鲁特旗整个玉米生长季的热量指数整体均呈上升状态。其中，扎兰屯地区玉米生长季的热量指数在2007年达到最大值3 457，随后几年又有下降趋势，如图3-8所示。

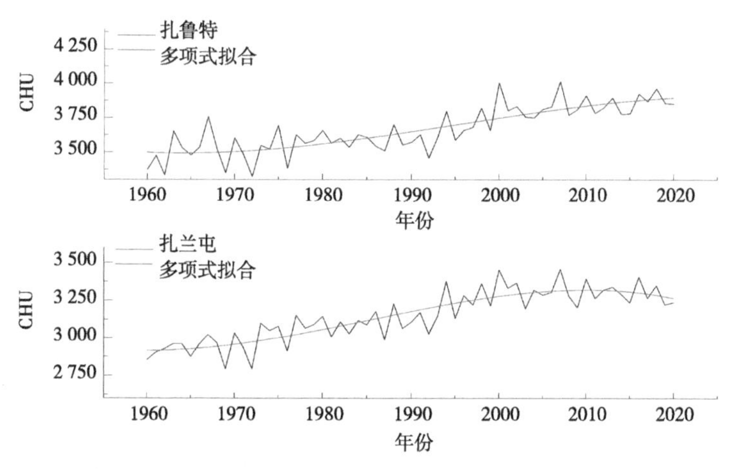

图3-8 内蒙古不同地区玉米生长季5—9月热量单元指数（扎兰屯和扎鲁特）

通辽和开鲁自20世纪70年代末起，整个玉米生长季的热量指数整体均呈上升状态。通辽和开鲁的玉米生长季的热量指数同时在2018年达到最大值4 035和3 964，如图3-9所示。

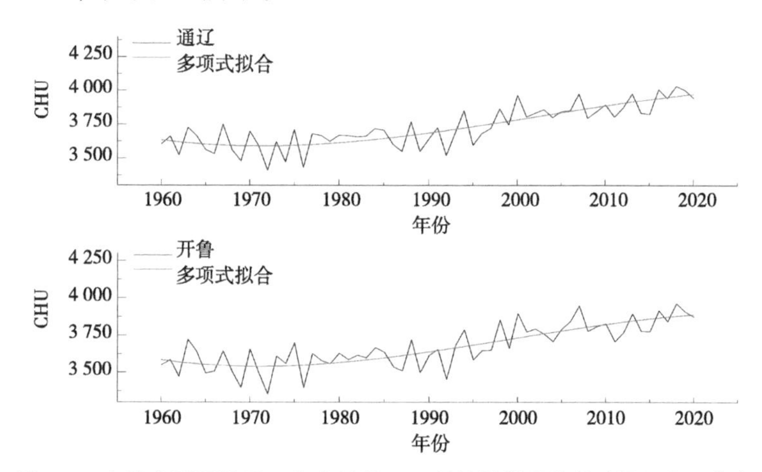

图3-9 内蒙古不同地区玉米生长季5—9月热量单元指数（通辽和开鲁）

林西自20世纪60年代起，整个玉米生长季的热量指数整体呈先降低后上升又降低的态势，玉米生长季的热量指数在1968年呈现最小值2 529，在2007年达到最大值3 470。巴林左旗自20世纪60年代起整个玉米生长季的热量指数整体呈先降低后增加态势，在1969年到达最小值3 011，在2019年达最大值3 704，如图3-10所示。

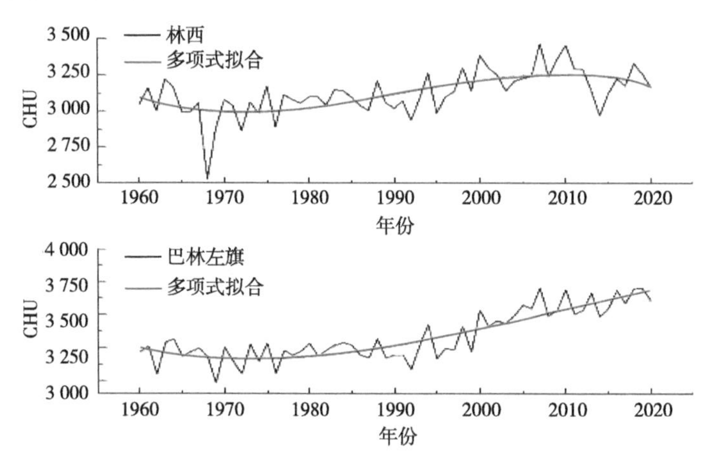

图3-10　内蒙古不同地区玉米生长季5—9月热量单元指数（林西和巴林左旗）

翁牛特旗自20世纪60年代起，整个玉米生长季的热量指数整体呈稳步增加的态势，玉米生长季的热量指数在1976年呈现最小值3 145，在2000年达到最大值3 817。多伦整个玉米生长季的热量指数整体呈先降低后增加态势，在1976年达最小值2 387，在2018年达最大值3 030，如图3-11所示。

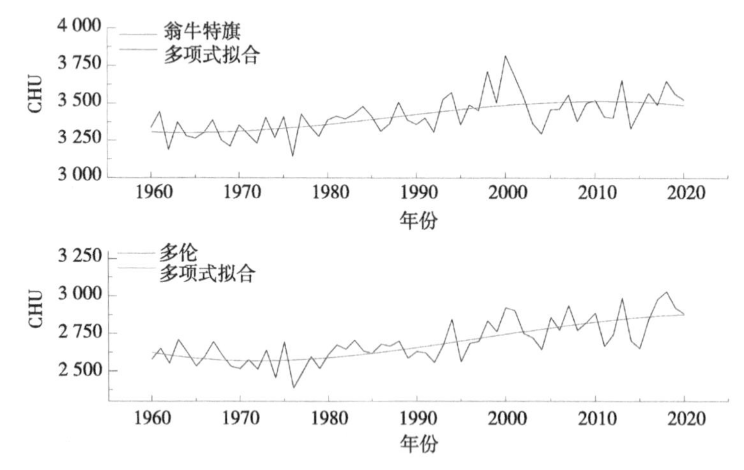

图3-11　内蒙古不同地区玉米生长季5—9月热量单元指数（翁牛特旗和多伦）

赤峰自20世纪60年代起，整个玉米生长季的热量指数整体呈稳步增加的态势，玉米生长季的热量指数在1972年呈现最小值3 398，在2009年达到最大值3 869。敖汉旗整个玉米生长季的热量指数整体呈先降低后增加态势，在2005年达最小值3 039，在2018年达最大值3 858，如图3-12所示。

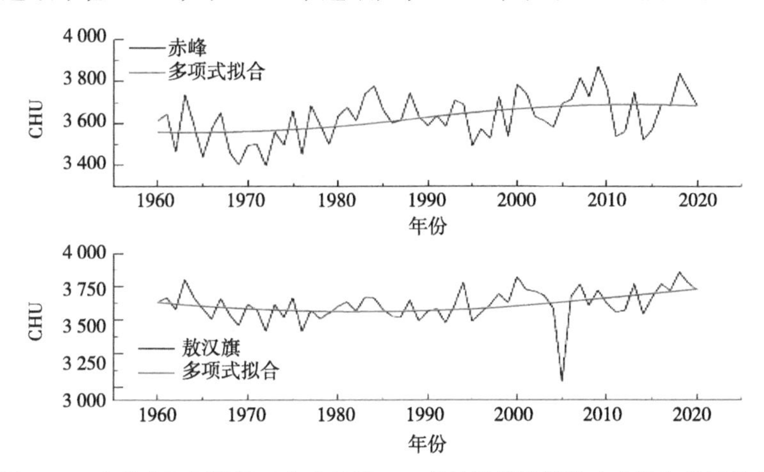

图3-12　内蒙古不同地区玉米生长季5—9月热量单元指数（赤峰和敖汉旗）

呼和浩特和包头自20世纪60年代起，整个玉米生长季的热量指数整体均呈先降低后上升态势，呼和浩特整个玉米生长季的热量指数在1976年呈现最小值2 925，在2007年达最大值3 820。包头整个玉米生长季的热量指数在1979年呈现最小值3 188，在1999年达最大值3 831，如图3-13所示。

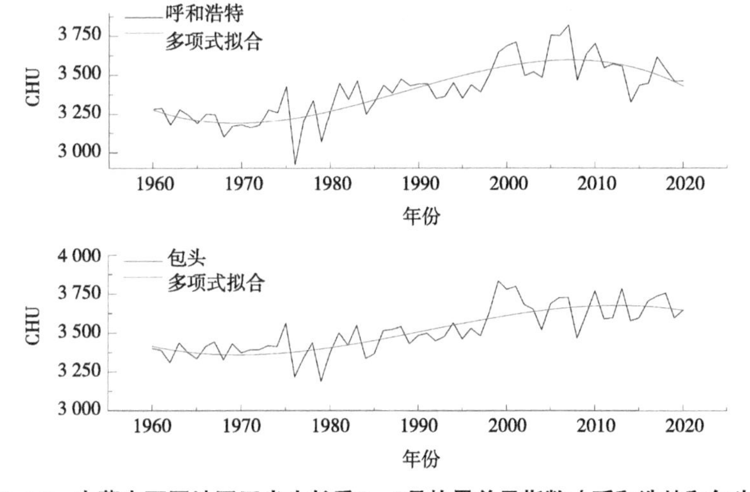

图3-13　内蒙古不同地区玉米生长季5—9月热量单元指数（呼和浩特和包头）

东胜自20世纪60年代起，整个玉米生长季的热量指数呈先降低后上升又降低的态势，玉米生长季的热量指数在1979年呈现最小值2 893，在2017年达最大值3 708。临河整个玉米生长季的热量指数整体呈先增加后降低态势，在1962年达最小值3 222，在2005年达最大值3 969，如图3-14所示。

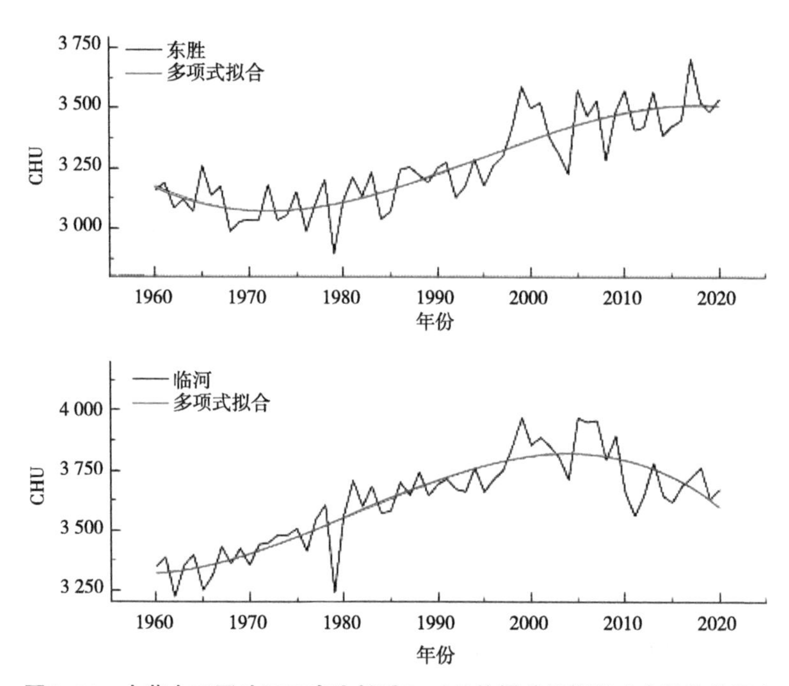

图3-14　内蒙古不同地区玉米生长季5—9月热量单元指数（东胜和临河）

3.1.3　不同年代内蒙古玉米生长季玉米热量单元指数分布特征

通过对同一年代不同年份内蒙古各地玉米生长季的玉米热量单元指数均值计算后进行插值，得到不同年代内蒙古不同地区玉米生长季5—9月热量单元指数图。有研究表明，玉米生长季的热量单元指数在3 200以上，可以适期晚播早熟玉米品种；玉米生长季的热量单元指数在2 800～3 200，可以适期种植中熟玉米品种；玉米生长季的热量单元指数小于2 800，就存在一定种植风险，适情况早播或种植其它作物[26]。

由图3-15可知，在20世纪60年代（1960—1969年，下同），全区多半地区玉米生长季的热量单元指数在2 800以上，可以适时种植早中熟玉米品种，在赤峰、通辽东南部及鄂尔多斯、巴彦淖尔南部地区，玉米生长季的热量单元指数高达3 200以上，可以适时种植早中晚熟品种。在兴安盟东南部、赤峰和通辽北部、乌兰察布和锡林浩特部分旗（县）玉米生长季的热量单元指数在2 600～3 000范围地区，可以种植早播早熟玉米品种。

由图3-16可知，在20世纪70年代，整个中西部地区旗（县）玉米生长季的玉米热量单元指数升高明显，尤其是乌兰察布南部地区（集宁和凉城），玉米生长季的热量单元指数在3 000以上，可以适时种植不同熟期的玉米品种。

由图3-17可知，在20世纪80年代，全区玉米生长季的玉米热量单元指数均有所升高，尤其是内蒙古东部地区，玉米生长季的热量单元指数均在2 400以上。呼伦贝尔岭南地区随着玉米生长季的玉米热量单元指数升高可以适时种植早熟玉米品种，此外全区除大兴安岭岭北地区外，均可以因地适时种植不同熟期的玉米品种。

由图3-18可知，相比于20世纪80年代，20世纪90年代全区玉米生长季的玉米热量单元指数进一步升高，玉米生长季的热量单元指数均在2 500以上。玉米生长季的热量单元指数在3 500以上地区也从20世纪80年代的库伦旗和科尔沁左翼右旗增加到库伦旗、科尔沁左翼右旗、科尔沁左翼中旗、奈曼旗、敖汉旗、科尔沁区和开鲁县7地。

由图3-19可知，相比于21世纪00年代，全区玉米生长季的玉米热量单元指数仍在继续升高，全区最低玉米生长季的热量单元指数已经从1960年代的1957增长到2 708；相较于20世纪90年代，多地玉米生长季的热量单元指数均有200左右的提高。

由图3-20可知，21世纪10年代相比与前30年，全区玉米生长季的玉米热量单元指数出现大幅度波动，岭北地区玉米生长季的热量单元指数出现降低，但赤峰和通辽东南部玉米生长季的热量单元指数达到新的高值。

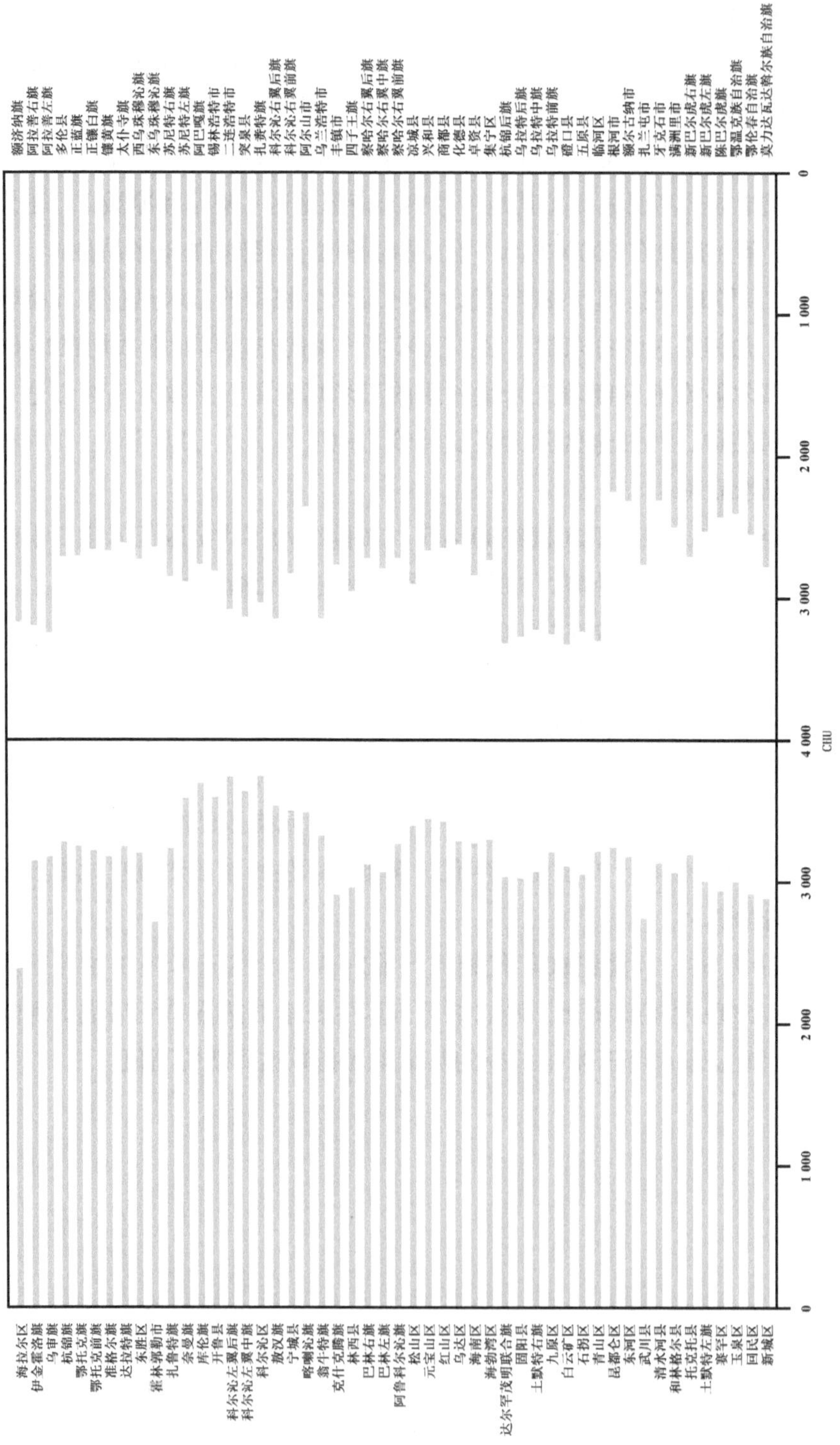

图3-15　20世纪60年代内蒙古各旗（县）玉米生长季5—9月热量单元指数

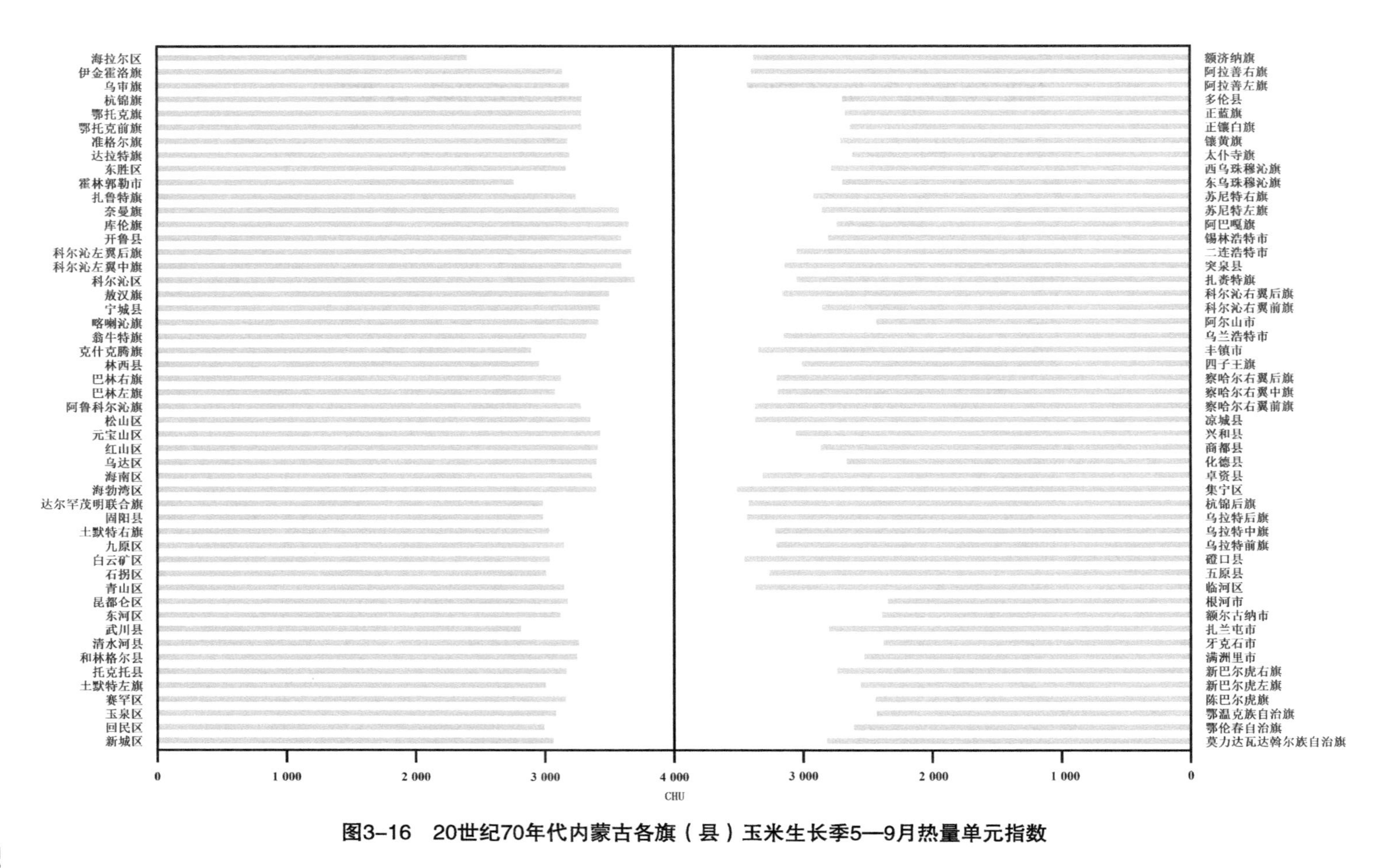

图3-16 20世纪70年代内蒙古各旗（县）玉米生长季5—9月热量单元指数

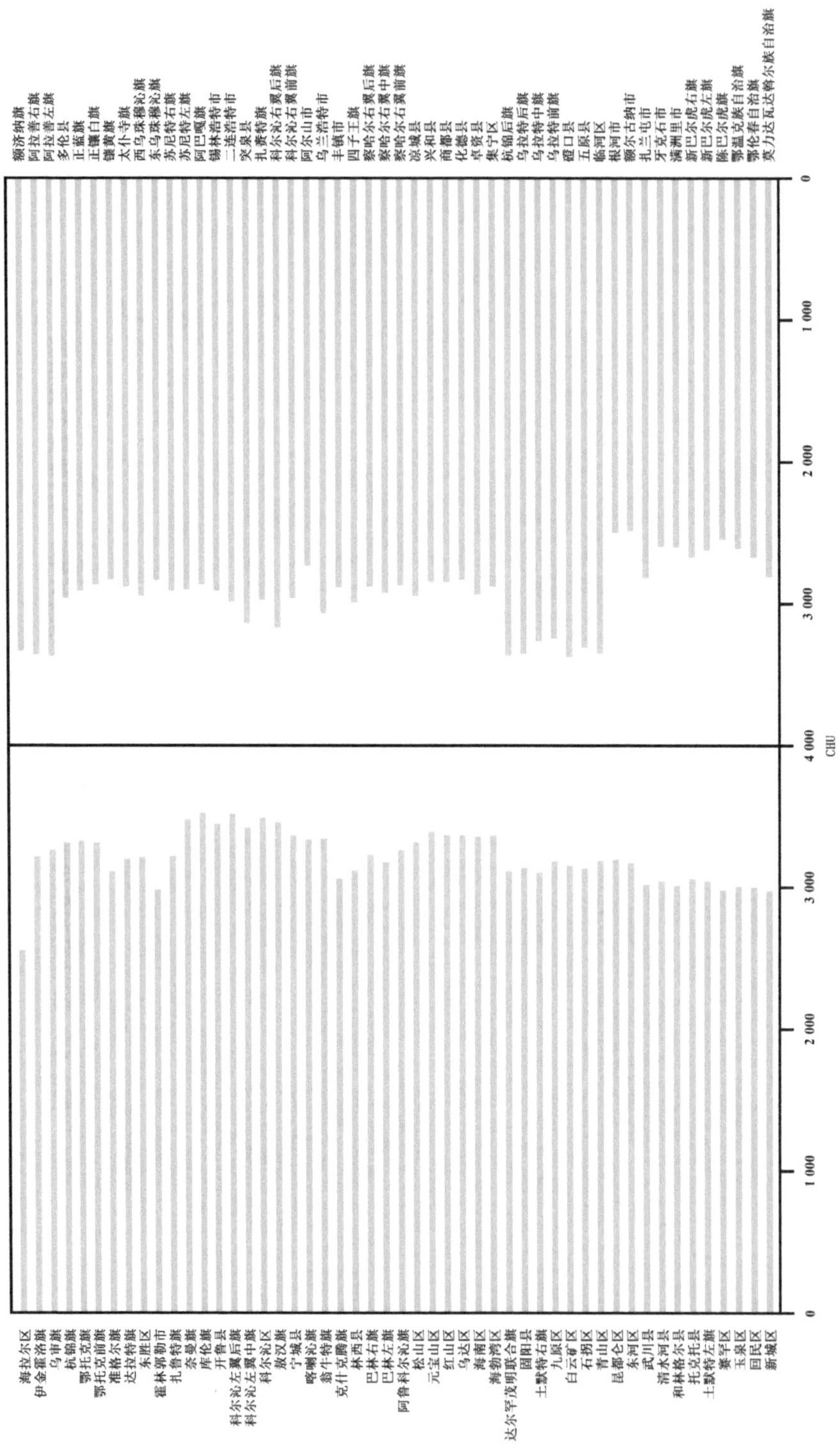

图3-17　20世纪80年代内蒙古各旗（县）玉米生长季5—9月热量单元指数

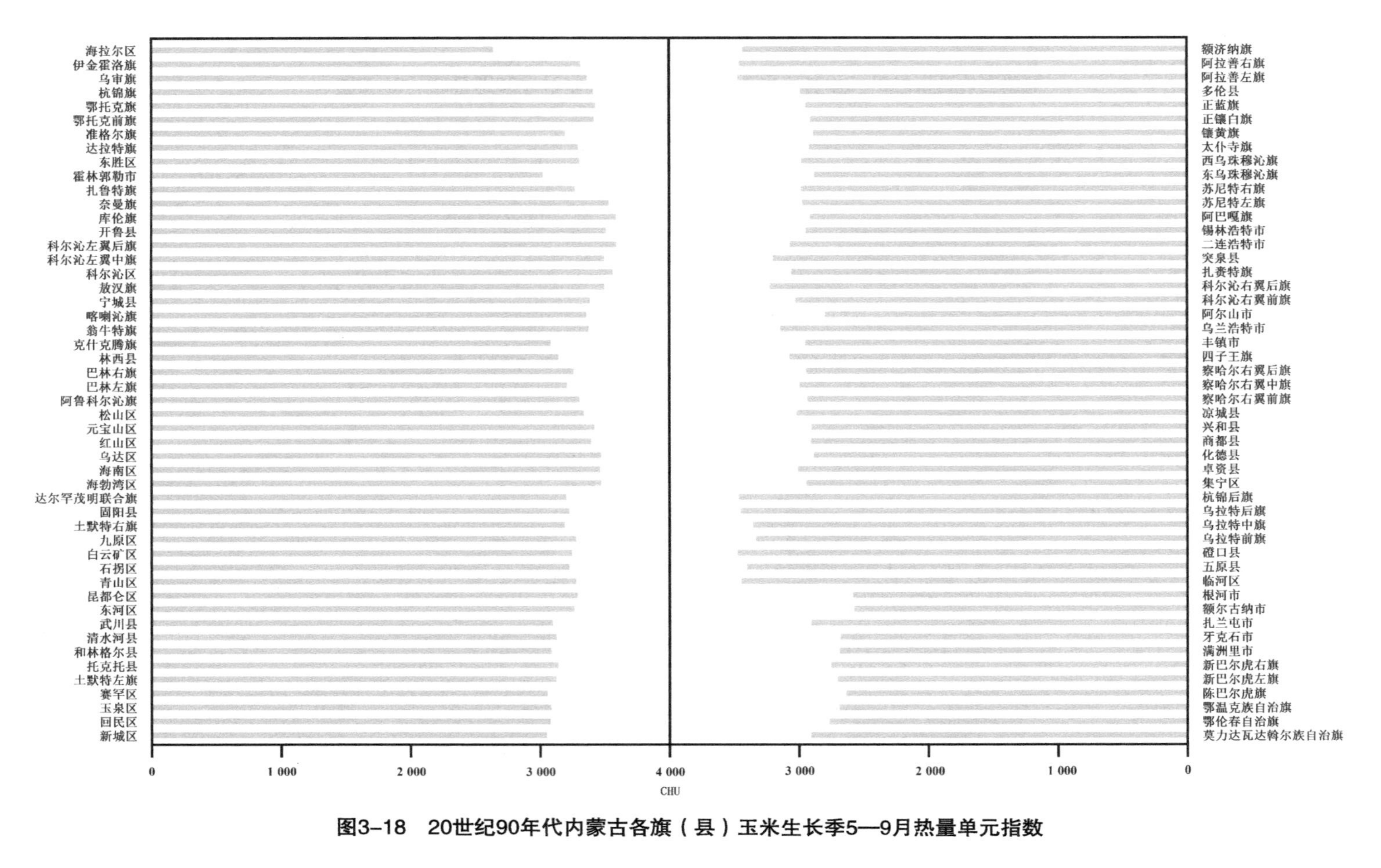

图3-18 20世纪90年代内蒙古各旗（县）玉米生长季5—9月热量单元指数

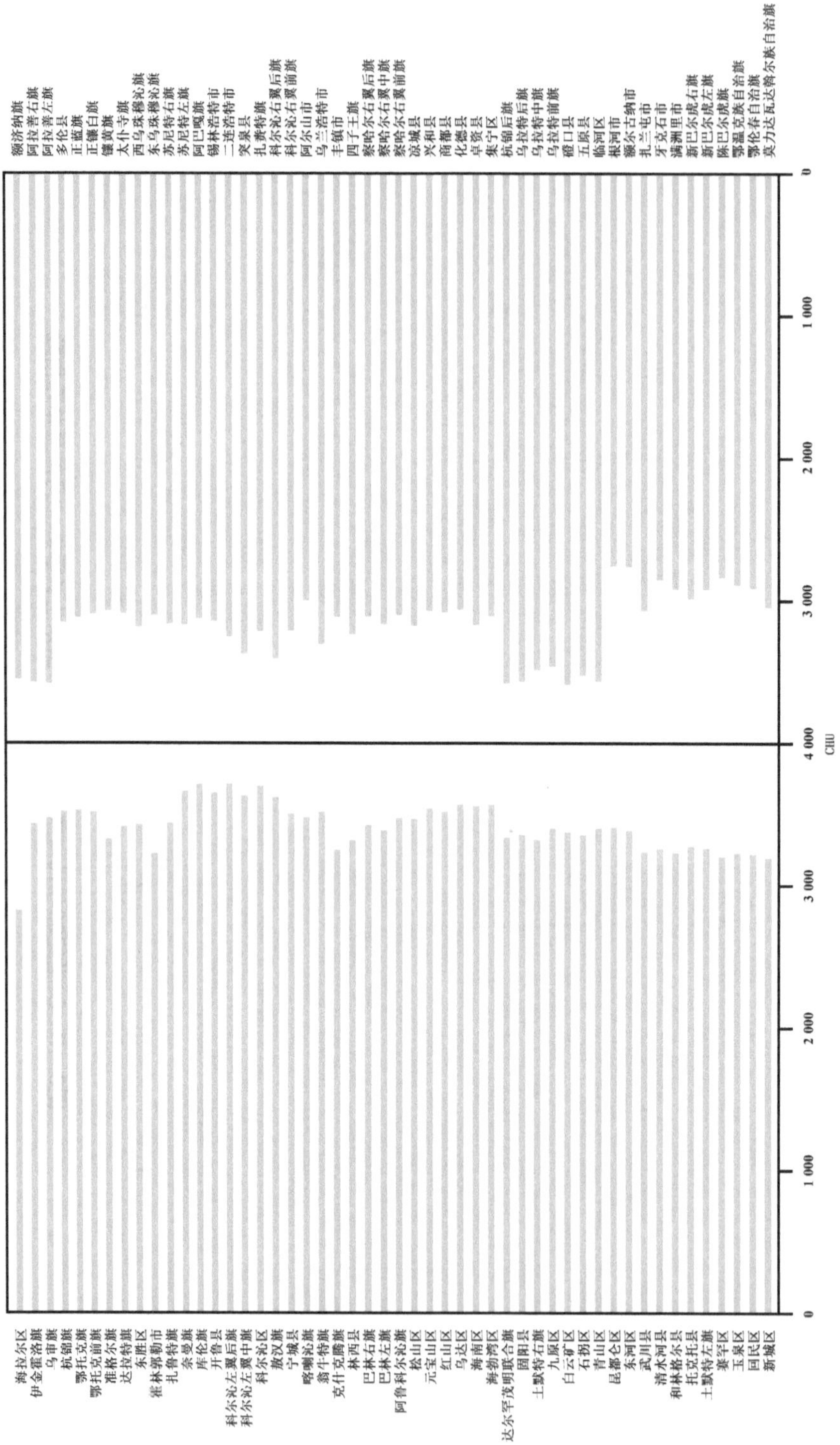

图3-19　21世纪00年代内蒙古各旗（县）玉米生长季5—9月热量单元指数

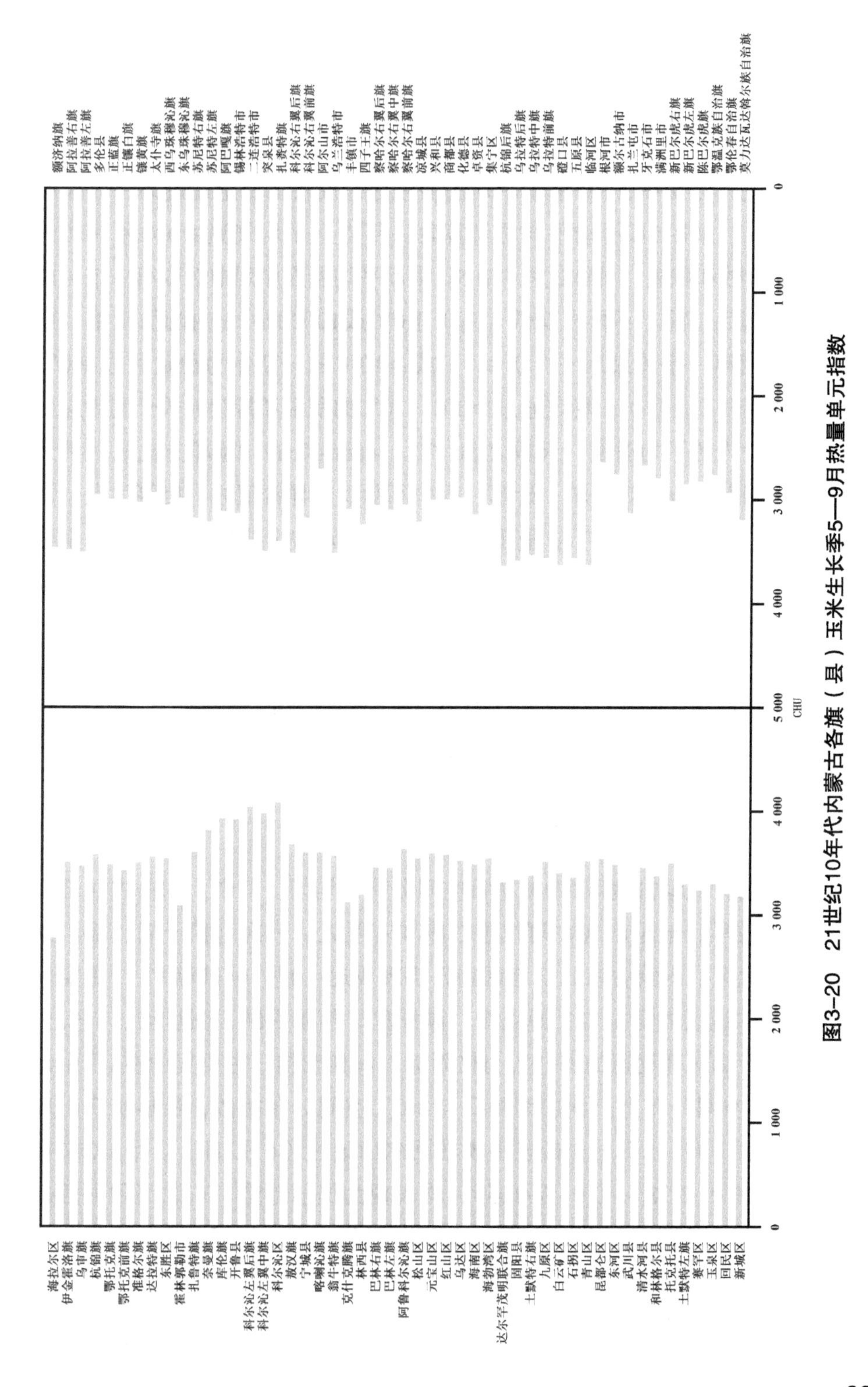

图3-20 21世纪10年代内蒙古各旗（县）玉米生长季5—9月热量单元指数

3.2 热量资源时空变化特征

3.2.1 各界限温度积温的空间分布特征

在众多统计方法中，5日滑动平均法能较好地反映出稳定通过某一界限温度的要求[27]。采用5日滑动平均法计算每一年内日平均气温≥0℃和≥10℃的初终日、天数和积温。具体过程为在5日滑动平均温度序列中选取第一个（最后一个）在其后（前）不再出现低（高）于0℃或10℃的5日，在此5日中，选取日平均温度第一个（最后一个）≥0℃或≥10℃的日期作为稳定通过≥0℃或≥10℃的起日（止日），稳定通过≥0℃、10℃的积温和持续天数分别为起日和止日时间段内的平均温度、天数之和[28]。Mann-Kendall检验方法是一种无分布检验，因其具有计算简单、计算过程中不受少数异常值的干扰等优点，常用来检测序列的变化趋势[29]。采用Mann-Kendall趋势分析检验法对玉米生育期有效降水量、需水量和灌溉需水量进行分析，其中统计量z值的正负表示该数据的变化趋势，计算顺序时间序列的秩序列UF和逆序时间序列的秩序列UB两个统计量并绘制曲线图，得出其趋势变化和开始突变年份等。研究采用ArcGIS中自带的克里金和反距离权重插值法对内蒙古50个站点的初终日、积温、天数及以上3个指标的气候倾斜率进行空间插值，得到结果如下。

3.2.2 ≥0℃、≥10℃的初日气候特征

研究表明，内蒙古地区≥0℃初日空间分布不均匀。其中，内蒙古西部地区初日出现较早，最早出现在阿拉善右旗和吉兰太，其次为拐子胡、额济纳旗及吉诃德地区。内蒙古东北部地区初日出现较迟（4月10日以后），主要分布在呼伦贝尔地区的海拉尔、博克图、满洲里、额尔古纳、图里河、兴安盟的阿尔山以及锡林郭勒盟的那仁宝力格附近。≥10℃初日主要集中在4月中旬至6月初。在空间分布上，≥10℃初日与≥0℃空间分布相似，最早初日出现在拐子胡地区（4月12日），最晚出现在阿尔山地区（6月2日）。≥0℃初日的气候倾斜率为-2.98～-0.04天/10年，均表现为提前趋势，东北部和中西部区域的初日提前速率较大，在2.0天/10年以上。集宁和赤峰等地的初日提前速率较小，在0.44天/10年以下。≥10℃的初日气候倾斜率在-2.7～0.36天/10年。除赤峰和宝国吐为推迟趋势外，其余气象站点均表现为提前趋势。初日提前

速率最大的地区为额尔古纳和临河地区，提前速率为-2.74天/10年。将内蒙古地区≥0℃和≥10℃的初日与经纬度做相关分析，≥0℃和≥10℃初日与经纬度均呈正相关，与经度相关系数分别为r=0.68和r=0.532，与纬度相关系数分别为r=0.78和r=0.59。经纬度越高初日出现时间越晚。其相关性均极显著（P<0.01）。

1959—2018年内蒙古地区≥0℃平均初日为3月29日，最早初日为3月6日（2014年），最晚初日为4月11日（1980年）（图3-21a）。≥10℃平均初日为5月6日，最早初日为4月23日（2018年），最晚初日为5月16日（1962年）（图3-21b）。≥0℃和≥10℃初日均表现为提前趋势，趋势显著（P<0.05），分别为1.49天/10年和0.63天/10年。≥0℃的初日提前速率远大于≥10℃的初日提前速率。利用Mann-Kendall对初日进行突变检验，≥0℃初日突变点在1993年（图3-21c）。≥10℃初日在1994年均存在突变（图3-21d)。

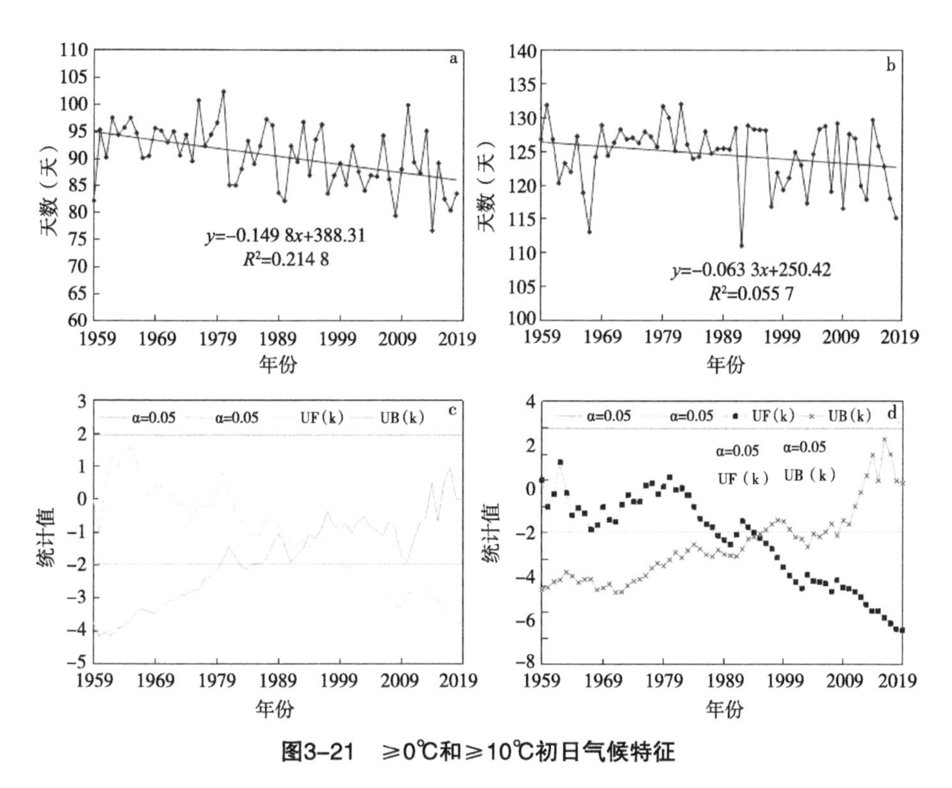

图3-21　≥0℃和≥10℃初日气候特征

注：a为≥0℃初日时空变化；b为≥10℃初日时间变化；c为≥0℃初日突变检验；d为≥10℃初日突变检验。

3.2.3 ≥0℃积温和≥10℃积温的气候特征

内蒙古地区≥0℃和≥10℃积温空间分布较为一致，≥0℃积温在1 874～4 433℃。≥10℃积温在1 360～4 024℃。积温自西向东表现为减少的分布趋势。高值区主要分布在西部地区的阿拉善盟，≥0℃平均积温可达4 056℃，≥10℃积温可达3 595℃。低值区主要分布在东部地区的图里河、阿尔山、博克图和额尔古纳等地区。≥0℃平均积温为2 127℃，≥10℃平均积温为1 609℃。≥0℃和≥10℃积温气候倾斜率空间分布均为正值，整体区域表现为增加趋势，≥0℃积温增加趋势在43.57～122.24℃/10年。≥10℃积温增加趋势在14.36～117.76℃/10年。其中赤峰和宝国吐等地的增长速率较为缓慢，临河和额尔古纳等地的增长速率最快。将内蒙古地区≥0℃和≥10℃的积温与经纬度做相关分析。≥0℃和≥10℃的积温与经纬度均呈负相关。与经度相关系数分别为r=−0.63和r=−0.59。与纬度相关系数分别为r=−0.78和r=−0.67。相关程度均达到了显著（P<0.01）。

1959—2018年，内蒙古地区≥0℃平均积温为3 175.5℃（图3-22a），最高积温为3 480℃（2018年），最低积温为2 619℃（1995年）。≥10℃平均积温为2 625℃（图3-22b），最高积温为3 053℃（2007年），最低积温为2 304℃（1972年）。≥0℃和≥10℃平均积温变化速率均为正值，分别以93.53℃/10年和75.48℃/10年速率上升。≥0℃积温增长速率比≥10℃增长速率大。采用Mann-Kendall方法对≥0℃积温、≥10℃积温变化趋势进行突变分析。其中，≥0℃积温发生突变时间为1991年（图3-22c）。≥10℃积温突变发生在1993年（图3-22d）。两者发生突变时间并不相同，但相差较小。

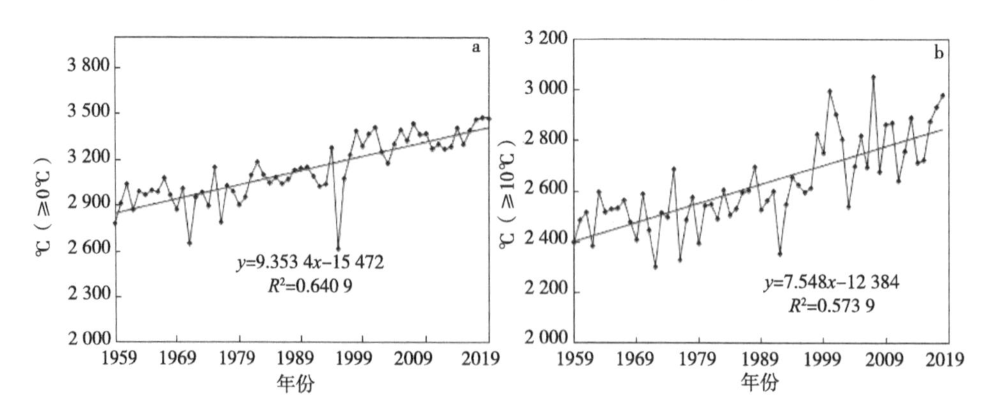

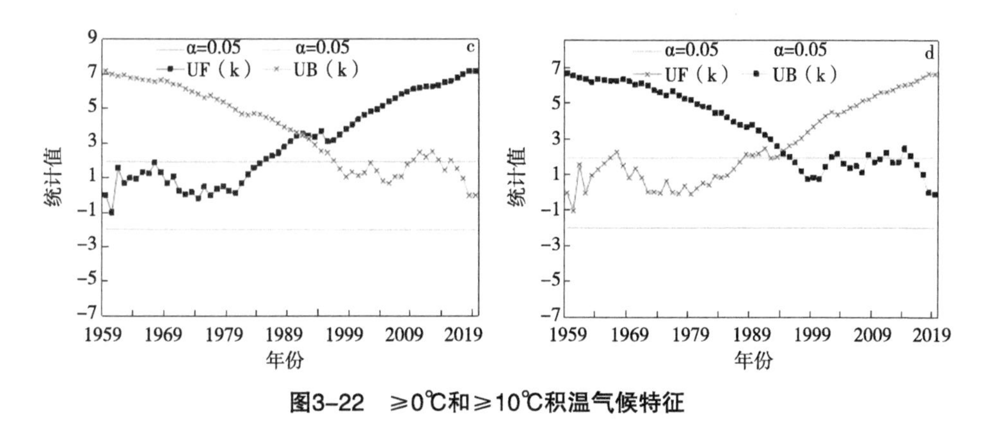

图3-22 ≥0℃和≥10℃积温气候特征

注：a为≥0℃积温时间变化；b为≥10℃积温时间变化；c为≥0℃积温突变检验；d为≥10℃积温突变检验。

3.2.4 ≥0℃、≥10℃的初终日间持续天数变化

内蒙古地区≥0℃持续天数空间分布不均匀，持续天数在168～246天，极差为78天。高值区分布在阿拉善盟地区，多年平均值在235天以上；低值区分布在呼伦贝尔地区，多年平均值在195天以下。≥0℃持续天数气候倾斜率在0.82～3.79天/10年，均为正值，整个区域均表现为增加趋势。东部和西部地区增长速率较大，分布城市有阿拉善左旗、阿拉善右旗、乌兰浩特和额尔古纳等地区。中部地区增长速率较小，分布城市有赤峰、化德和多伦地区，其中，赤峰地区的增长速率最小。1959—2018年，内蒙古地区≥0℃平均持续天数为214天，≥0℃持续天数平均增长速率为2.5天/10年（图3-23a），增加趋势显著（$P<0.05$）。采用Mann-Kendall方法对≥0℃持续天数进行检验，突变日期为1996年（图3-23c）。将内蒙古地区≥0℃的持续天数与经纬度做相关分析，结果表明，≥0℃持续天数与经、纬度呈负相关关系，与经、纬度相关系数分别为$r=-0.64$与$r=-0.81$。

内蒙古地区≥10℃持续天数空间分布与≥0℃相同，持续天数在89～180天，极差为91天。高值区分布在拐子胡、吉兰太和额济纳旗附近，平均值为178天。低值区分布在图里河、阿尔山和博克图附近，平均值为96天。≥10℃持续天数气候倾斜率在-0.5～4.3天/10年。除赤峰和宝国吐气候倾斜率为负值，持续天数表现为减少趋势外，其余站点均表现为增加趋势。1959—2018

年，内蒙古地区≥10℃平均持续天数为143天。最大值为150天（2007年），最小值为137天（1962年）。气候倾斜率平均值为2.3天/10年（图3-23b）。通过Mann-Kendall方法对≥0℃持续天数进行检验发现，≥10℃平均持续天数突变年份为1995年（图3-23d），与≥0℃持续天数突变日期相差较小。将内蒙古地区≥10℃的持续天数与经、纬度做相关分析，≥10℃的持续天数与经、纬度呈负相关关系，与经、纬度相关系数分别为r=−0.56和r=−0.73。

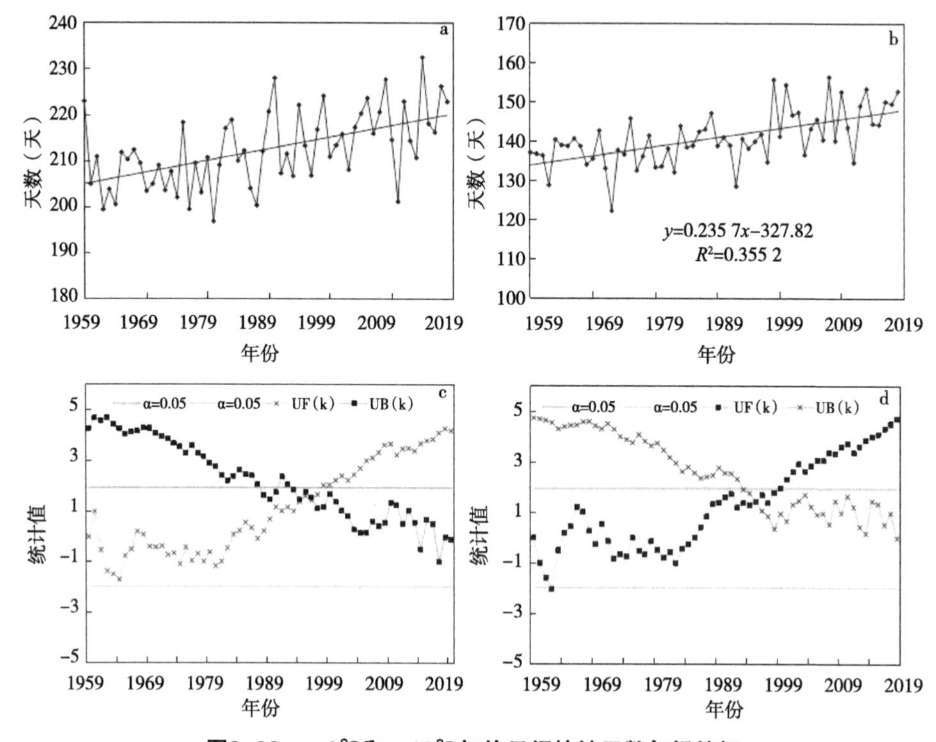

图3-23　≥0℃和≥10℃初终日间持续天数气候特征

注：a为≥0℃持续天数时间变化；b为≥10℃持续天数时间变化；c为≥0℃持续天数突变检验；d为≥10℃持续天数突变检验。

3.2.5　≥0℃、≥10℃的终日气候特征

内蒙古地区≥0℃终日空间分布自东向西逐渐推迟，终日在10月5日至11月11日。东西部差异较大，最早地区为呼伦贝尔的图里河地区，最迟地区为阿拉善的吉兰太地区，极差为37天。空间分布上，≥0℃终日气候倾斜率在

0.13～2.01天/10年。西部地区和东部地区的终日推迟速率较高。其中，兴安盟的乌兰浩特、索伦和阿拉善盟的额济纳旗、阿拉善左旗的增长速率较高在1.59天/10年以上。中部地区推迟速率较低，其中，化德和东乌珠穆沁旗平均增长速率为0.14天/10年。1959—2019年，内蒙古地区≥0℃平均终日为10月28日，最早为10月19日（1981年），最迟为11月6日（2011年）。≥0℃终日平均推迟速率为1天/10年（图3-24a）。通过Mann-Kendall方法对≥0℃终日进行检验发现，≥0℃终日突变时期为1993年（图3-24c）。将内蒙古地区≥10℃的终日与经、纬度做相关分析，≥0℃的持续天数与经、纬度呈负相关关系，与经、纬度相关系数分别为r=−0.58和r=−0.84。经、纬度越高，终日越提前，相关程度达到了极显著水平（P<0.01）。

内蒙古地区≥10℃终日空间分布与≥0℃终日分布相似。终日在8月29日至10月10日。终日最早出现在呼伦贝尔的图里河附近，最迟出现在阿拉善盟的吉兰太附近。终日出现极差为43天。空间分布上，终日推迟速率在−0.12～1.92天/10年。除宝国吐和赤峰推迟速率为负值，表现为提前速率外，其余站点的推迟速率均为正值。1959—2018年，内蒙古地区≥10℃平均终日为9月24日。最早为9月11日（1972年），最迟为10月5日（1998年）。≥10℃终日平均推迟速率为1.05天/10年（图3-24b）。通过Mann-Kendall方法对≥10℃终日变化进行突变检验可知，突变日期为1996年（图3-24d）。将内蒙古地区≥10℃的终日与经、纬度做相关分析，≥10℃的终日与经、纬度的关系和≥0℃相同。相关系数分别为−0.54和−0.75，相关程度达到了0.01的极显著水平。

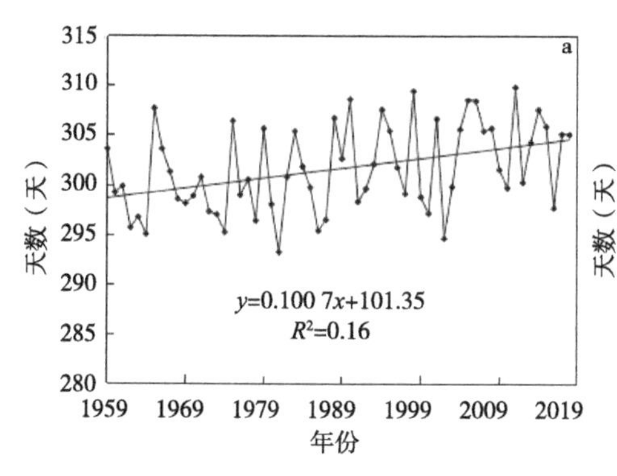

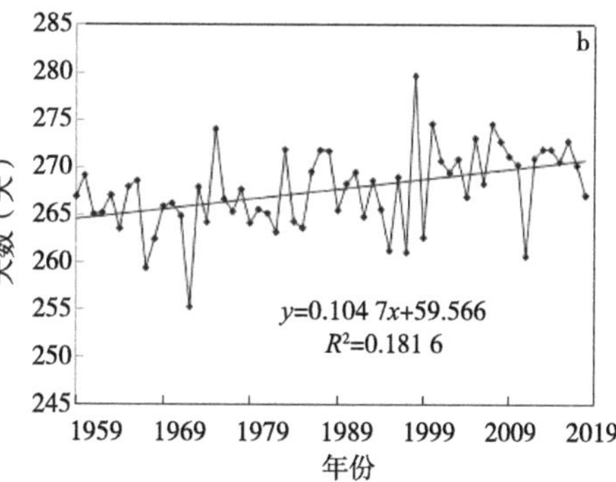

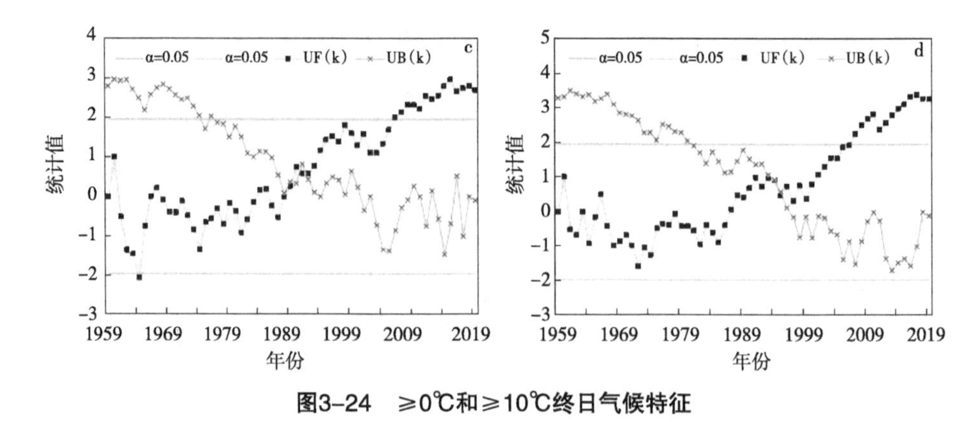

图3-24　≥0℃和≥10℃终日气候特征

注：a为≥0℃终日时间变化；b为≥10℃终日时间变化；c为≥0℃终日突变检验；d为≥10℃终日突变检验。

3.2.6　小结

（1）在空间分布上，≥0℃和≥10℃初日均表现为西部地区较早，东部地区较晚的现象，除赤峰和宝国吐初日（≥10℃）为推迟趋势外，初日整体呈提前趋势，气候倾斜率分别为1.49天/10年和0.63天/10年。而终日在空间分布上则为西部地区较迟，东部地区较早。除赤峰和宝国吐初日（≥10℃）为提前趋势外，终日整体呈推迟趋势，≥0℃和≥10℃终日气候倾斜率为2.5天/10年和4.3天/10年。

（2）≥0℃和≥10℃初日提前和终日推迟导致内蒙古地区积温和初终日间持续天数呈增加趋势，≥0℃和≥10℃平均积温分别为3 175℃、2 625℃，平均持续天数为214天、143天，积温与持续天数在空间分布上相似，自西向东呈减少的分布趋势。≥0℃和≥10℃积温气候倾斜率均为正值，平均气候倾斜率分别为93.53℃/10年和75.48℃/10年。≥0℃和≥10℃初终日间持续天数除赤峰、宝国吐为减少趋势外（≥10℃），其余站点均为增长趋势，平均气候倾斜率分别为2.5天/10年和2.3天/10年。

（3）由Mann-Kendall突变检验可知，≥0℃和≥10℃初日突变年份分别为1993年和1994年，积温突变年份分别为1991年和1993年，持续天数突变年份为1996年和1995年，终日突变年份分别为1993年和1996年。通过建立初日、积温、持续天数和终日与经、纬度之间的相关关系可知，≥0℃和≥10℃初日与经、纬度呈正相关关系，积温、持续天数和终日与经、纬度之间呈负相关关系。

参考文献

[1] 赵俊芳，郭建平，马玉平，等. 气候变化背景下我国农业热量资源的变化趋势及适应对策[J]. 应用生态学报，2010，21（11）：2922-2930.

[2] 甄文超，王秀英. 气象学与农业气象学基础[M]. 北京：气象出版社，2006.

[3] 李祎君，王春乙. 气候变化对我国农作物种植结构的影响[J]. 气候变化研究进展，2010，6（2）：123-129.

[4] 周广胜. 气候变化对中国农业生产影响研究展望[J]. 气象与环境科学，2015，38（1）：80-94.

[5] 郭建平. 气候变化对中国农业生产的影响研究进展[J]. 应用气象学报，2015，26（1）：1-11.

[6] 宋佳欣，张宝林，元雪娇，等. 内蒙古自治区东部粮食主产区热量资源空间格局研究[J]. 内蒙古师范大学学报（自然科学版），2021，50（3）：252-260.

[7] 王书裕. 作物低温冷害研究[M]. 北京：气象出版社，1995.

[8] 王琪，马树庆，郭建平，等. 温度对玉米生长和产量的影响[J]. 生态学杂志，2009，28（2）：255-260.

[9] 马树庆，袭祝香，王琪. 中国东北地区玉米低温冷害风险评估研究[J]. 自然灾害学报，2003（3）：137-141.

[10] 陈杨，王磊，白由路，等. 有效积温与不同氮磷钾处理夏玉米株高和叶面积指数定量化关系[J]. 中国农业科学，2021，54（22）：4761-4777.

[11] 蔡甲冰，常宏芳，陈鹤，等. 基于不同有效积温的玉米干物质累积量模拟[J]. 农业机械学报，2020，51（5）：263-271.

[12] 陈传晓. 不同积温带春玉米碳代谢机理及化学调控效应的研究[D]. 保定：河北农业大学，2013.

[13] 于乔乔. 低温胁迫下玉米幼苗光合及呼吸代谢特性的研究[D]. 哈尔滨：东北农业大学，2021.

[14] Growing degree days versus corn heat units[EB/OL]. https://www. grainews.ca/columns/wheat-chaff/growing-degree-days-versus-corn-heat-units/.

[15] 刘布春. 应用于低温冷害预报的东北玉米区域动力模型的研究[D]. 北

京：中国农业大学，2003.

[16] BROWN D M. Heat units for corn in southern Ontario[R]. Ontario Ministry of Agric and Food，Factsheet No. 75-077，Agdex 111/31，1975.

[17] BUNTING E S. Accumulated temperature and maize development in England [J]. The Journal of Agricultural Science，1976，83（3）：577−583.

[18] HONEYCUTT C W，ZIBILSKE L M，CLAPHAM W M. Heat units for describing carbon mineralization and predicting net nitrogen mineralization [J]. Soil science society of America Journal，1988，52：1346−1350.

[19] HONEYCUTT C W，POTARO L J. Field evaluation of heat units for predicting crop residue carbon and nitrogen mineralization [J]. Plant and Soil，1990，125：213−220.

[20] FARAMARZIA M，YANG H，SCHULIN R，et al. Modeling wheat yield and crop water productivity in Iran：Implications of agricultural water management for wheat production [R]. Agricultural Water Management，2010，97：1861−1875.

[21] SMITH P J，BOOTSMA A，GATES A D. Heat uints in relation to corn maturity in the Atlantic region of Canada [J]. Agricultural Meteorology，1982，26：201−213.

[22] BOOTSMA A，MCKENNE Y D W，ANDERSON D，et al. A re-evaluation of crop heat units in the maritime provinces of Canada [J]. Canadian Journal of Plant science，2007，87：281−287.

[23] 肖静，李楠，姜会飞. 作物发育期积温计算方法及其稳定性[J]. 气象研究与应用，2010，31（2）：64−67.

[24] 刘刚，谢云，高晓飞，等. ALMANAC作物模型参数的敏感性分析[J]. 中国农业气象，2008（3）：259−263.

[25] BOOTSMA A，GAMEDA S，MCKENNEY D W. Potential impacts of climate change on corn，soybeans and barley yields in Atlantic Canada [J]. Canadian Journal of Soil Science，2005，85（2）：345−357.

[26] Agronomy guide for field crops-corn-hybrid selection[EB/OL].https://fieldcropnews. com/2021/03/agronomy-guide-for-field-crops-corn-hybrid-

selection/.
［27］王树廷. 关于日平均气温稳定通过各级界限温度初终日期的统计方法[J]. 气象，1982（6）：29-30.
［28］孟艳灵，殷淑燕，杨锋，等. 晋陕蒙地区≥10℃积温的时空变化特征[J]. 中国农业气象，2016，37（6）：615-622.
［29］孙兰东，刘德祥. 西北地区热量资源对气候变化的响应特征[J]. 干旱气象，2008（1）：8-12.

4 内蒙古降水资源分布情况及特征

降水是农作物生长的必需因素之一，它为农田提供了水分，维持了土壤湿度，促进了植物的生长和发育。然而，过多或过少的降水都会对农作物产量和质量造成不利影响。由于降水在空间和时间上具有高度的空间异质性[1]，导致不同地区旱灾或涝灾可能同时发生[2]。因此，更好地了解内蒙古降水资源的时空分布规律，对降水资源进行科学预测、促进农业高质高效和可持续发展均具有重要的现实意义。

内蒙古位于中国北部，横跨东北、华北和西北三大区域，其气候变化敏感性高，生态环境脆弱，是湿润、半湿润气候向半干旱、干旱气候过渡的地区[3]，由于受地理环境等的影响，降水地域差异较大。通常需对农业环境中不同等级降水量、降水日数和降水强度进行时空变化分析。近年来，随着气候变暖以及人类活动的影响，全球水循环加快，气候变化对农业降水资源的影响研究引起了国内外学者的普遍关注[4]。大量研究成果对研究农业对气候变化的响应具有积极的贡献，本章研究基于历史气象资料对内蒙古全域玉米降水资源的分布特征和变化趋势等进行分析，为探索内蒙古玉米降水资源的高效利用，实现玉米稳产增产和提质增效提供理论基础和技术支撑。

降水量的多少是决定内蒙古玉米分布的关键因子。有研究表明，当年降水量<560毫米，或湿润指数<0.8时，春玉米的存在概率随湿润程度的增加而增加；年降水量超过560毫米以后，春玉米存在的概率缓慢降低；湿润指数在0.8～3.0范围内，存在概率逐渐降低，大于3.0以后，存在概率不变[5]。内蒙古降水集中于夏季（夏季降水量占全年降水量的60%～70%），同时水热同期，有利于农作物和牧草生长。全区大部分地区降水稀少、干旱严重。内蒙古年总降水量在50～450毫米。干旱比较突出，几乎每年都有不同程度的干旱发生。从东向西干旱程度逐渐增加，由湿润、半湿润、半干旱到干旱。降水

变率大，保证率低。内蒙古各地的降水相对变率在15%～30%，是农牧业生产力低而不稳的主要因素之一。内蒙古不同降水等级的平均年降水量空间分布相似，均呈现由东北向西北均匀递减的分布特征，在内蒙古湿润区东北部高值区，年均降水总量大于500毫米，在干旱区西部低值区，年均降水总量不足100毫米[6]。而降水量不确定性的增加也会给玉米种植制度带来严重影响。因此，研究降水变化规律对农业生产有很重要的指导意义。

降水量是决定作物产量的主要因子，生产实践中有句农谚“有收无收在于水”，可见水分的重要性，在内蒙古西部温暖的干旱半干旱地区，水分成为植物生长的主要限制因子。研究表明，年降水量在500～700毫米最有利于春玉米生长，一般生长期至少有300毫米降水量且分配适当，才可以有正常产量[7]。玉米出苗到拔节，植株矮小，生长缓慢，叶面蒸腾量少，耗水量不大，占总需水量的17.8%～15.6%。拔节至抽雄期，需水量增大，占总需水量的23.4%～29.6%。大喇叭口是玉米对水分要求的“临界期”，玉米对水分的要求最为敏感，需土壤水分在田间持水量的70%～80%。抽雄到籽粒形成期，是决定穗粒数的关键时期。此时叶面积大，植株代谢旺盛，日需水量在55.35～48.45立方米/公顷，对水分的要求达到一生中的最高峰。籽粒形成后期，是籽粒增重最迅速和穗重建成时期，虽比前一阶段需水量下降，但仍需要充足的水分，才可以保证光合作用和蒸腾作用的旺盛进行，并将茎叶中生产和积累的营养物质顺利地运到籽粒中，此时缺水会影响粒重而减产。而内蒙古东、西部地区的降水正好集中在7—8月，此时期是玉米“大喇叭口”期到乳熟期，正是玉米的水分临界期，也是籽粒形成的关键时期，降水量的多少决定玉米的产量[8]。因此，降水资源变化对玉米生产有重要影响。

4.1 内蒙古降水量空间分布情况

内蒙古位于我国的干旱带，干旱少雨，气候干燥。呈现由东北向西南降水量递减的分布特点，年降水量在50～450毫米。降水量最少的为西部的阿拉善盟，年降水量不足130毫米，降水量最大的为呼伦贝尔东部、赤峰南部与通辽东南部，降水量在510毫米以上。内蒙古地区全年内7月降水量最高达到160毫米/月，1月和12月降水量最低，在1～3毫米/月。

通过对内蒙古各旗（县）每月降水量进行空间插值后发现，1951—2020年内蒙古1月的平均降水量，内蒙古东部地区降水量比较充沛，月平均降水量为2.8～3毫米/月，在东乌珠穆沁旗、西乌珠穆沁旗以及苏尼特右旗地区附近降水量明显减少，为2.2～2.5毫米/月，在内蒙古其它区域降水量显著减少，降水量在1.5～2.1毫米/月，如图4-1所示。

如图4-2所示，2月主要降水往西部转移，平均降水量为3～3.3毫米/月的区域主要分布在内蒙古中部地区，集中在和林格尔附近，内蒙古东部地区降水量为2.9毫米/月，中东部地区降水量为2.8～2.2毫米/月，西部地区降水量为2.5～2.8毫米/月。

如图4-3所示，3月内蒙古东部地区降水量为5.1～5.7毫米/月，中东部地区降水量为5.1～5.9毫米/月，和林格尔附近降水量集中，降水量为6～6.4毫米/月，西部地区降水量为5.6～5.7毫米/月。

如图4-4所示，4月降水主要集中在内蒙古东部，由东到西降水量呈递减趋势，东部降水量为16～19毫米/月，全区最高，中东部地区降水量在8.7～16毫米/月，中部地区的和林格尔降水量为13～17毫米/月，越往西降水量越低，西部地区全部都是4～5.6毫米/月。

如图4-5所示，内蒙古5月降水相较于6月降水显著提高，整体由东到西降水量逐层递减，东部地区降水量最高达到38毫米/月，西部地区最低达到8.8毫米/月。

如图4-6所示，6月内蒙古由东到西降水量逐层递减，东部地区降水量最高达到90毫米/月，西部地区最低达到9毫米/月。全内蒙古降水量比上一个月的降水量整体提高。

如图4-7所示，7月内蒙古由西到东降水量逐层递减，降水量最高的东部达到160毫米/月，降水量最低的西部达到21毫米/月，但中部地区的和林格尔附近7月降水明显比周边地区降水要高，全内蒙古降水量比上一个月的降水量整体提高。

如图4-8所示，8月内蒙古地区降水量由东到西还是呈递减分布，但中部地区和林格尔附近8月降水明显比周边地区降水要高，降水量最高的东部地区达到110毫米/月，中部地区和林格尔附近也能达到93～98毫米/月，内蒙古二连浩特附近降水最低，达到49～55毫米/月，西部地区降水量为56～61毫米/月。

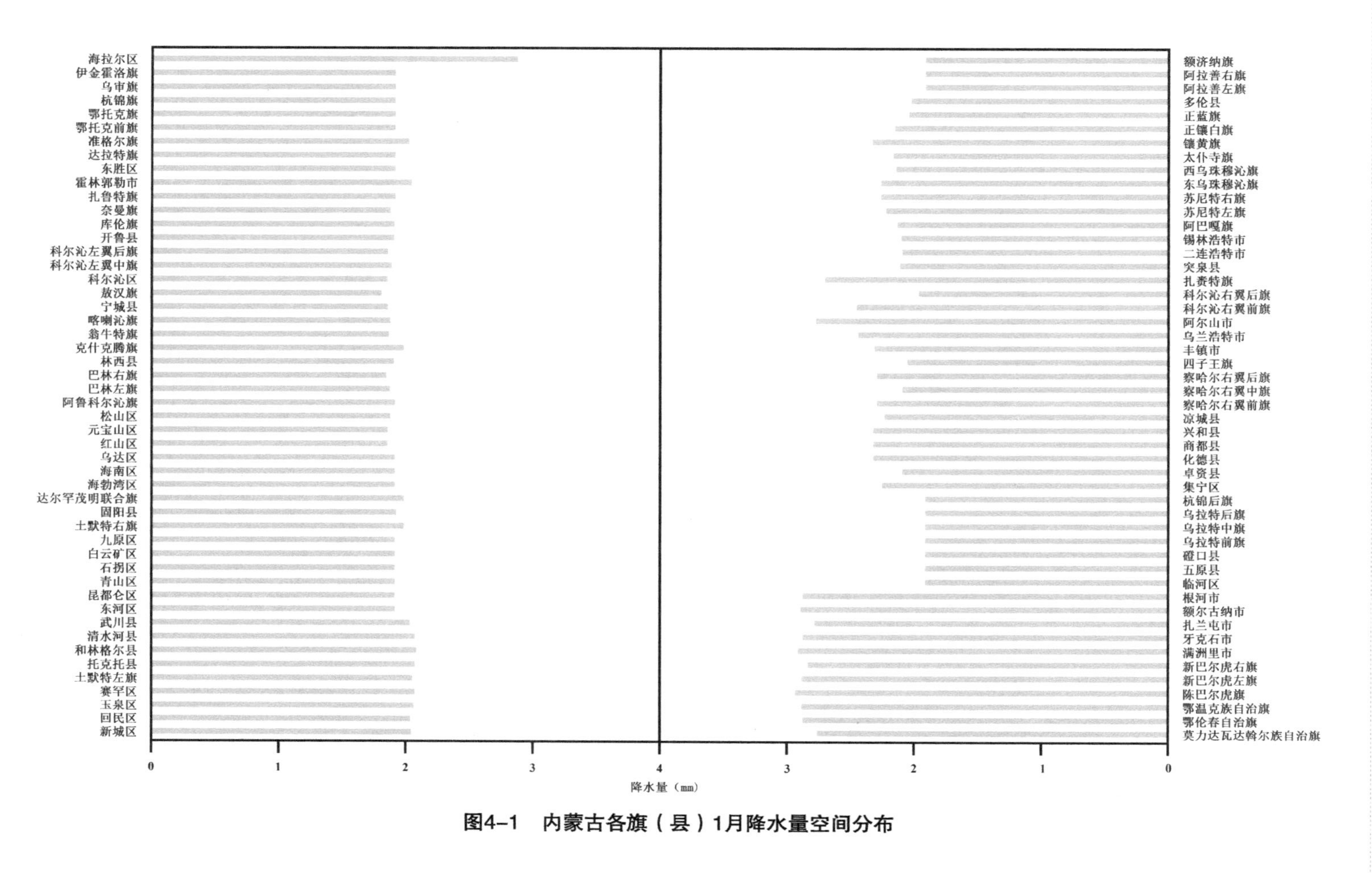

图4-1 内蒙古各旗（县）1月降水量空间分布

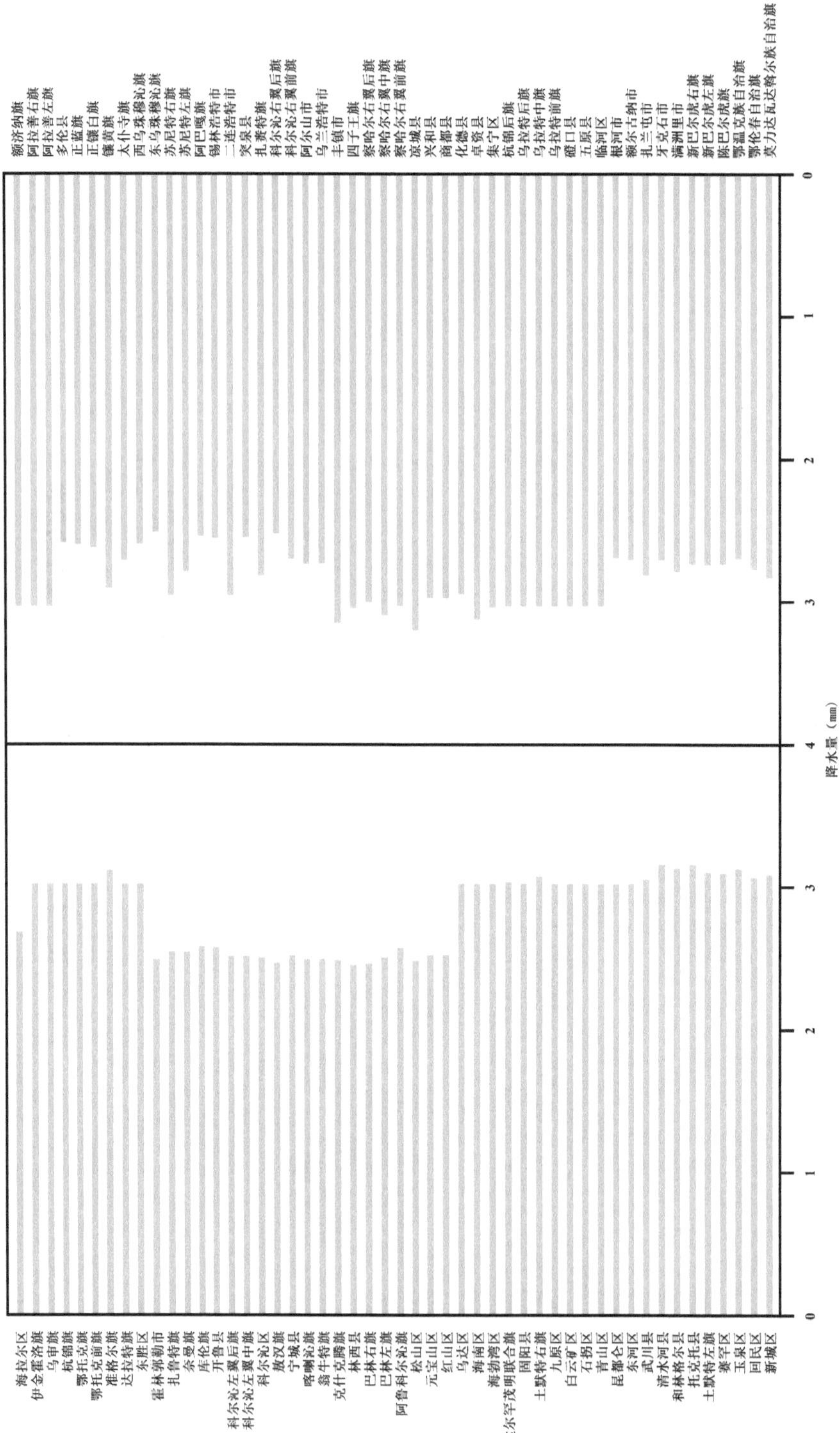

图4-2 内蒙古各旗（县）2月降水量空间分布

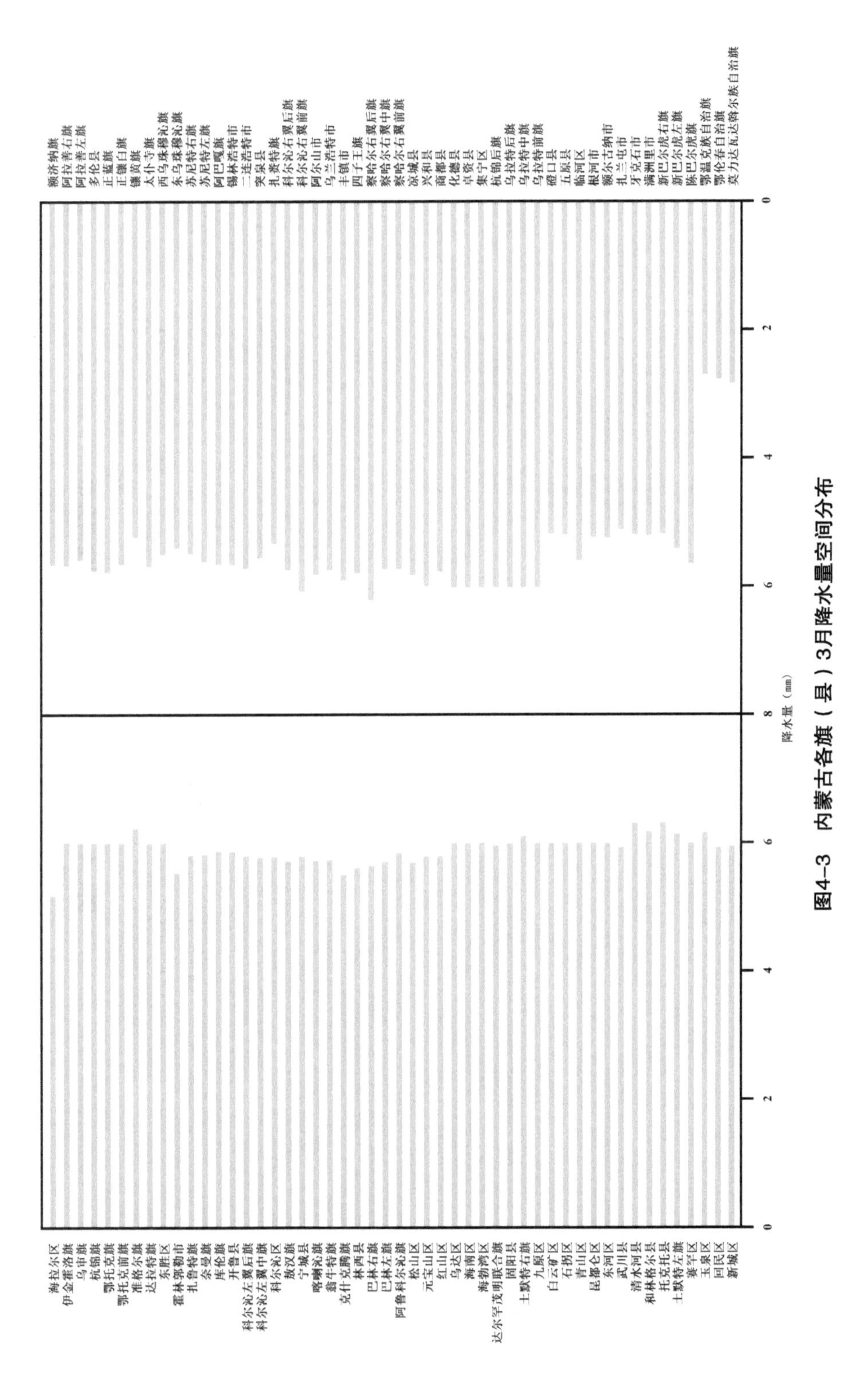

图4-3 内蒙古各旗（县）3月降水量空间分布

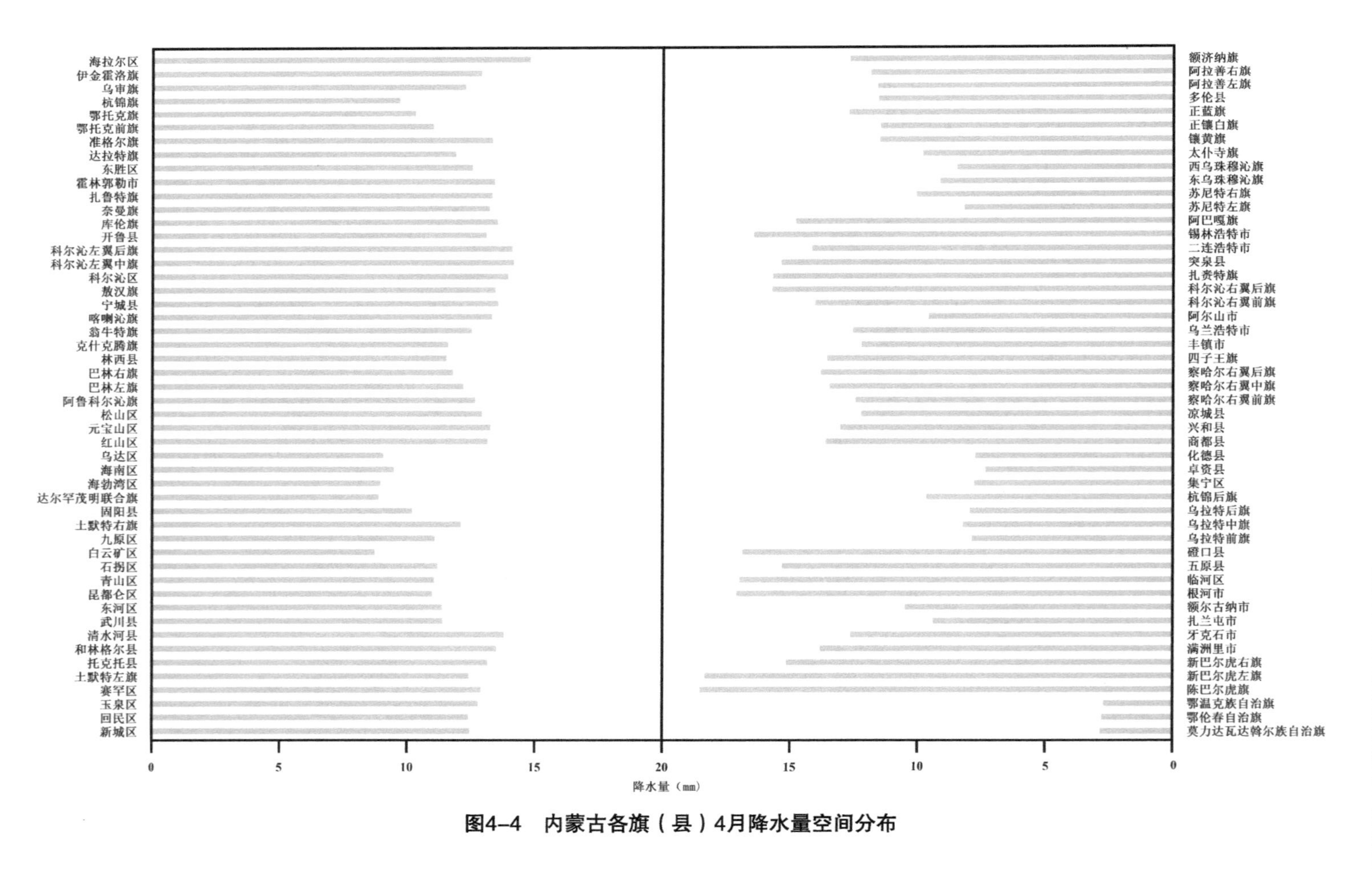

图4-4　内蒙古各旗（县）4月降水量空间分布

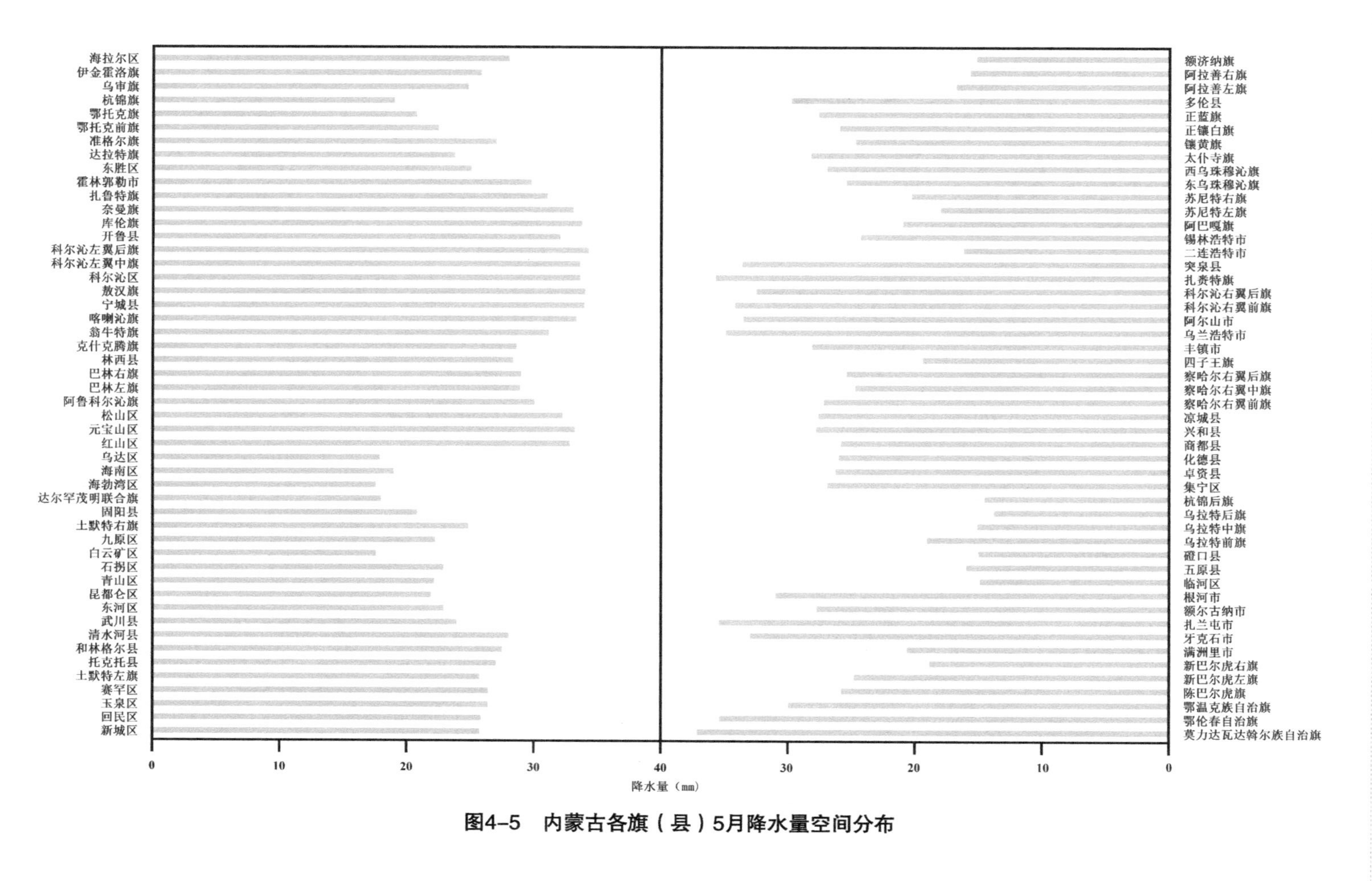

图4-5 内蒙古各旗（县）5月降水量空间分布

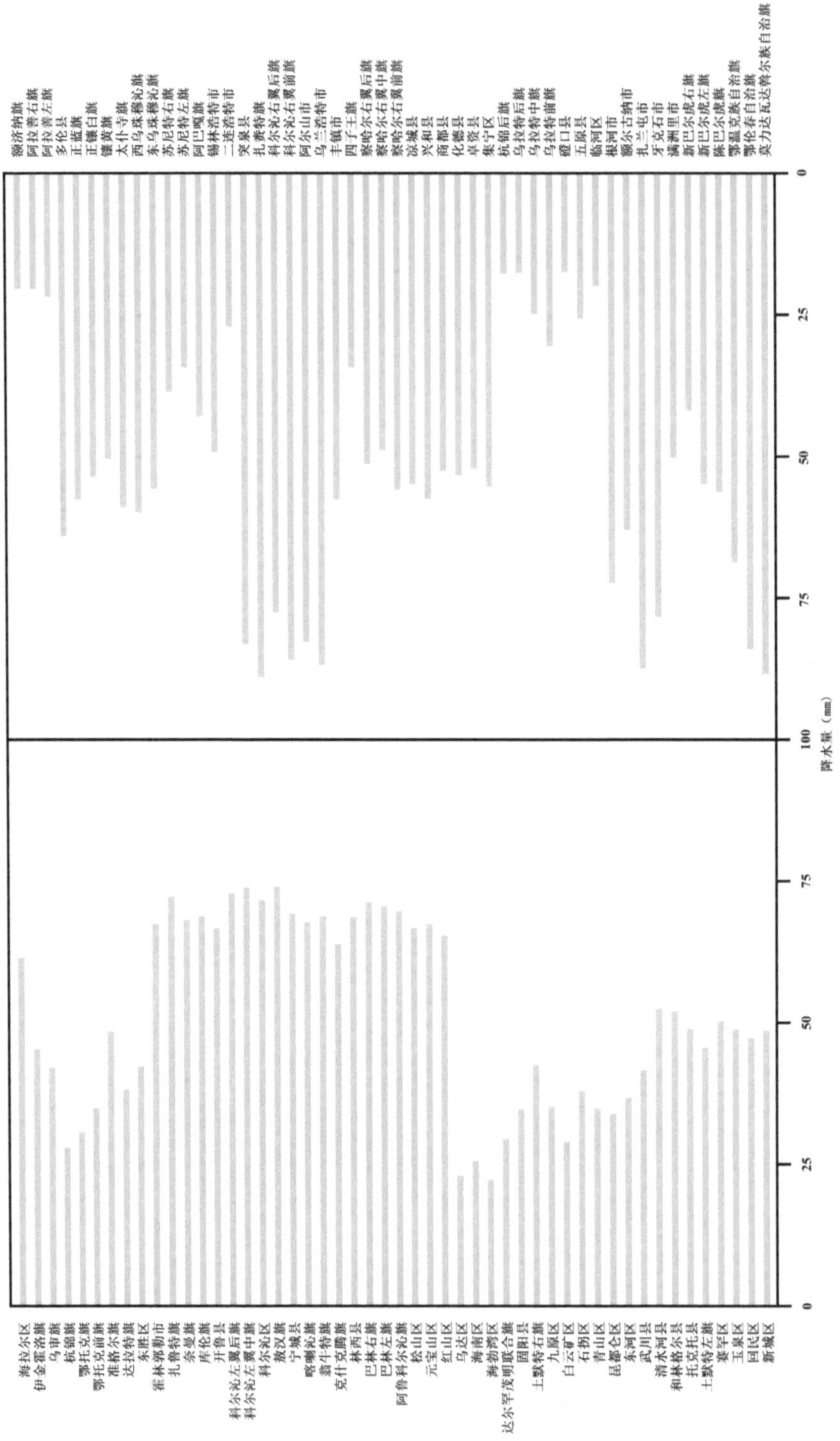

图4-6 内蒙古各旗（县）6月降水量空间分布

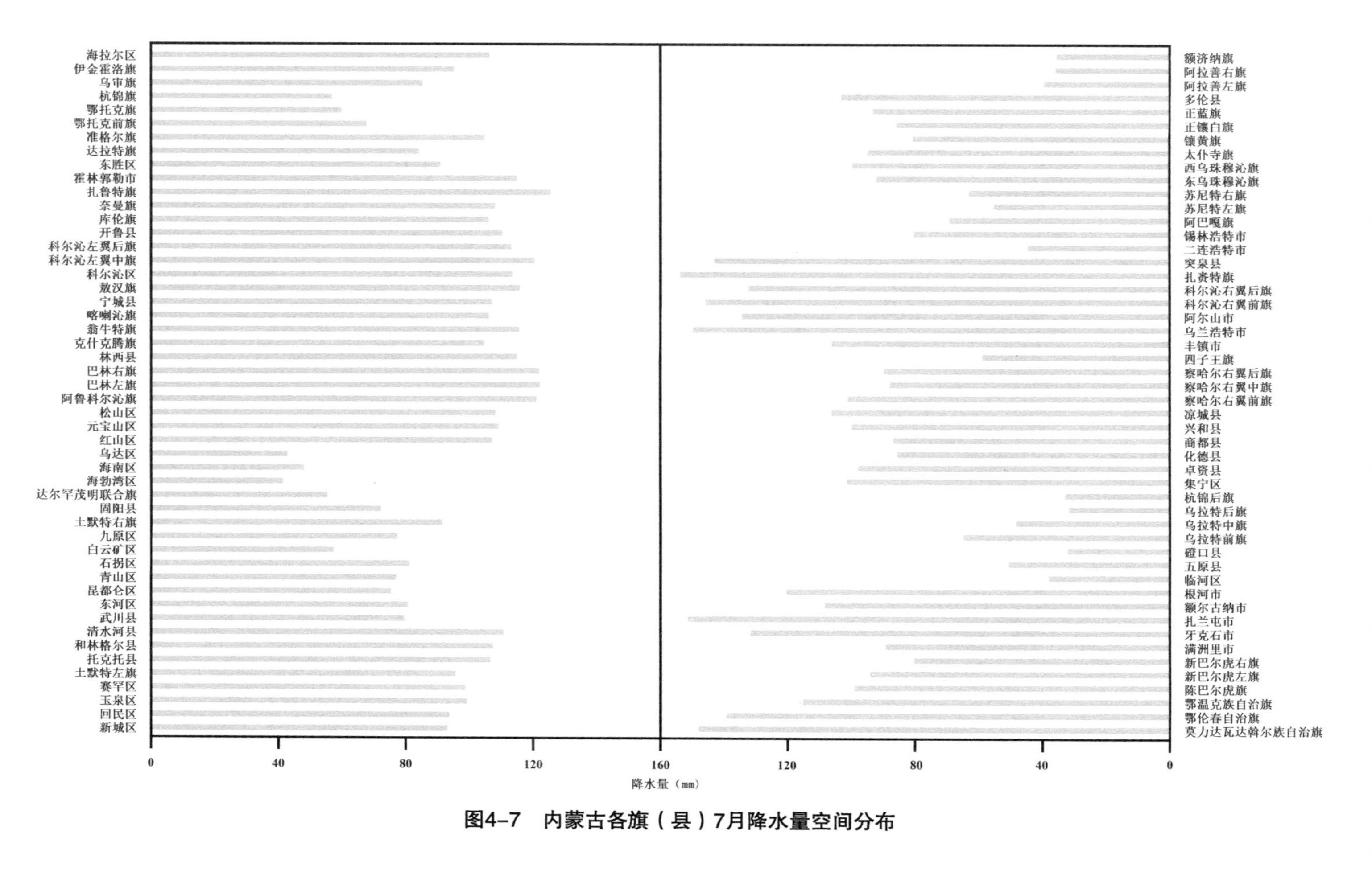

图4-7 内蒙古各旗（县）7月降水量空间分布

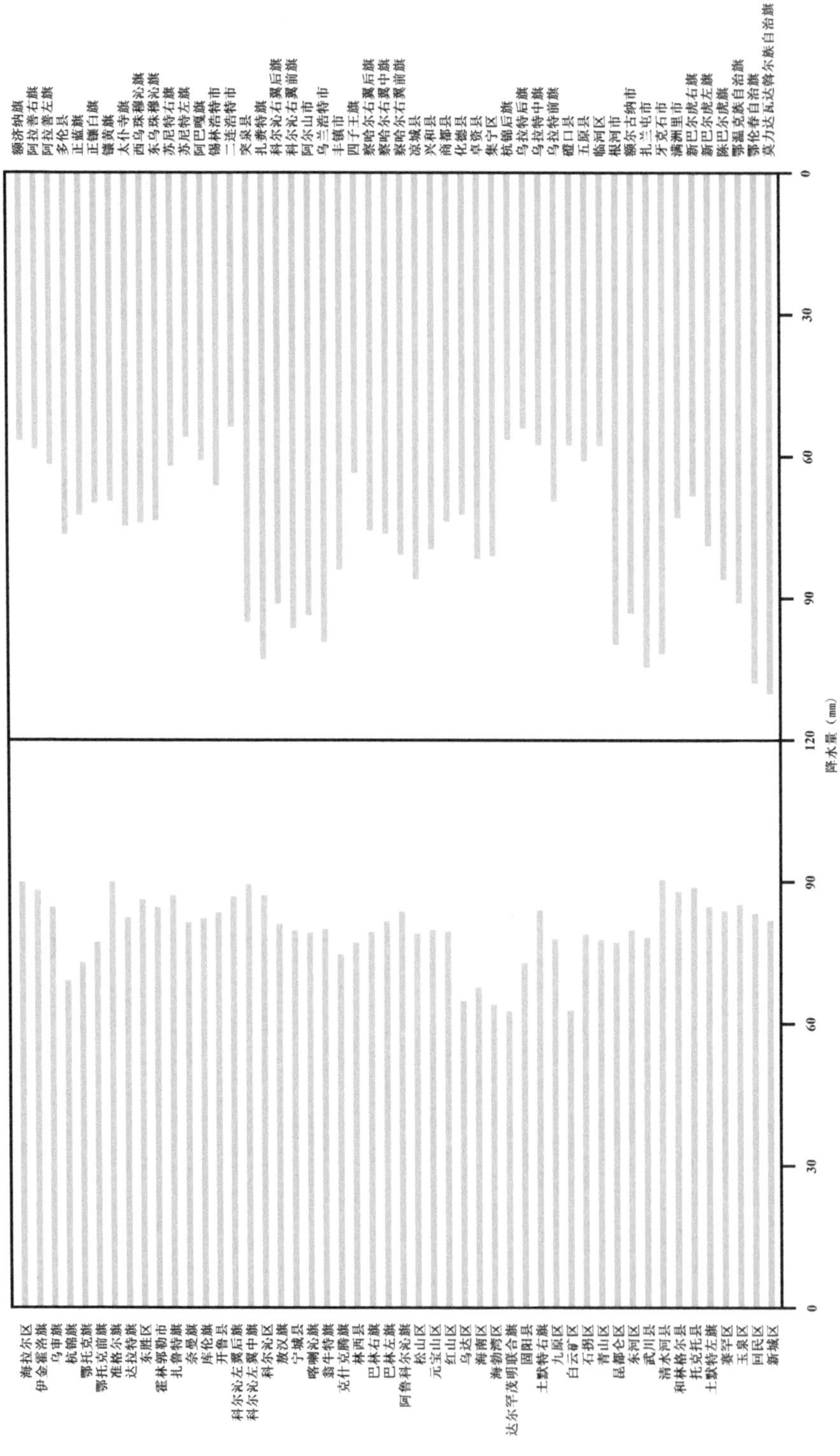

图4-8　内蒙古各旗（县）8月降水量空间分布

如图4-9所示，9月内蒙古地区降水量比8月降水量整体减少，由东到西还是呈递减分布，但中部地区和林格尔附近9月降水明显比周边地区降水要高，降水量最高的东部地区达到53毫米/月，西部地区和林格尔附近也能达到48～50毫米/月，西部地区降水量为22～25毫米/月。

如图4-10所示，内蒙古10月降水量较9月降水量有显著减少，但整体上还是由东到西呈递减分布，但和林格尔附近还是高于周边降水量，达到18毫米/月，东部地区降水量达到18毫米/月，西部地区降水量达到11毫米/月。

如图4-11所示，内蒙古11月降水量较10月降水量相比有显著减少，但整体上还是由东到西呈递减分布，东部地区降水量达到6毫米/月，西部地区降水量达到4.1毫米/月。

如图4-12所示，内蒙古东部地区12月降水量最大是根河为5.8毫米/月，西部地区12月降水量最小是阿拉善左旗和阿拉善右旗为1.0毫米/月。

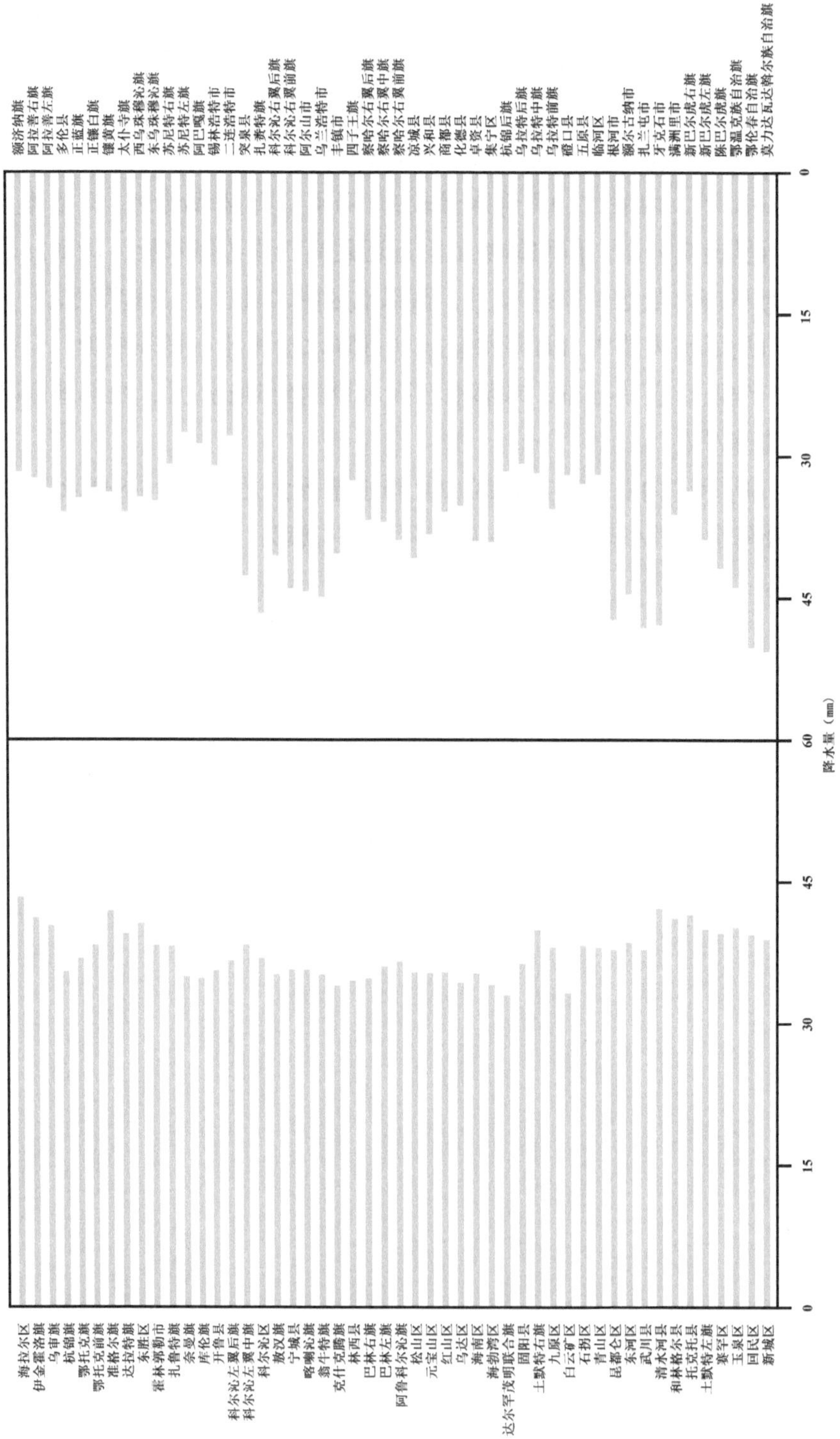

图4-9　内蒙古各旗（县）9月降水量空间分布

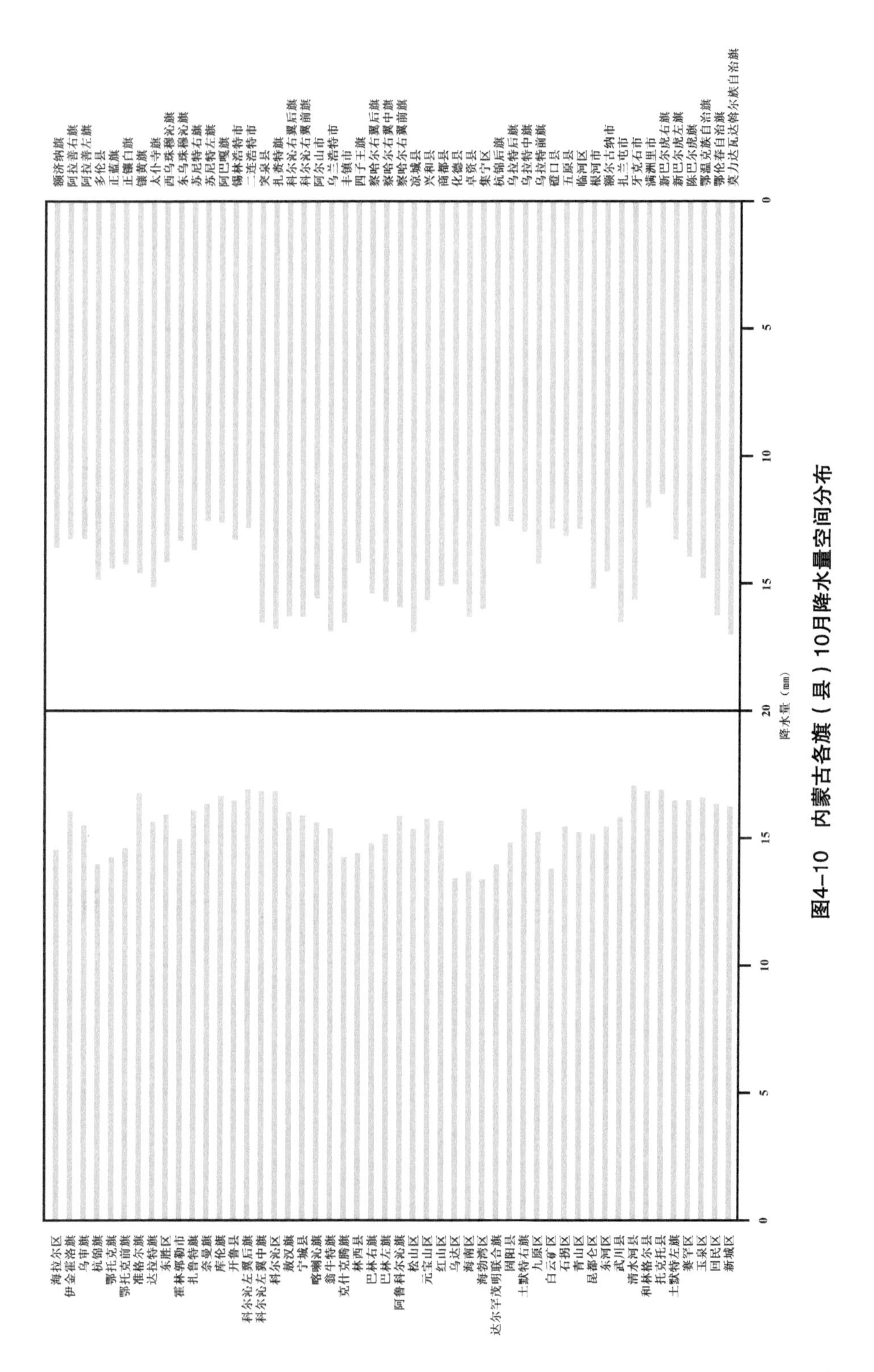

图4–10 内蒙古各旗（县）10月降水量空间分布

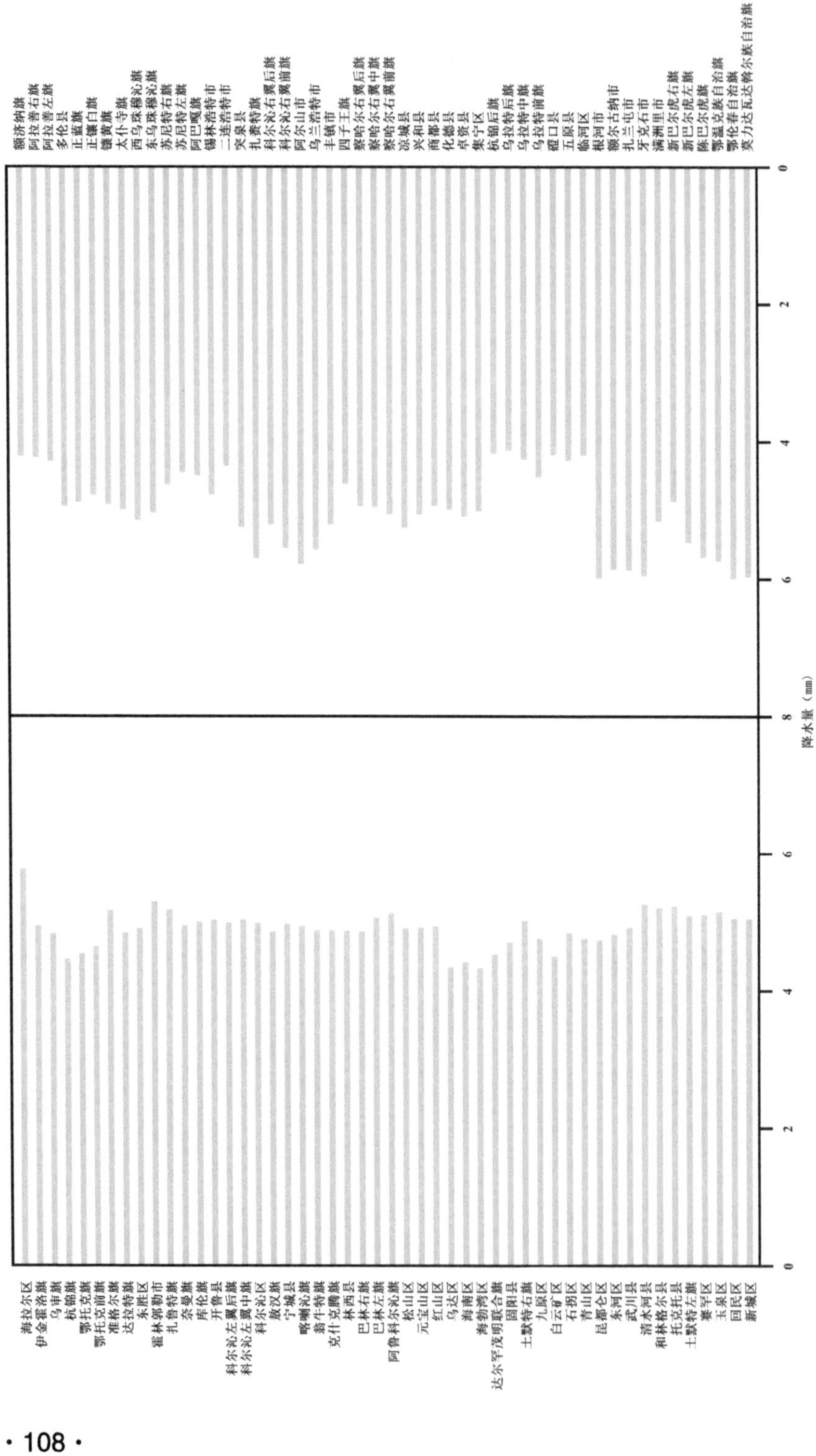

图4-11　内蒙古各旗（县）11月降水量空间分布

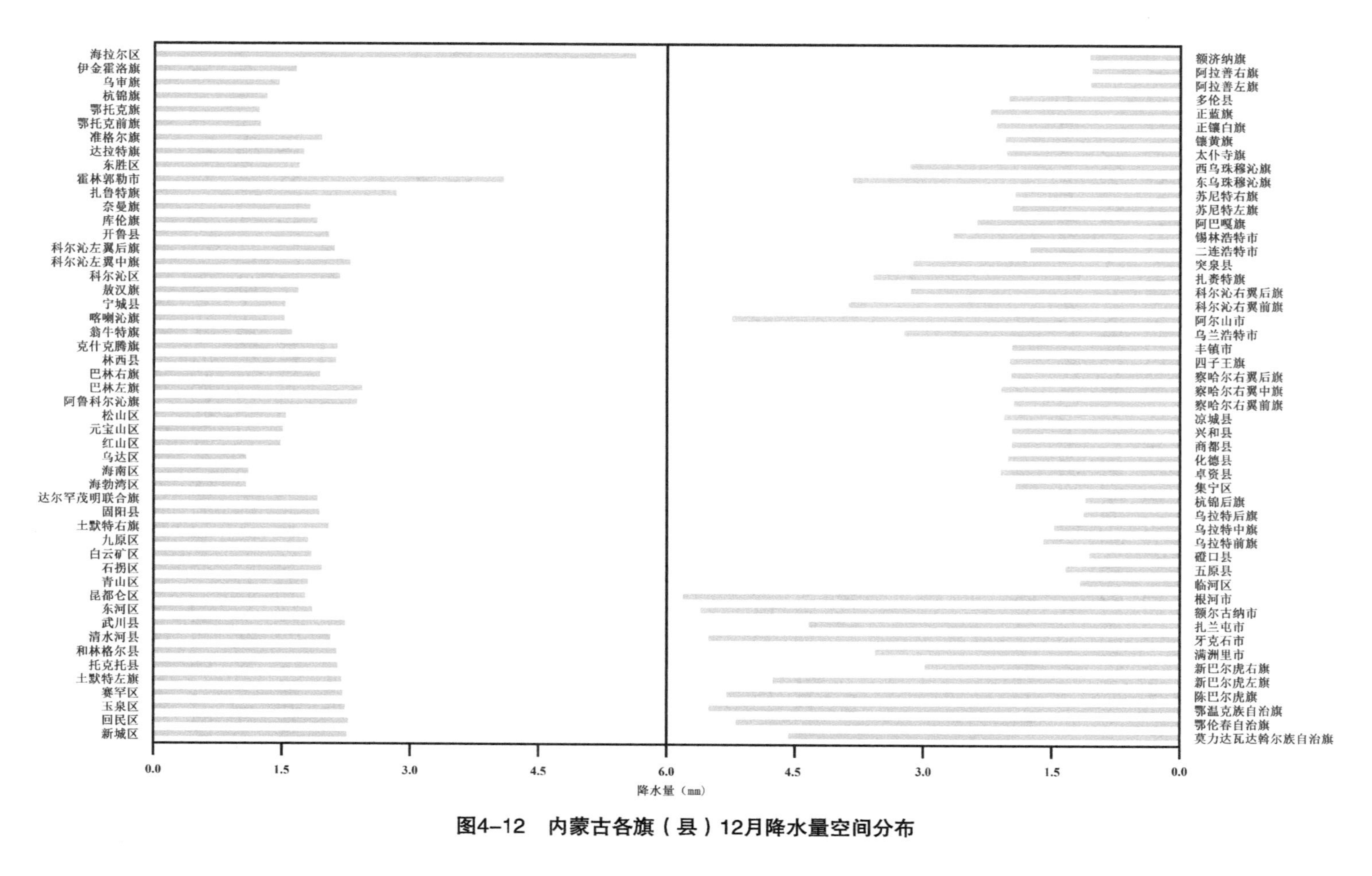

图4-12　内蒙古各旗（县）12月降水量空间分布

4.2 降水均匀度的时空分布特征

降水均匀度（Rainfall evenness）[9]是衡量降水分布（Rainfall distribution）的参数，近年来被广泛应用到各学科，用来衡量降水对土壤、植物、氮素利用等方面的影响。目前，研究报道了多种形式的降水均匀度计算公式，其中，Shannon多样性系数被称为是最佳地评价降水均匀性的参数[9-10]。所以，在本研究中，降水均匀度通过Shannon多样性系数（Shannon diversity index，SDI）来计算，计算公式如下：

$$\mathrm{SDI}=\frac{-\sum pi\ln(pi)}{\ln(N)} \tag{4.1}$$

式（4.1）中，pi为每一天的降水量与每个特定时间段内降水总量的比值；N为特定时间段内的天数。如果SDI趋近于0，则表明特定时间段内的降水都集中在某一天，如果SDI趋近于1，则表明在这个特定时间段内的每一天都有降水。

通过对1951—2020年内蒙古各旗（县、区）每个月进行空间插值后发现，内蒙古1月的降水均匀度呈现东西地区高中部低的特征，内蒙古东部地区阿尔山、东乌珠穆沁旗、西乌珠穆沁旗、阿鲁科尔沁旗和扎鲁特旗部分地区降水均匀度大于0.45，而中部地区锡林郭勒和乌兰察布部分地区降水均匀度小于0.35，降水分布不均匀，如图4-13所示。

如图4-14所示，内蒙古2月的降水在呼伦贝尔地区比较均匀，而赤峰地区降水均匀度最低，相较于1月，2月内蒙古降水均匀度降低，整体降水分布呈现更不均匀分布。

如图4-15所示，相较于1月和2月，3月内蒙古降水均匀度进一步降低，赤峰和锡林郭勒部分地区降水均匀度已降至0.3以下。而呼伦贝尔和兴安盟北部地区降水均匀度最高，大于等于0.35。相较于第一季度，4月内蒙古降水均匀度进一步降低，全区近一半地区降水均匀度已降至0.3以下；而呼伦贝尔和兴安盟北部部分地区降水均匀度大于等于0.36，全区降水均匀度分布差异加大，如图4-16所示。

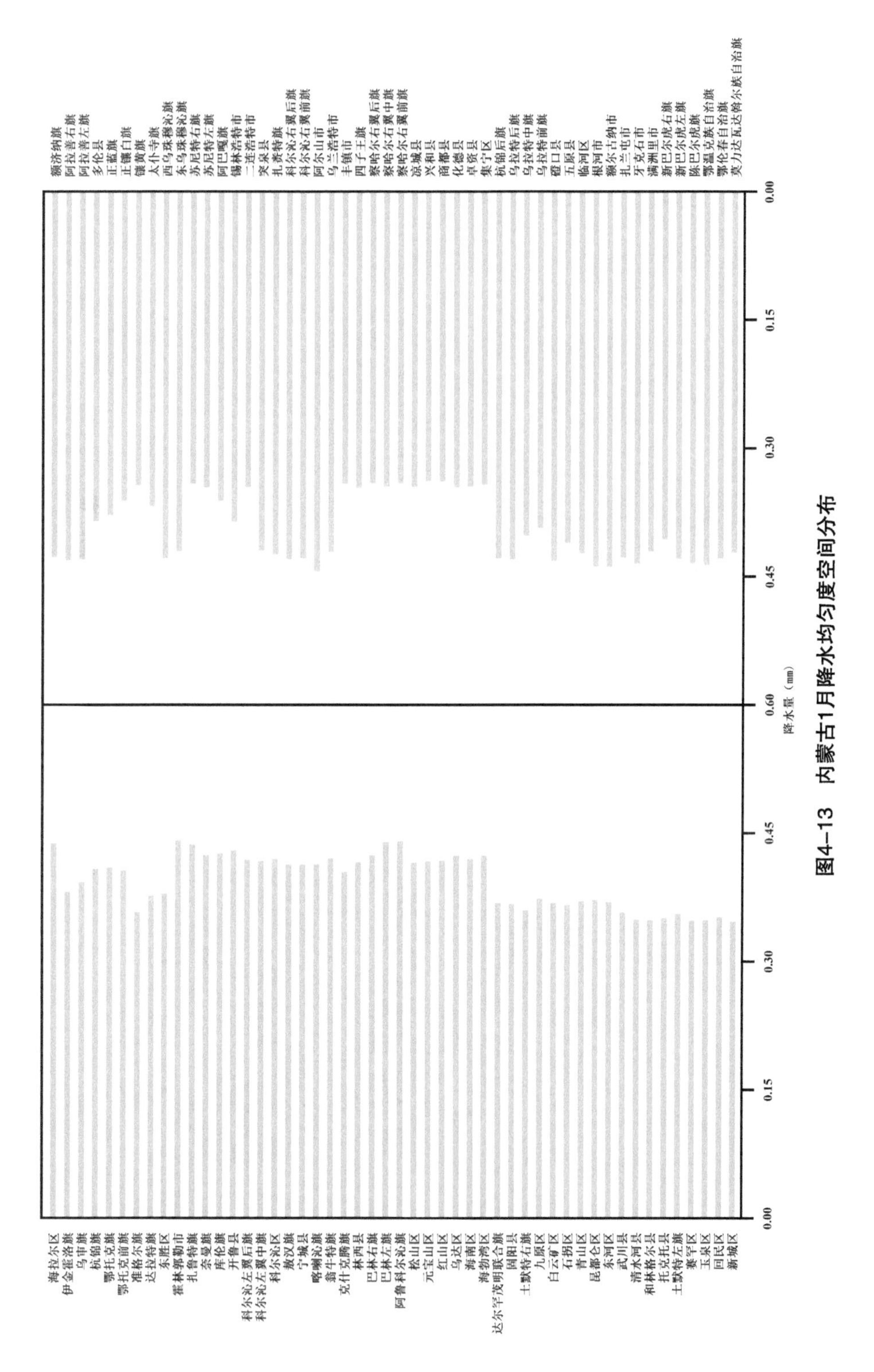

图4-13　内蒙古1月降水均匀度空间分布

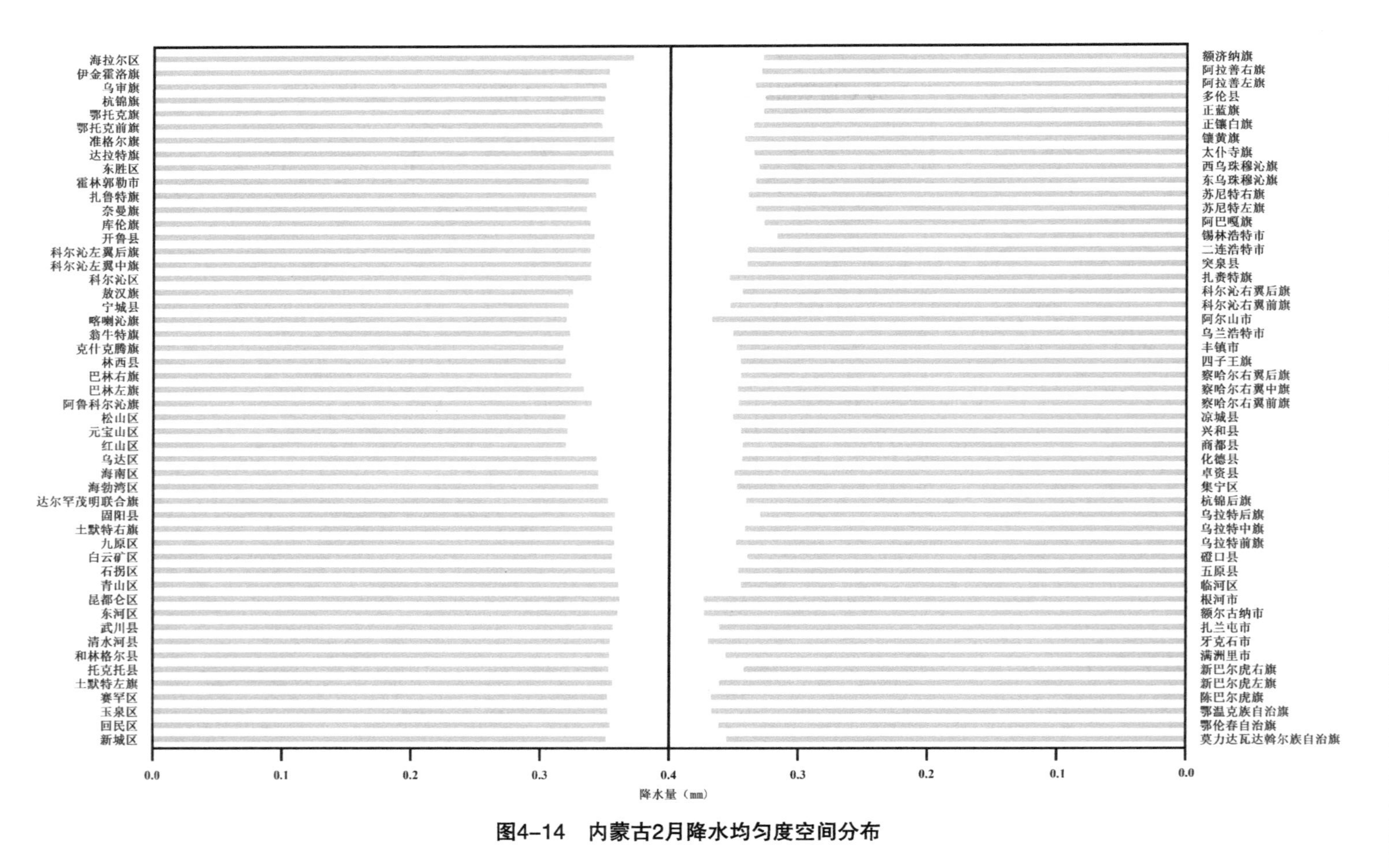

图4-14　内蒙古2月降水均匀度空间分布

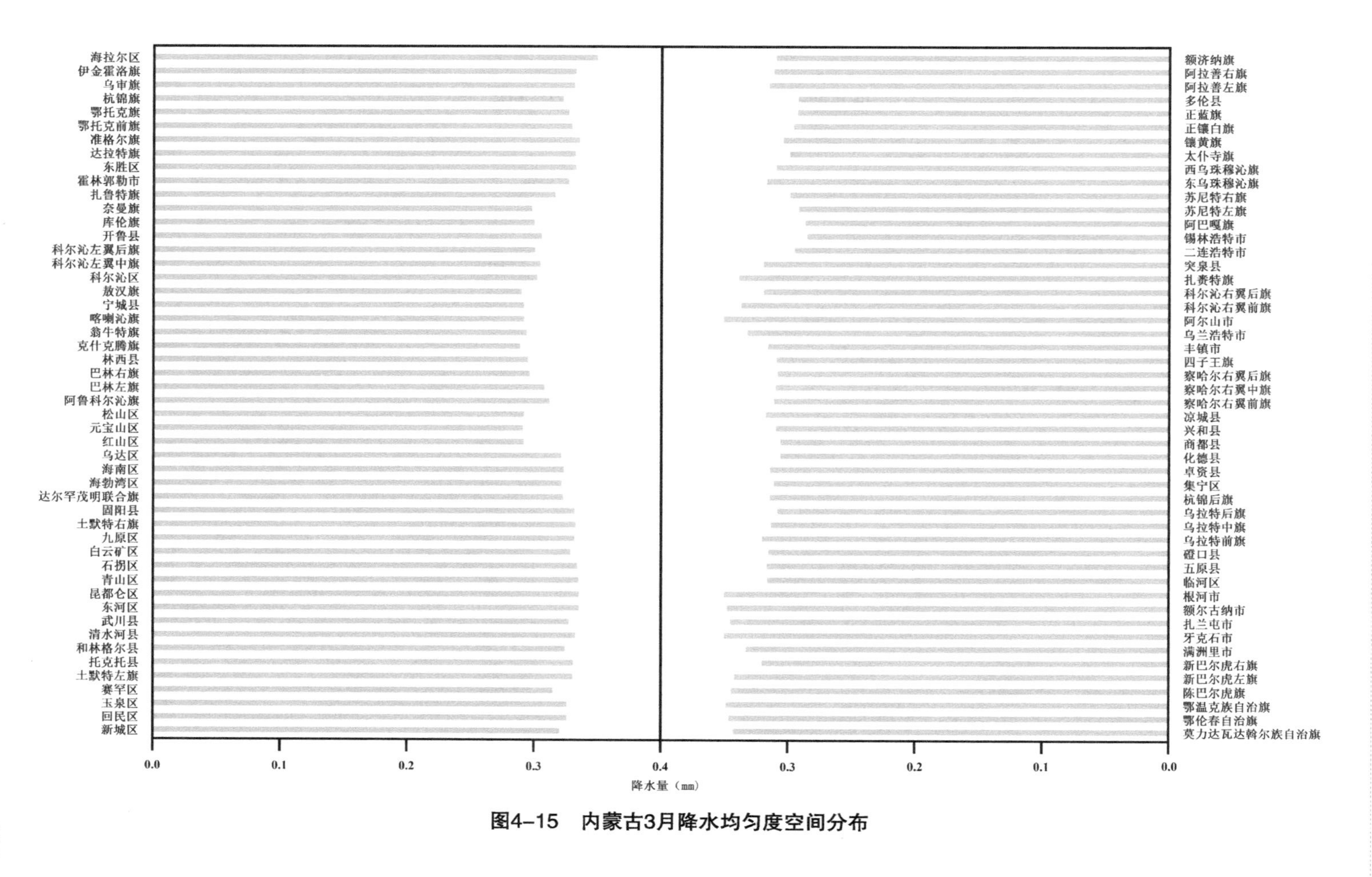

图4-15 内蒙古3月降水均匀度空间分布

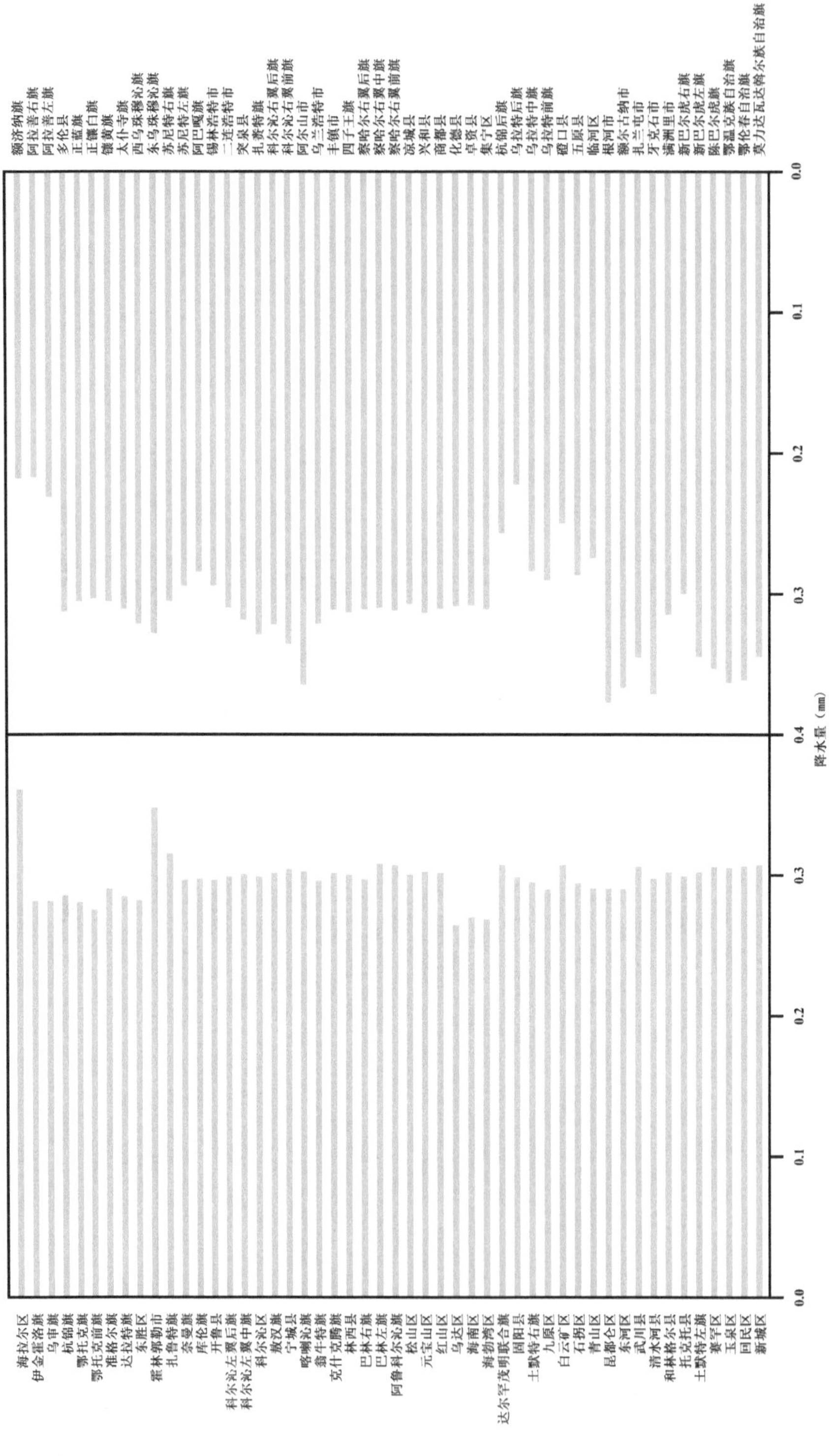

图4–16　内蒙古4月降水均匀度空间分布

5月内蒙古降水均匀度较4月有所升高，全区近一半地区降水均匀度已升至0.3以上；全区降水均匀度分布整体呈现东高西低的特征。呼伦贝尔北部部分地区降水均匀度大于0.45，而阿拉善和巴彦淖尔北部部分地区降水均匀度小于等于0.28，全区降水均匀度分布差异进一步加大，如图4-17所示。

6月内蒙古降水均匀度较5月有所升高，全区一半多地区降水均匀度已升至0.4以上；全区降水均匀度分布整体呈现东高西低的特征。呼伦贝尔和兴安盟北部部分地区降水均匀度大于等于0.59，而阿拉善和巴彦淖尔北部部分地区降水均匀度仍小于等于0.31，全区降水均匀度分布差异进一步加大，如图4-18所示。

7月内蒙古降水均匀度较6月有所升高，全区降水均匀度已基本都升至0.4以上；全区降水均匀度分布整体仍呈现东高西低的特征。但东部的奈曼旗、开鲁和库伦旗交界地区，西部临河、杭锦后旗和磴口地区较周边降水均匀度降低，降水分布更不均匀，如图4-19所示。

8月内蒙古降水均匀度已都升至0.44以上，呼伦贝尔大部分地区降水均匀度大于0.55，但通辽和赤峰大部分地区降水均匀度较低，奈曼旗的部分地区降水均匀度在0.45左右，乌兰察布及呼和浩特南部地区降水均匀度大于0.53，如图4-20所示。

9月内蒙古降水均匀度较前两个月开始有所降低，全区降水均匀度绝大部都已降至0.5以下；全区降水均匀度分布整体呈现南北高东西低的特征。东部奈曼旗周边地区降水均匀度已降至0.37～0.38，西部巴彦淖尔往西地区降水均匀度已降至0.31以下，如图4-21所示。

10月内蒙古降水均匀度分布整体呈现西高东低的特征，降水均匀度最高地区是阿拉善北部及乌拉特后期部分地区，而降水均匀度最低地区分布在大青山北麓及赤峰和通辽的东南部地区，降水均匀度已降至0.3以下，如图4-22所示。

11月内蒙古降水均匀度分布整体呈现南北高东西低的特征，降水均匀度最高地区是呼伦贝尔、兴安盟、锡林浩特和鄂尔多斯部分地区，而降水均匀度最低地区分布在阿拉善地区，降水均匀度已降至0.3以下，如图4-23所示。

12月内蒙古降水均匀度最高地区是呼伦贝尔岭北地区，降水均匀度大于0.49，而降水均匀度最低地区分布在锡林郭勒北部及赤峰和通辽东南部地区，降水均匀度已降至0.33以下，如图4-24所示。

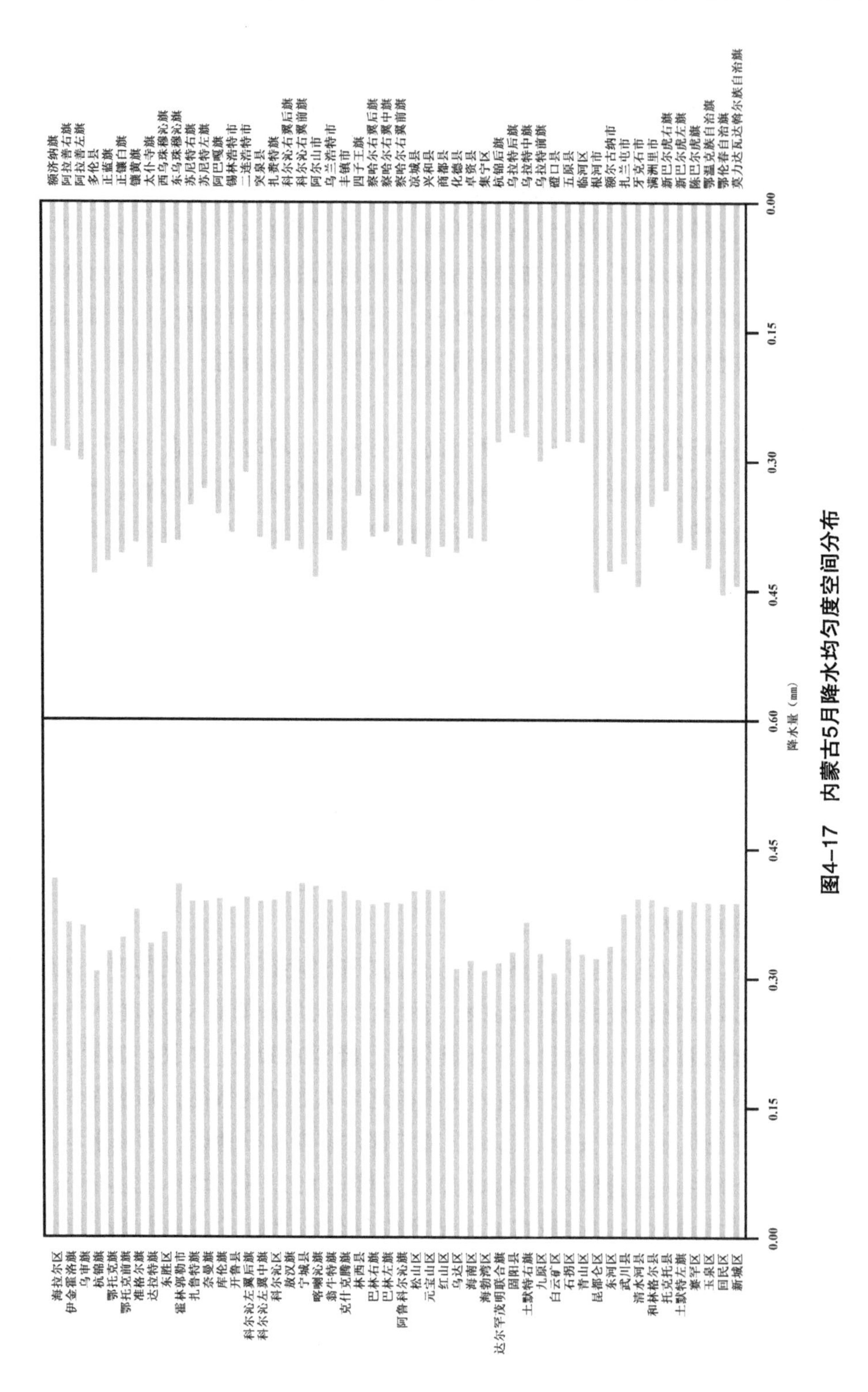

图4-17　内蒙古5月降水均匀度空间分布

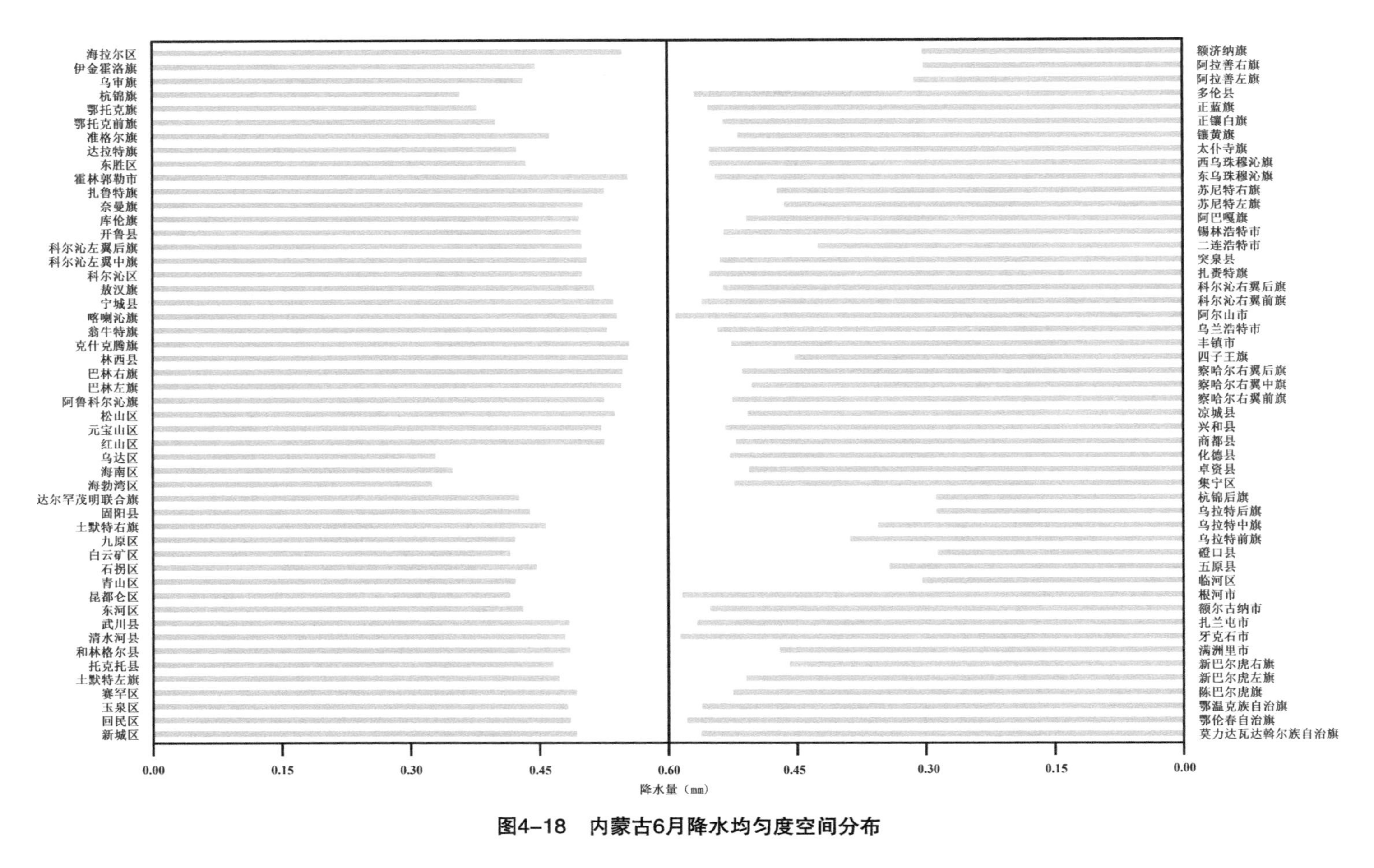

图4-18 内蒙古6月降水均匀度空间分布

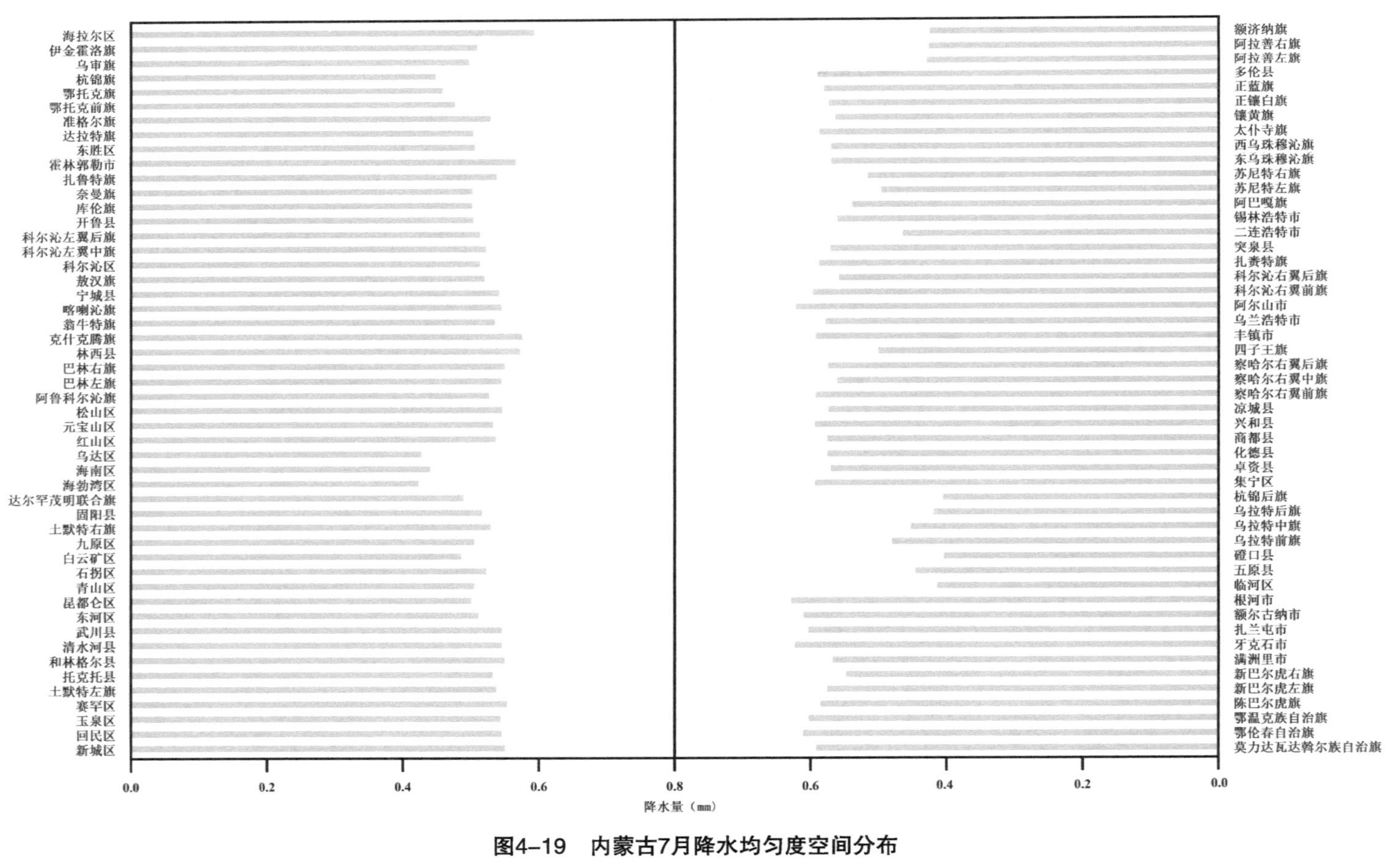

图4-19　内蒙古7月降水均匀度空间分布

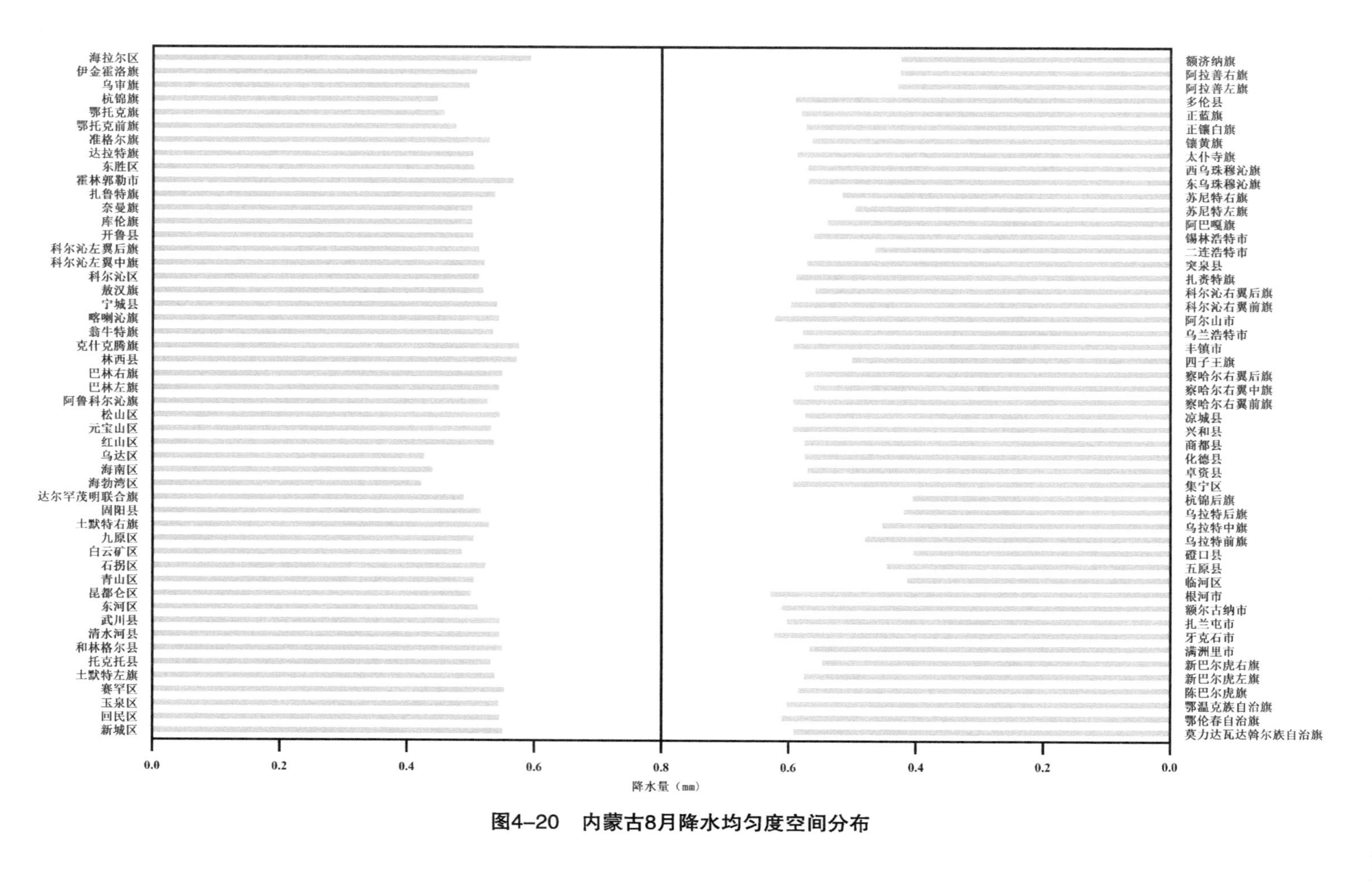

图4-20　内蒙古8月降水均匀度空间分布

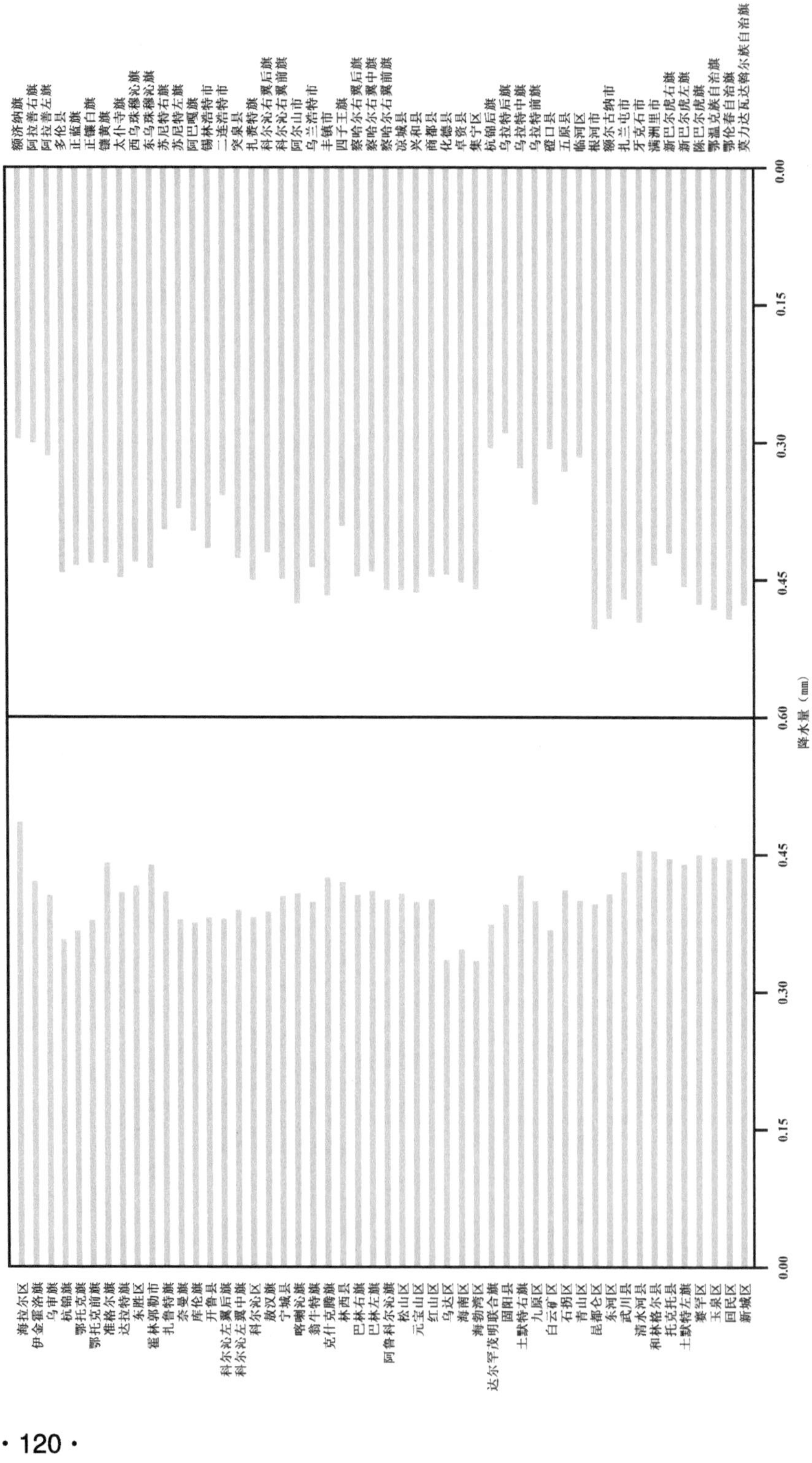

图4-21　内蒙古9月降水均匀度空间分布

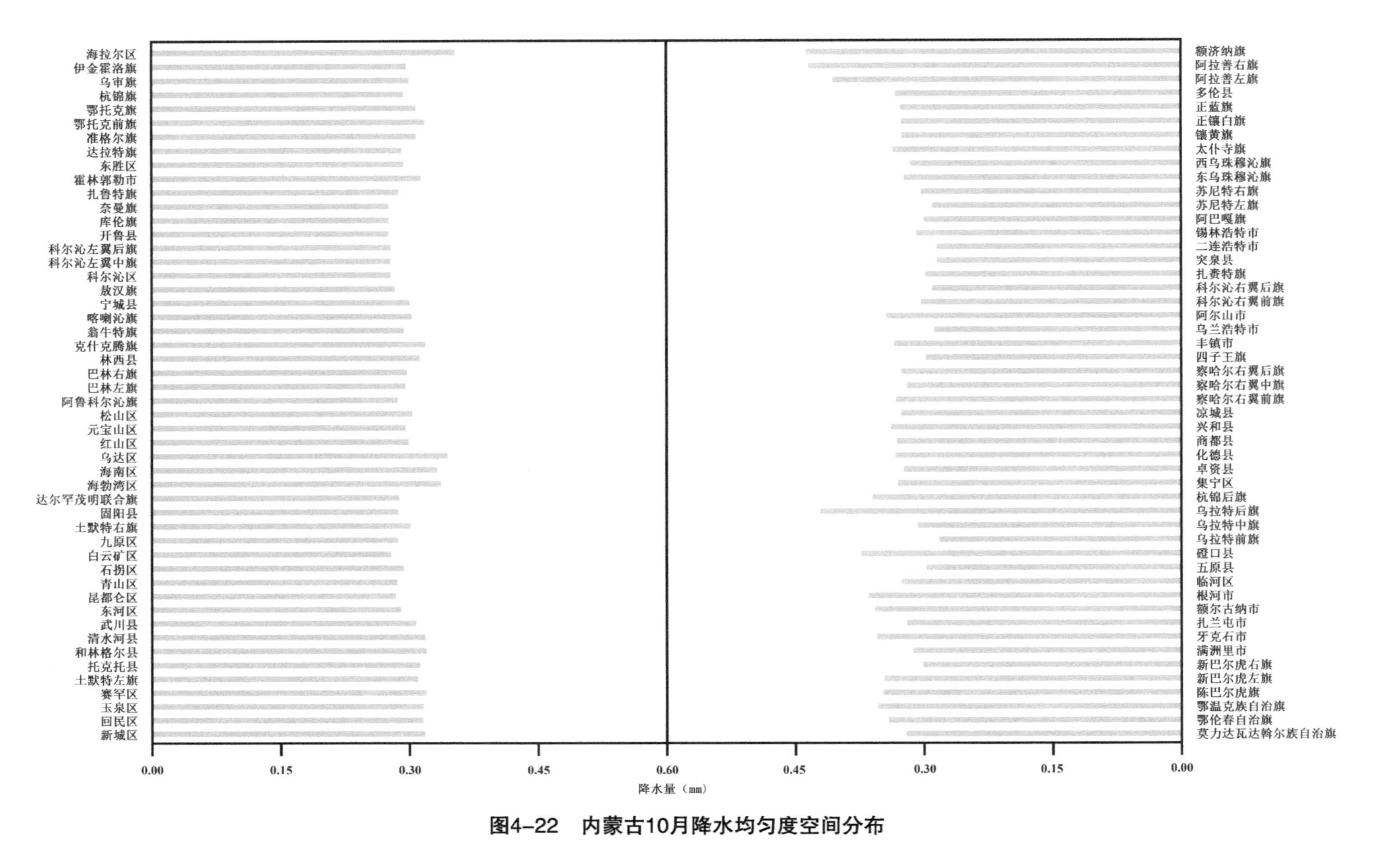

图4-22 内蒙古10月降水均匀度空间分布

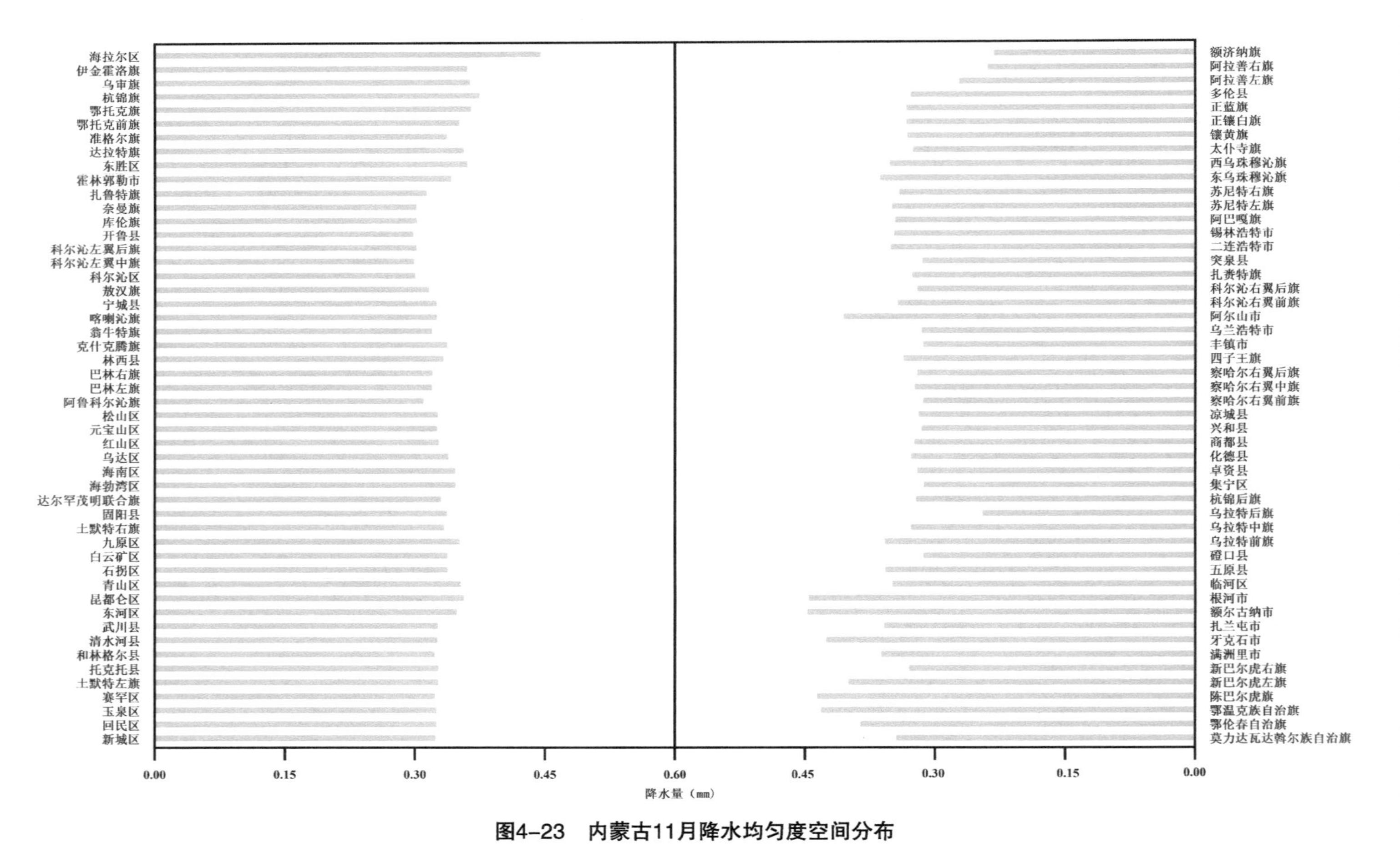

图4-23　内蒙古11月降水均匀度空间分布

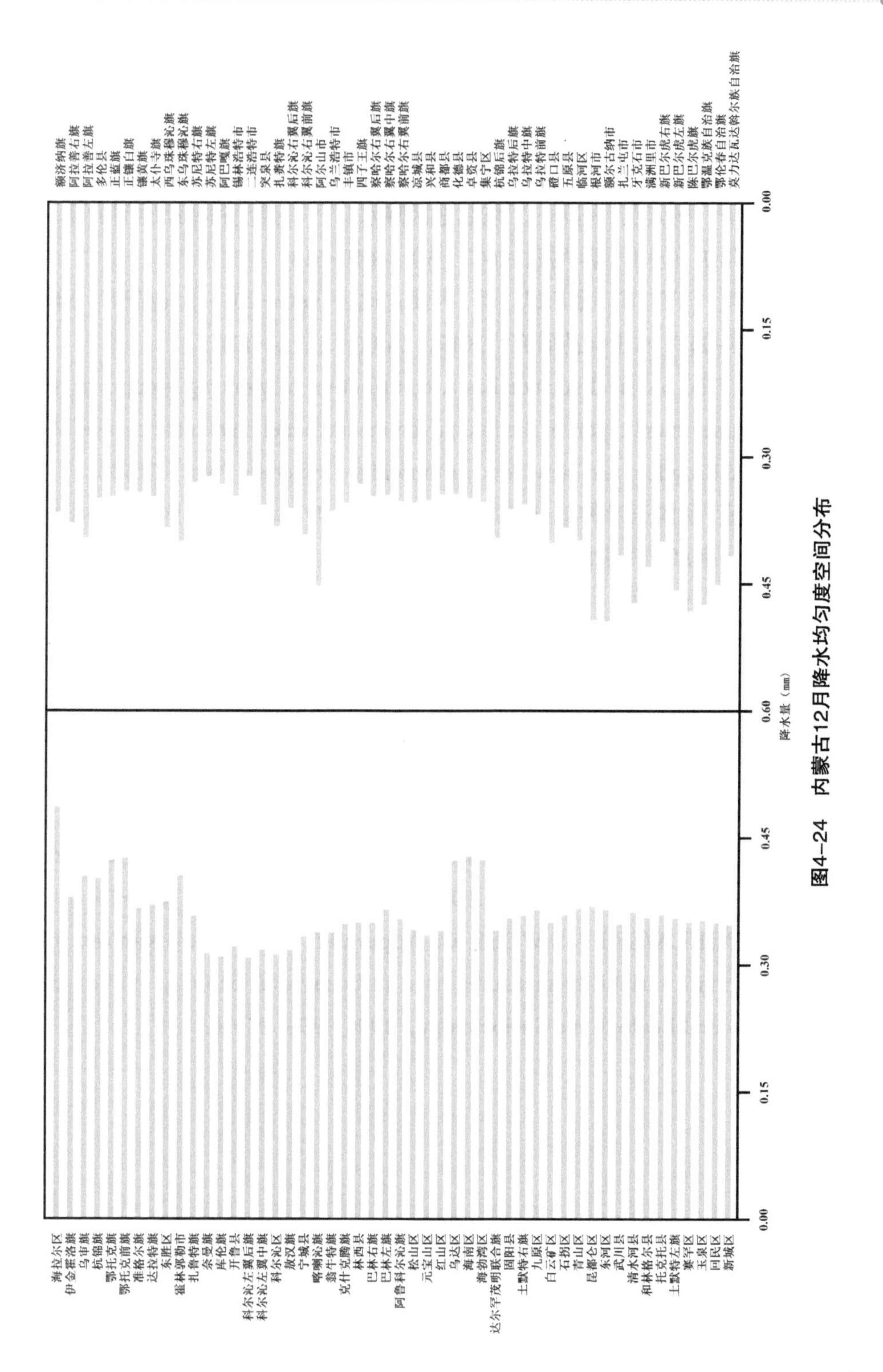

图4-24 内蒙古12月降水均匀度空间分布

参考文献

[1] 韩芳，李丹. 内蒙古荒漠草原不同等级降水时空变化特征[J]. 中国草地学报，2019，41（3）：90-99.

[2] 孙凤华，杨素英，任国玉. 东北地区降水日数、强度和持续时间的年代际变化[J]. 应用气象学报，2007（5）：610-618.

[3] 马梓策，于红博，张巧凤，等. 内蒙古地区1960—2016年气温和降水特征及突变[J]. 水土保持研究，2019，26（3）：114-121.

[4] IPCC. The physical science basis. contribution of working group I to the fifth assessment report of the intergovernmental panel on climate change[M]. United Kingdom and New York：Cambridge University Press，2013.

[5] 何奇瑾. 我国玉米种植分布与气候关系研究[D]. 北京：中国气象科学研究院，南京：南京信息工程大学，2012.

[6] 申露婷，张方敏，黄进，等. 1981—2018年内蒙古不同等级降水时空变化特征[J]. 气象科学，2022，42（2）：162-170.

[7] 佟屏亚. 中国玉米种植区划[M]. 北京：中国农业科技出版社，1992.

[8] 罗瑞林. 气候变化对内蒙古春玉米产量影响的研究[D]. 呼和浩特：内蒙古农业大学，2013.

[9] GIRMA K，HOLTZ S L，ARNALL D B，et al. Weather，fertilizer，previous year yield，and fertilizer levels affect ensuing year fertilizer response of wheat [J]. Agronomy Journal，2007，99（6）：1607-1614.

[10] BRONIKOWSKI A，WEBB C. Appendix：A critical examination of rainfall variability measures used in behavioral ecology studies [J]. Behavioral Ecology and Sociobiology，1996，39：27-30.

5 内蒙古气象干旱时空变化特征

由于人类活动的不断增强，干旱灾害的影响范围和地域也在不断增大，威胁着区域经济的发展，也严重制约着农作物生产，影响粮食安全。从全球范围看，干旱灾害是影响面最广，造成经济损失最大，被认为是世界上最严重的自然灾害类型之一。据统计，每年因干旱造成的全球经济损失高达60亿～80亿美元，远超过其它灾害[1]。据《中国统计年鉴》和《中国水旱灾害公报》数据研究显示，1950—2010年全国干旱灾害减产粮食产量高达105 557.32万吨，年均因旱灾减产粮食量高达1 730.45万吨，占年均实际粮食总产量的5.23%，占各种自然灾害造成粮食损失的60%以上[2-3]。

干旱受气候、地形、地貌、土壤地质条件、植被、生物活动等诸多因素的共同影响，是一个逐步积累十分复杂的动态过程。研究表明，近年来随着我国经济社会的快速发展和全球变暖趋势的增加，我国面临的干旱灾害形势已不容乐观，尤其是粮食主产区的干旱灾害发生更有频发扩大的趋势[4]。因此，对区域干旱灾害问题的研究也越来越受到各级政府和研究人员的重视，尤其是对我国北方干旱地区农业干旱灾害的研究[5]。在当前我国水资源短缺矛盾、环境承载能力矛盾、粮食安全与经济社会飞速发展矛盾等日趋严重的态势下，如何更好地深入了解区域性干旱灾害和评估旱灾风险，进而主动抵御干旱灾害、降低干旱灾害损失已成为当今农作物生产和防灾减灾管理领域亟待解决的重大科学难题。

内蒙古高原地处我国北疆，地域辽阔、生态类型多样、气候资源丰富，是我国重要的粮油生产基地，也是我国13个粮食主产区省份和6个粮食净调出省份之一。春玉米作为内蒙古的第一大作物，其种植面积、总产量、单产水平皆居全区粮食作物之首[6]。2016年内蒙古玉米种植面积达到320.9万公顷，占全区粮食作物播种面积的55.5%；产量更是达到2 139.8万吨，占粮食总产量的77.0%[7]。当前，干旱灾害不仅是内蒙古春玉米生产最主要的限制因素，而且春玉米生产还面临干旱灾害风险呈逐年加大趋势[8]。因此，本章节研究基于SPEI干旱评价指数，以内蒙古1951—2018年的逐日气象数据为依据，从多时空尺度（不同生态区和不同生育期）用标准化降水蒸散指数来分析内蒙古气象干旱时空变化特征及演变规律，以此来提高内蒙古地区农作物生产的防旱抗旱管理水平，为区域性的作物抗旱防旱等关键技术集成研发提供科学理论指导。

5.1 研究资料与方法

5.1.1 研究区域及数据来源

本书第一章已将研究区域进行介绍与概述，这里就不再重复。但由于内蒙古东西绵延2 400多千米，横跨森林、草原和沙漠多个生态区，不同生态区间气候差异巨大。为了更加合理科学地研究内蒙古全境的气象干旱变化，本研究将内蒙古分成东、中、西3部分来进行分段研究，其中呼伦贝尔、兴安盟、通辽和赤峰代表的是内蒙古东部森林草原生态区的气候特征，锡林浩特、乌兰察布、呼和浩特和包头代表的是内蒙古中部草地荒漠过渡生态区的气候特征；鄂尔多斯、巴彦淖尔、乌海和阿拉善盟代表的是内蒙古西部荒漠生态区的气候特征。

5.1.2 干旱评价指数的选取

从广义上讲，干旱是指水分的收支或水分供求不平衡而形成的水分短缺现象。但由于干旱有时不单单笼统的指水分不能满足正常需求，它受很多其它因素的影响，比如降水、蒸发、气温、土壤墒情、有无灌溉条件、种植结构、作物生育期的抗旱能力以及工业和城乡用水等。因此，不同的学科和不同的应用领域对干旱就有着不同的定义。通常，国际上将干旱分为气象干旱、水文干旱、农业干旱和社会经济干旱4类，其中水文干旱、农业干旱和社会经济干旱涉及因素众多且过程复杂，而气象干旱是日常社会生产生活中最普遍和最基本的，因此，本研究有关干旱发生及变化规律等都用气象干旱指标进行讨论。

为了更全面准确定量地描述干旱发生、发展和强度、程度等重要特征，当前有数以百种的干旱指数被研究与使用[9]。但由于干旱的形成因素多样，影响因素也相当复杂，很难找到一种普遍适用于各种情形和用途的干旱指数[10]。先前国际上常用的干旱指数有帕默尔指数（Palmer drought severity index，PDSI）和标准化降水指数（Standardized precipitation index，SPI），但在实际应用中上述两指数均存在一定的局限性。在进入21世纪后，Vicente等提出一个新的干旱指数——标准化降水蒸散指数（Standardized precipitation evapotranspiration index，SPEI），该指数综合考虑了降水和温度因子，对PDSI指数所关注的干旱对蒸散的响应和SPI指数的计算简便具有多时间尺度等优点进行有机结合，是近两年来在全球气候变暖背景下监测干旱特征比较理想有效的评价工具[11-13]。

5.1.3 干旱评价等级的划分

本研究中的干旱等级划分依据国际上通用的基于SPEI指数的干旱等级划分标准，如表5-1所示。利用该标准，即可以确定站点在某一年发生干旱的程度[14-15]。

表5-1 标准化降水蒸散指数（SPEI）的干旱等级划分

干旱等级	SPEI值
无旱	−0.5<SPEI
轻微干旱	−1.0<SPEI≤−0.5
中度干旱	−1.5<SPEI≤−1.0
严重干旱	−2.0<SPEI≤−1.5
极端干旱	SPEI≤−2.0

5.1.4 干旱评价指数的计算

标准化降水蒸散指数（SPEI）现今被多家世界性组织推荐用于当前的气候干旱评价研究，该指数综合考虑降水、温度和干旱对蒸散的影响，并具有多时间尺度和机理明确等优点，是当前监测干旱特征比较理想有效的评价工具[16]。其计算方法如下。

（1）应用Thornthwaite方法计算逐月潜在蒸发量（PET）。

$$\mathrm{PET}=16K\left(\frac{10T}{I}\right)^{m}$$

式中，K为根据纬度计算的修正系数；T为月平均气温；I为年总加热指数；m是由I决定的系数。

（2）计算逐月降水与潜在蒸散的差值。

$$D_i=P_i-\mathrm{PET}_i$$

式中，P_i为月降水量；PET_i为月潜在蒸散量。

（3）采用三参数的Log-Logistic分布对D_i进行拟合，并求出累计函数。

$$f(x)=\frac{\beta}{\alpha}\left(\frac{x-y}{\alpha}\right)^{\beta-1}\left[1+\left(\frac{x-y}{\alpha}\right)^{\beta}\right]^{-2}$$

$$F(x)=\int_0^x f(t)\mathrm{d}t=\left[1+\left(\frac{\alpha}{x-y}\right)\beta\right]^{-1}$$

式中，α为尺度参数；β为形状参数；γ为origin参数；f（x）为概率密度函数；F（x）为概率分布函数。

对序列进行标准化正态处理，得到相应SPEI：

$$\mathrm{SPEI}=W-\frac{c_0+c_1+c_2w^2}{1+d_1w+d_2w^2+d_3w^3}$$

$$W=\sqrt{-2\ln(p)}$$

式中，当$P\leqslant0.5$时，$P=F$（x）；当$P>0.5$时，$P=1-F$（x）；其它参数分别为c_0=2.515 517、c_1=0.802 853、c_2=0.010 328，d_1=1.432 788、d_2=0.189 269、d_3=0.001 308。

5.1.5 干旱频率与气候倾向率

干旱频率可以在一定程度上衡量这一地区发生干旱的几率，干旱频率越大，则代表该地区越容易发生干旱[17]。其计算公式如下：

$$P=\frac{n}{N}\times 100\%$$

式中，n为SPEI值小于0的个数，N为SPEI序列的长度。

气象倾向率反应气候要素的变化趋势[18]，一般用一次线性方程表示，即

$$\alpha_1=\frac{\mathrm{d}\widehat{x_t}}{\mathrm{d}t}$$

其中，$\widehat{x_t}=a_0+a_1t$，t=1，2，…，n（年）。$a_1\cdot 10$称为气候倾向率，单位为某气候要素单位/10年。SPEI数值计算利用R语言软件（V3.5.0）完成，空间数据分析利用ArcGIS10.2软件完成，作图通过OriginPro2018软件完成。

5.1.6 Mann-Kendall趋势检验

对于降水等时间序列自然事件的趋势性分析，Mann-Kendall趋势检验法不受样本值、分布类型等影响，被世界气象组织推荐进行区域性气候变化分析[19]。对于时间序列变量（x_1，x_2，…，x_t），t为时间序列长度，Mann-Kendall趋势检验法定义了统计量：

$$S=\sum_{k=1}^{n-1}\sum_{j=k+1}^{n}\operatorname{sgn}\left(x_j-x_k\right)$$

式中，n为样本总量，j、k=1，2，…，n；x_j、x_k分别为第j、k时刻的样本值。sgn（ ）为符号函数，规则如下：

$$\operatorname{sgn}\left(x_j-x_k\right)=\begin{cases}1, & x_j-x_k>0\\0, & x_j-x_k=0\\-1, & x_j-x_k<0\end{cases}$$

S为正态分布，其均值为0，方差var（S）=n（n−1）（2n+5）/18，当n>10时，正态分布统计量计算如下：

$$Z=\begin{cases}\dfrac{S-1}{\sqrt{\operatorname{var}(S)}}, & S>0\\ & S=0\\ \dfrac{S+1}{\sqrt{\operatorname{var}(S)}}, & S<0\end{cases}$$

若$Z>10$，则表明降水在该时间序列呈增加趋势，否则为降低趋势，并且绝对值越大，则趋势越明显[20-21]。本研究设定显著性水平为0.05，阈值线为±1.96。Mann-Kendall检验及作图均由MATLAB R2018a软件完成。

5.1.7 SPEI指数的适用性分析

为了验证SPEI指数在内蒙古地区的适用性，将“中国干旱灾害数据集”中记载的内蒙古各地区（1955—1999年）干旱发生时间与情况与同期内蒙古各干旱发生地的月度SPEI值进行对应验证（表5-2），由图5-1可知，大部分实际干旱发生地的同期SPEI值均小于-1水平，且两者具有高度的一致性。表明SPEI指数在表征内蒙古地区干旱表现方面具有很强的适用性，可以用SPEI指数来解析内蒙古地区的干旱特征变化。

表5-2　内蒙古地区月尺度SPEI值与实际干旱发生情况对比验证

时间	受旱地区	干旱程度	对应站点编号	SPEI最大值
1955年3—8月	内蒙古伊克昭盟	重旱	53529	−0.67
1957年5—10月	内蒙古巴彦淖尔盟东部、乌兰察布盟北部	重旱	53336/53391/53480	−0.80/−0.99/−1.17
1960年3—5月	辽西、内蒙古东南部	重旱	54208/54226/54218	−0.91/−0.45/−0.47
1962年3—6月	内蒙古中部、陕北、晋北	特大旱	53446/53362/53480	−0.93/−1.04/−0.77
1962年8—10月	华北北部、东北平原西部	重旱	53463/53362/53391 53480/54115/54027 54208/54226/54026	−1.26/−1.36/−1.46 −1.39/−1.05/−0.99 −1.03/−0.95/−0.72
1965年3—6月	东北大部、内蒙古东部	重旱	50527/50548/50618 50623/50727/50834/ 50838/50639/54026 54027/54115/54135 54213/54218/54226	−1.31/−1.72/−1.43 −1.54/−1.87/−1.70 −1.65/−1.57/−0.99 −1.48/−1.37/−1.35 −1.22/−1.52/−1.07
1980年4—6月	内蒙古伊克昭盟和巴彦淖尔盟东部	重旱	53352/53446/53513	−2.11/−1.78/−1.34
1980年7—9月	内蒙古中部和西部	大部重旱	53446/53463/53513 53543/53149/53276 53362/53192/53195	−1.32/−1.49/−1.73 −1.48/−1.81/−1.65 −1.42/−1.68/−1.42

（续表）

时间	受旱地区	干旱程度	对应站点编号	SPEI最大值
1982年4月至7月中旬	东北大部、内蒙古西部	部分重旱	53352/53446/53513 53529/53543/54026 54115/54135/54226	−1.20/−1.33/−0.93 −1.54/−1.11/−1.41 −1.35/−1.82/−1.57
1984年4月至6月上旬	内蒙古中西部	部分重旱	52267/52495/52576 54213/54218/54226	−0.95/−1.32/−1.32 −1.93/−1.93/−1.22
1986年3月下旬至6月上旬	内蒙古中西部	部分重旱	52267/52495/53352 53446/53463/53513 53529/53543/53336 53362/53391/53480	−2.02/−1.42/−2.41 −2.51/−2.22/−2.58 −2.32/−2.08/−3.01 −2.33/−2.07/−2.12
1989年8月至9月中旬	内蒙古东部、冀东、天津	部分重旱	54026/54027/54115 54134/54135/53195 54012/54102/50915	−1.56/−1.44/−1.03 −1.35/−2.01/−1.32 −1.30/−1.15/−1.28
1991年7—9月	内蒙古	部分重旱	50834/50915/53352 53446/53463/53513 53529/53543/54026 54027/54115/54134 54208/54213/54218 54226/53192/53195 53276/53362/53391 53480/53502/54102	−1.12/−2.03/−1.62 −1.49/−1.82/−1.61 −1.39/−1.76/−1.90 −1.53/−2.19/−1.02 −1.49/−1.62/−1.64 −2.28/−2.06/−2.00 −2.24/−1.78/−2.08 −2.11/−2.13/−2.27
1993年春季	华北、河套地区、东北平原	重旱	53513/53529/53446	−1.58/−1.56/−1.51
1994年3月至6月中旬	华北、东北、西北东部	部分重旱	50834/50838/50915 52495/52576/53068 53352/53446/53463 53513/53543/54026 54027/54115/54134 54135/54208/54213 54218/54226/53083 53149/53192/53195 53276/53336/53362 53391/53480/53502 54012/54102	−1.53/−1.45/−1.46 −1.55/−1.56/−1.87 −1.88/−1.62/−2.44 −1.83/−2.10/−1.43 −1.43/−1.76/−1.90 −1.84/−3.67/−1.97 −2.66/−1.99/−1.57 −2.03/−1.99/−1.70 −2.68/−1.57/−3.35 −2.53/−3.17/−1.67 −1.72/−1.86
1995年3月至7月上旬	华北、西北	重旱	53602/53529/53543	−1.04/−1.28/−1.09

（续表）

时间	受旱地区	干旱程度	对应站点编号	SPEI最大值
1999年6—9月	北方（内蒙古乌兰察布盟和伊克昭盟）	特大旱	53463/53513/53529 53543/53391/53480	−2.02/1.96/−1.43 −2.20/−1.67/−2.24

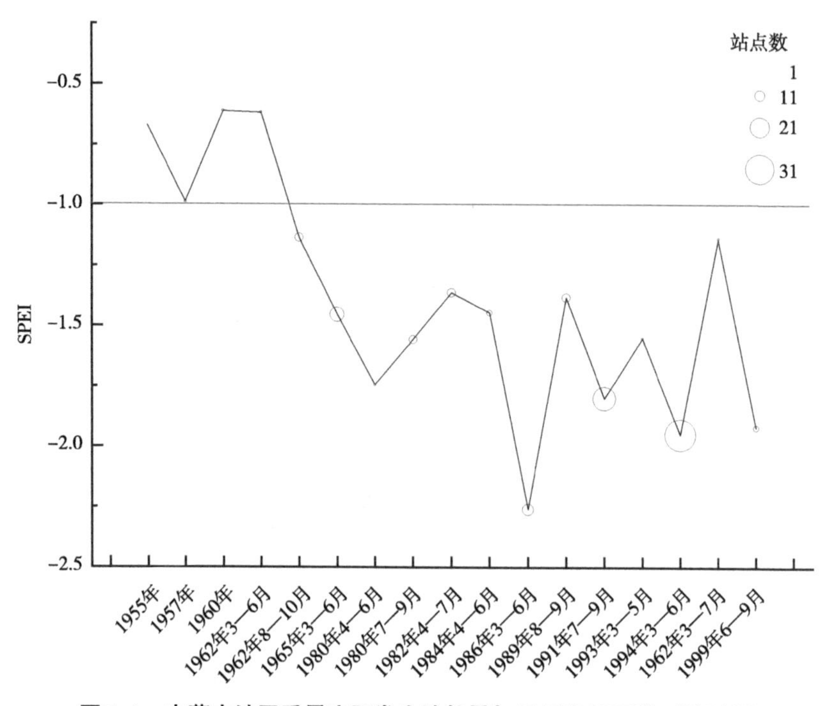

图5-1　内蒙古地区重旱实际发生地数量与月尺度SPEI值对比验证

5.2　结论

5.2.1　SPEI值年际和月际变化

为了定量研究内蒙古近70年的气象干旱变化特征，研究计算了1951—2020年逐月的标准化降水蒸散指数值（图5-2a），并将每年12个月的SPEI值进行平均，获得年平均SPEI值（图5-2b），两者用于衡量各年度的气象干旱程度。从图5-2a来看，1951—2018年内蒙古地区SPEI指数呈下降态势，尤其在1990年以后，极端干旱（SPEI≤−2.0）发生的次数相较于以前明显增多。

研究表明1990年以后内蒙古地区干旱化态势逐渐加重，且干旱发生程度也逐渐加大。由图5-2b可知，1980年左右是内蒙古气候的一个突变期，前后时期有较大差异。内蒙古地区1951—2020年中度干旱（SPEI≤-1.0）主要发生在每年度的3—11月，尤其是春旱（3—5月）和秋旱（9—11月）发生次数与程度尤为严重（图5-3）。

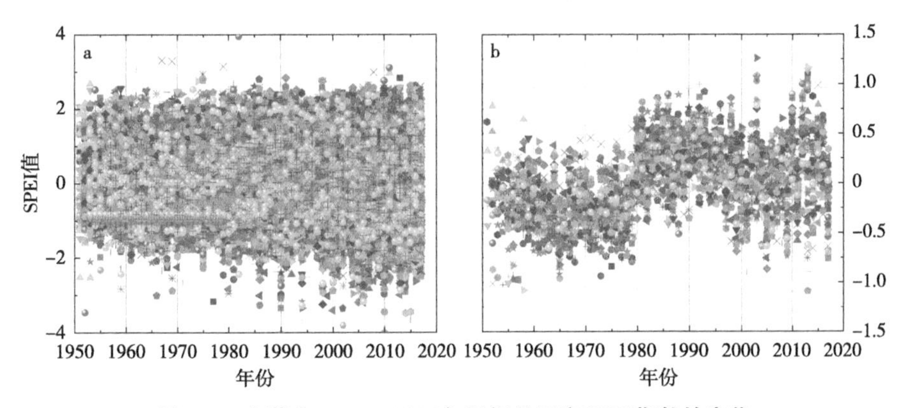

图5-2　内蒙古1951—2020年际间月尺度SPEI指数的变化

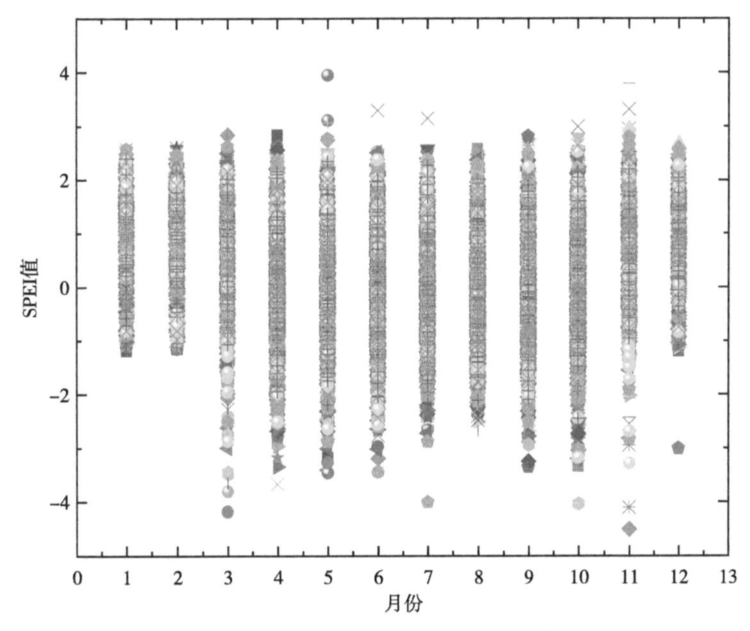

图5-3　内蒙古1951—2020年月际间SPEI指数的变化

5.2.2 SPEI值年际特征分析

采用Mann-Kendall趋势检验绘制内蒙古东、中、西三段的11个地市年均月尺度SPEI值与离差平方曲线（图5-4）。由Mann-Kendall检验的UF正序列统计量可知，自20世纪70年代中后期开始，内蒙古东四盟（市）UF一直呈持续上升趋势，说明自此时期开始内蒙古东四盟（市）干旱趋势有所缓解，且这种趋势在20世纪80年代中后期均超过0.05显著水平，说明自此时期开始内蒙古东四盟（市）整体呈显著性湿润状态。内蒙古东四盟（市）的UF曲线和UB曲线均相交于1979年，可知1979年是气候变湿的突变点，但通辽和兴安盟两地是显著性突变点，而且其余两地不存在显著性突变点。

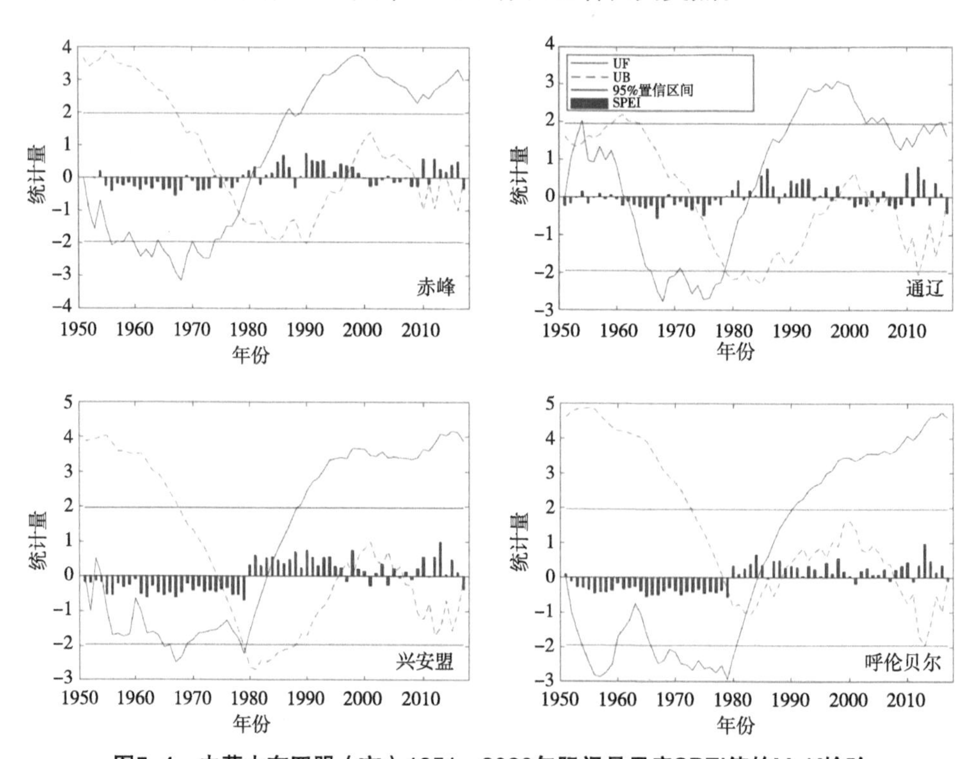

图5-4　内蒙古东四盟（市）1951—2020年际间月尺度SPEI值的M-K检验

由图5-5可知，内蒙古中四盟（市）（包头、呼和浩特、乌兰察布和锡林郭勒）Mann-Kendall检验的UF正序列统计量可知，自20世纪70年代中后期开始，内蒙古中四盟（市）UF也一直呈持续上升趋势，且包头、乌兰察布和锡林郭勒3地这种趋势20世纪80年代后期均超过0.05显著水平，说明20世纪70

年代中后期开始内蒙古包头、乌兰察布和锡林郭勒3地区干旱趋势有所缓解，自20世纪80年起整体呈湿润状态。中四盟（市）的UF曲线和UB曲线均相交于1979年，但4个地区均不存在显著性突变点。

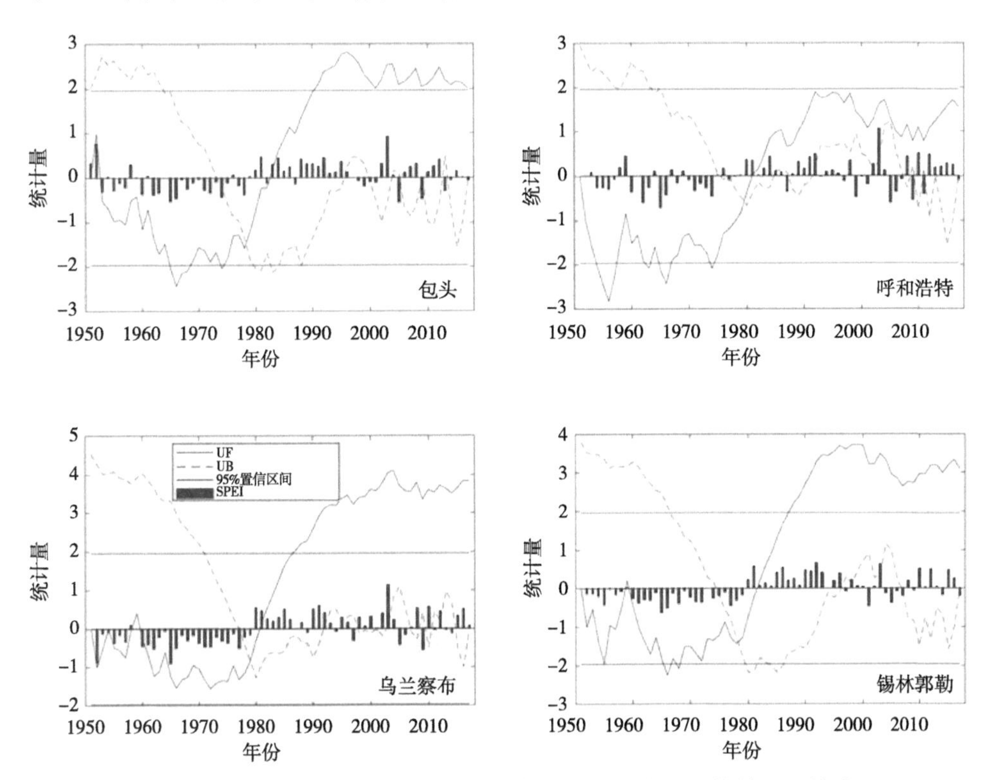

图5-5 内蒙古中四盟市1951—2020年际间月尺度SPEI值的M-K检验

由图5-6可知，内蒙古西三盟（市）（阿拉善、巴彦淖尔和鄂尔多斯）Mann-Kendall检验的UF正序列统计量可知，1963—1996年，内蒙古西三盟（市）地区UF也一直呈持续上升趋势，阿拉善、巴彦淖尔和鄂尔多斯3地区干旱趋势有所缓解。阿拉善地区1984—2003年呈相对湿润状态。巴彦淖尔地区1989—2009年呈相对湿润状态。但从1996年开始，阿拉善和巴彦淖尔地区UF又呈下降趋势，表明该地区干旱趋势又有所加重，而且阿拉善地区自2016年又进入显著性干旱状态。

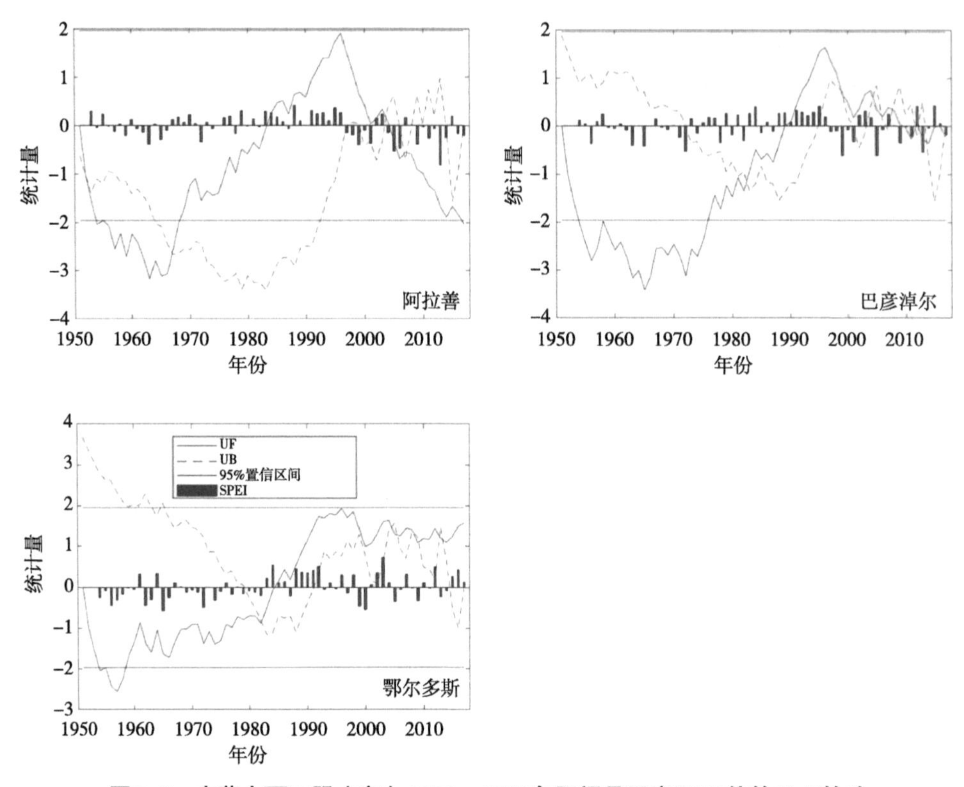

图5-6　内蒙古西三盟（市）1951—2020年际间月尺度SPEI值的M-K检验

5.2.3　干旱频率与气候倾向率

内蒙古地区近40年干旱发生频率整体呈现东低西高、北低南高的规律。干旱发生频率最高的地区主要集中在内蒙古的中西部，尤其是阿拉善西北部和巴彦淖尔中部地区，发生频率均在20%以上；干旱发生频率最低的是东北部的根河和牙克石周边地区，发生频率在10%以下（图5-7）。通过对近40年内蒙古地区的气候倾向率分析可知，内蒙古中、西部部分地区及赤峰和通辽南部地区的气候倾向率为负值，说明该地区干旱呈增加趋势，尤其是阿拉善西北部、阿拉善左旗、鄂托克前旗、巴林右旗和敖汉旗部分地区。而内蒙古中部乌兰察布、锡林郭勒、兴安盟和呼伦贝尔大部分地区干旱倾向率为正值，说明该地区正逐渐呈湿润趋势（图5-8）。

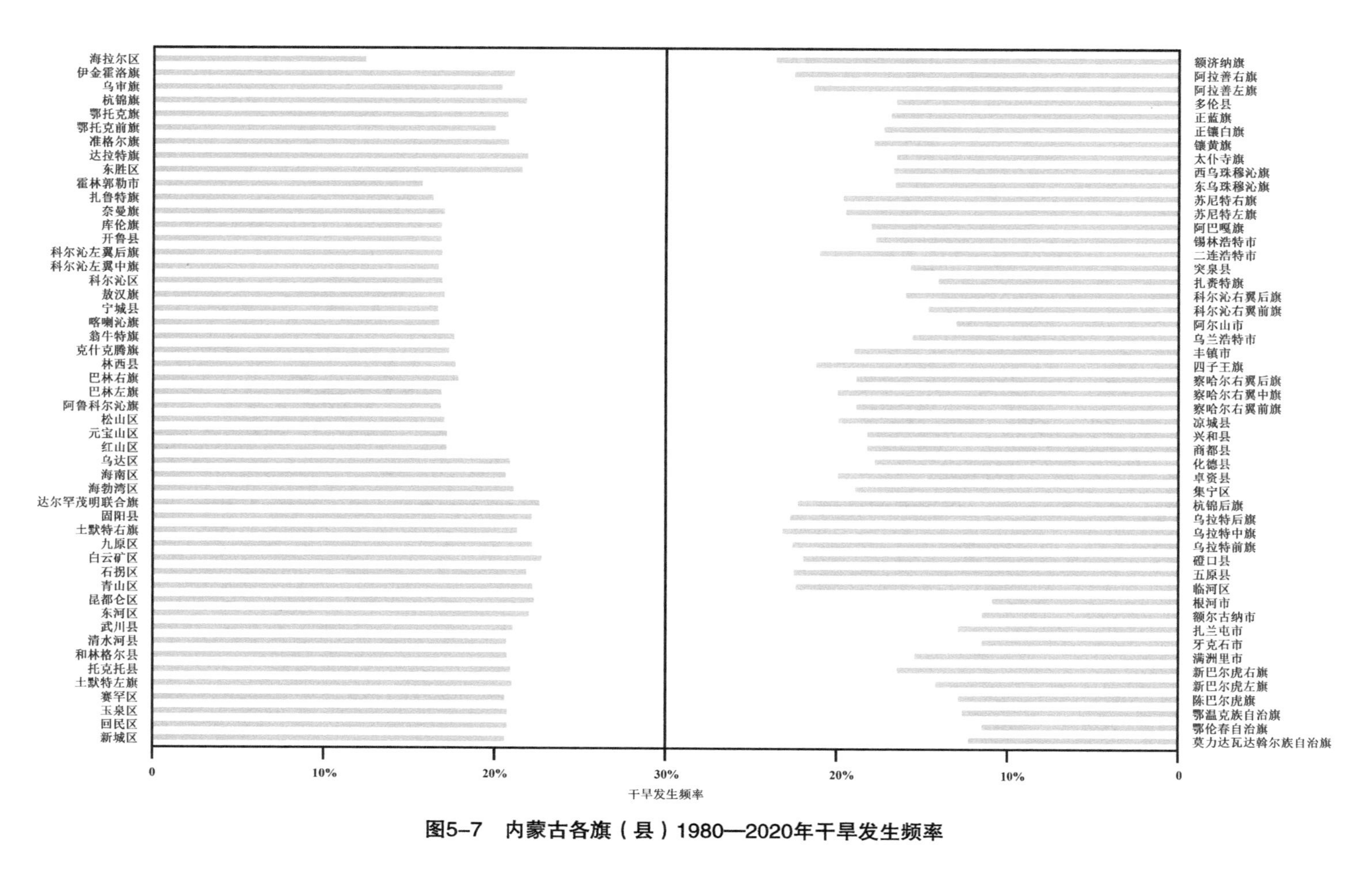

图5-7 内蒙古各旗（县）1980—2020年干旱发生频率

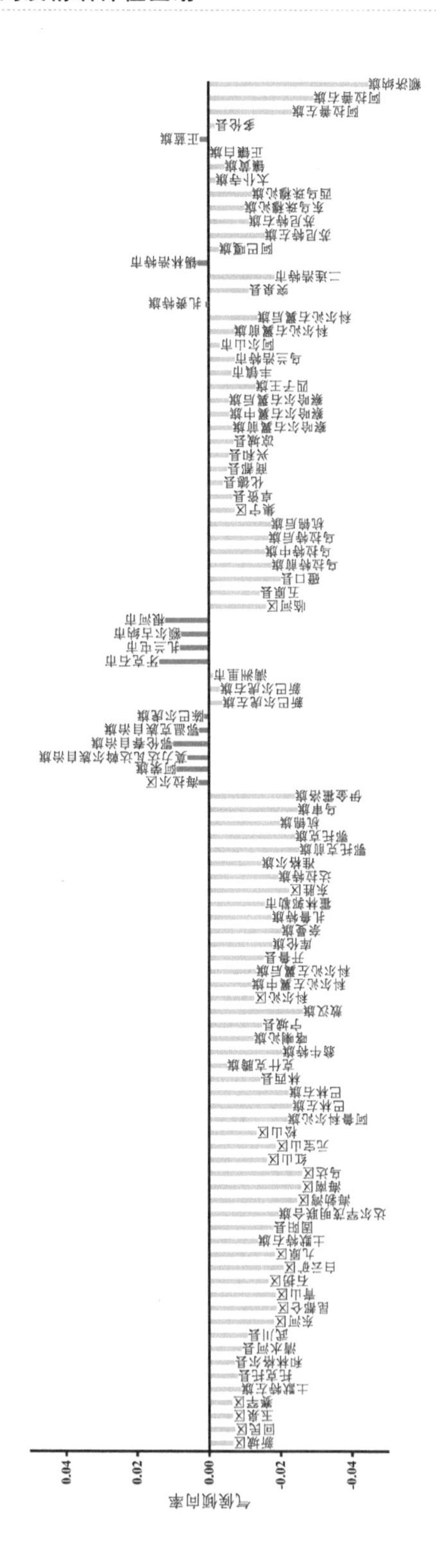

图5-8 内蒙古各旗（县）1980—2020年气候倾向率

5.3 小结与讨论

基于1951—2020年的气象数据，利用SPEI指数定量分析内蒙古地区多时空尺度干旱特征变化，得到以下结论：①SPEI指数可以较好地表征内蒙古地区的干旱变化特征，经与历史干旱灾害数据相对应验证，两者有高度的一致性。②从空间范围上来看，内蒙古干旱变化在全区各地表现出较强的差异性，呼伦贝尔、兴安盟、锡林郭勒和乌兰察布等地干旱化态势近些年有所缓解，甚至有些地方还呈现出湿润状态；而内蒙古中西部、赤峰和通辽等地区，干旱化态势还逐渐增大。③从时间范围上来看，1979年左右是内蒙古地区气候变化的一个突变点，内蒙古东、中部地区从1979年开始，干旱有所缓解，各地逐步进入一个湿润期。鄂尔多斯地区自1957年左右以来，干旱化态势也逐渐得到缓解。而内蒙古西部阿拉善和巴彦淖尔两地自1963年左右开始至1996年，干旱态势逐步减轻，但从1996年左右开始，各地又进入一个新的干旱期。

本研究利用标准化降水蒸散指数（SPEI）分析内蒙古地区多时空尺度干旱变化特征，发现SPEI指数在研究区域干旱特征时有较强适用性，这与前人的研究结果基本一致[22-24]。气候突变反映气候从一种稳定变化趋势跳跃式地转变到另一种稳定趋势的过程，它表现为气候在时空上从一个统计特征到另一统计特征[25]。大量研究表明，我国20世纪70年代后期出现了一次气候年际跃变，多地气候的旱湿变化明显[26-29]。在气候突变点时间上，程乾生等（1998）通过分析北半球1851—1984年气候资料发现1963年和1977年是我国近年来的两个显著突变点[26]。张煦庭等研究认为内蒙古地区SPEI在1976年发生突变，由旱变湿，四季不显著变湿[30]。高红霞对内蒙古兴安盟作物生长季干旱时空特征进行分析，研究表明兴安盟干旱趋势经历了从20世纪70—80年代增强，20世纪80—90年代末减弱的过程。由于内蒙古东、西、南、北跨度大，各地气候特征有较大差异[31]。本研究表明内蒙古大多地区的气候突变点发生在1979年左右，自此开始内蒙古多地干旱逐渐有所缓解，并在20世纪80年代中后期进入一个相对湿润期；而西部阿拉善地区突变点在1963年。从上述结果可以判定，20世纪70中后期是内蒙古地区气候变化的一个突变期，但各地区气候的突变点和突变点前后表现出较大的差异性，表明研究区域和尺度的不同应该是造成干旱趋势变化迥异的主要原因。

在干旱发生频率和倾向率变化的表现上，图5-7显示内蒙古中、西部部分地区及赤峰和通辽南部地区一直以来都是干旱频发的重灾区，且加重趋势明显；而内蒙古东部呼伦贝尔和兴安盟地区及中部乌兰察布和锡林郭勒的部分地区近年来却呈现变湿趋势。张存厚等对1970—2000年内蒙古气候干湿状况研究表明，内蒙古东部兴安盟和呼伦贝尔持续变干，赤峰和锡林郭勒是干湿干交替，而内蒙古中、西部是湿干湿交替进行[32]。李萌等对1980—2010年内蒙古气象数据进行研究表明，内蒙古东部水分盈亏气候倾向率有60～120毫米/10年的减少，而内蒙古中部地区有0～100毫米/10年的降水增幅[33]。先前部分研究也与本研究结果具有高度的一致性，认为内蒙古东、中部区域近年来总体上干旱有缓解趋势[34-35]，而西部地区总体上干旱趋势有所加重[29, 36]。由于内蒙古东、西跨度太大，不同时空尺度对研究结果影响巨大。因此，一定时空尺度的区域干旱变化分析需要相关的其它研究来进行佐证[37]，所以本研究结果还需今后进一步结合内蒙古地区的植被变化趋势进行结果验证。

参考文献

[1] WILHITE D A. Drought as a natural hazard：Concepts and definitions[A]// In：WILHITE D A，ed. Drought：A Global Assessment[C]. London & New York：Routledge，2000：3-18.

[2] 国家防汛抗旱总指挥部，中华人民共和国水利部. 2010年中国水旱灾旱公报[J]. 中华人民共和国水利部公报，2011（4）：16.

[3] 杨子生，贺一梅. 中国1950—2010年水旱灾害减产粮食量研究[A]//中国水治理与可持续发展研究会议论文集[C]. 中国水治理与可持续发展——海峡两岸学术研讨会，2012：212-223.

[4] 康蕾，张红旗. 我国五大粮食主产区农业干旱态势综合研究[J]. 中国生态农业学报，2014，22（8）：928-937.

[5] JONATHAN W，JOERSS M，WANG L，et al. From bread basket to dust

bowl：Assessing the economic impact of tackling drought in North and Northeast China[N]. McKinsey Climate Change，2009：1-52.

［6］ 李少昆，王克如，高聚林，等. 内蒙古玉米机械粒收质量及其影响因素研究[J]. 玉米科学，2018，26（4）：68-73+78.

［7］ 内蒙古统计局. 内蒙古统计年鉴（2016）[M]. 北京：中国统计出版社，2016.

［8］ 王有恒，张存杰，段居琦，等. 中国北方春玉米干旱灾害风险评估[J]. 干旱地区农业研究，2018，36（2）：257-264+272.

［9］ 赵福年，王润元，王莺，等. 干旱过程、时空尺度及干旱指数构建机制的探讨[J]. 灾害学，2018，33（4）：32-39.

［10］ 赵勇，翟家齐，蒋桂芹，等. 干旱驱动机制与模拟评估 [M]. 北京：科学出版社，2017.

［11］ VICENTE-SERRANO S M，BEGUERÍA S，LÓPEZ-MORENO J I. A multi-scalar drought index sensitive to global warming: the standardized precipitation evapotranspiration index-SPEI[J]. Journal of Climate，2010，23：1696-1718.

［12］ Vicente-Serrano，Sergio M，National Center for Atmospheric Research Staff（Eds）. The Climate Data Guide：Standardized Precipitation Evapotranspiration Index（SPEI）. 2015.

［13］ Keyantash，John，National Center for Atmospheric Research Staff（Eds）. The Climate Data Guide：Standardized Precipitation Index（SPI）. 2018.

［14］ MCKEE T B，DOESKEN N J，KLEIST J. The relationship of drought frequency and duration to time scales[A]//Eighth Conference on Applied Climatology[C]. Anaheim，California，1993：17-22.

［15］ STAGGE，J H，TALLAKSEN L M，GUDMUNDSSON L，et al. Response to comment on candidate distributions for climatological drought indices（SPI and SPEI）[J]. International Journal of Climatology，2016，36：2132-2138.

［16］ SVOBODA M D，FUCHS B A. Handbook of drought indicators and indices[M]. Geneva：World Meteorological Organization，2016.

［17］史本林，朱新玉，胡云川，等. 基于SPEI指数的近53年河南省干旱时空变化特征[J]. 地理研究，2015，34（8）：1547-1558.

［18］施能，陈家其，屠其璞. 中国近100年来4个年代际的气候变化特征[J]. 气象学报，1995（4）：431-439.

［19］HAMED K H. Trend detection in hydrologic data：the Mann-Kendall trend test under the scaling hypothesis[J]. Journal of Hydrology，2008，349（3/4）：350.

［20］张菲，刘景时，巩同梁，等. 喜马拉雅山北坡卡鲁雄曲径流与气候变化[J]. 地理学报，2006（11）：1141-1148.

［21］杨义，舒和平，马金珠，等. 基于Mann-Kendall法和小波分析中小尺度多年气候变化特征研究：以甘肃省白银市近50年气候变化为例[J]. 干旱区资源与环境，2017，31（5）：126-131.

［22］高蓓，姜彤，苏布达，等. 基于SPEI的1961—2012年东北地区干旱演变特征分析[J]. 中国农业气象，2014，35（6）：656-662.

［23］陈斐，杨沈斌，王春玲，等. 基于SPEI指数的西北地区春旱时空分布特征[J]. 干旱气象，2016，34（1）：34-42.

［24］沈国强，郑海峰，雷振锋. SPEI指数在中国东北地区干旱研究中的适用性分析[J]. 生态学报，2017，37（11）：3787-3795.

［25］符淙斌，王强. 气候突变的定义和检测方法[J]. 大气科学，1992（4）：482-493.

［26］程乾生，周小波，朱迎善. 气候突变的聚类分析[J]. 地球物理学报，1998（3）：308-314.

［27］WANG B，HO L. Rainy season of the asian–pacific summer monsoon[J]. Journal of Climate，2002，15（4）：386-398.

［28］赵嘉阳. 中国1960—2013年气候变化时空特征、突变及未来趋势分析[D]. 福州：福建农林大学，2017.

［29］柏庆顺，颜鹏程，蔡迪花，等. 近56 a中国西北地区不同强度干旱的年代际变化特征[J]. 干旱气象，2019，37（5）：722-728.

［30］张煦庭，潘学标，徐琳，等. 基于降水蒸发指数的1960—2015年内蒙古干旱时空特征[J]. 农业工程学报，2017，33（15）：190-199.

[31] 高红霞. 内蒙古兴安盟干旱灾害危险性区划研究[J]. 内蒙古科技与经济，2019（17）：48-49.
[32] 张存厚，王明玖，李兴华，等. 近30年来内蒙古地区气候干湿状况时空分布特征[J]. 干旱区资源与环境，2011，25（8）：70-75.
[33] 李萌，申双和，褚荣浩，等. 近30年中国农业气候资源分布及其变化趋势分析[J]. 科学技术与工程，2016，16（21）：1-11.
[34] 迟道才，沙炎，陈涛涛，等. 基于标准化降水蒸散指数的干旱敏感性分析：以呼伦贝尔市为例[J]. 沈阳农业大学学报，2018，49（4）：433-439.
[35] 黄文琳，张强，孔冬冬，等. 1982—2013年内蒙古地区植被物候对干旱变化的响应[J]. 生态学报，2019，39（13）：4953-4965.
[36] 孙艺杰，刘宪锋，任志远，等. 1960—2016年黄土高原多尺度干旱特征及影响因素[J]. 地理研究，2019，38（7）：1820-1832.
[37] 吴瑞芬，霍治国，曹艳芳，等. 内蒙古典型草本植物春季物候变化及其对气候变暖的响应[J]. 生态学杂志，2009，28（8）：1470-1475.

6 内蒙古春玉米种植适宜性评价研究

内蒙古高原地处我国北疆，地域辽阔、地势较高、气候资源丰富，一直以来都是我国商品粮的主产省和净调出省份之一，在国家粮食安全中占重要地位。近年来，随着全球粮食市场增长的需要和生物能源增大的需求，玉米的种植面积不断增加。玉米作为内蒙古的第一大作物，其种植面积、总产量、单产水平均居全区粮食作物之首。2022年全区玉米播种面积和产量已达419.5万公顷和309.84亿千克，分别占全国玉米播种面积和总产量的9.7%和11.2%。

玉米产量高低与质量优劣除受其自身品种特性影响外，还受诸如土壤、气候等环境条件影响，其中环境气象条件对玉米种植地区及适生品种影响比较显著。由于各地区的气候差异性，有些地区种植玉米能够获得较高产量和质量，而有些地区因为热量条件和水分条件的制约导致玉米不能正常成熟而产量较低，甚至同一玉米品种在不同地区种植其产量和质量也会有很大差异，直接影响了当地农民的经济收入。

依据农作物生理生态状况和气候变化特征及时调整农作物种植结构、地域和时间是人类农业生产适应气候变化的重要手段，探究农作物种植与气候变化特征两者关系及作用机制也具有重要的科学和现实意义。当前我国学者针对各地气候特征，开展了不同地区的春玉米气候适宜性及其对气候的响应研究，这些研究由于采用资料或研究区域不同，取得的指标时空差异很大，作物生长的影响因子及其阈值选取也不同，而导致研究结果存在较大差异。因此，针对近些年内蒙古气候变化的新特征，基于现有对内蒙古春玉米种植适宜性评价的研究成果，充分利用地理信息系统（GIS）在气象领域的应用优势，进行内蒙古春玉米种植适宜性评价，研究结果将给出更为准确的春玉米种植适宜区域，从而为今后内蒙古春玉米的合理种植与提高农业生产潜力提供坚实的科学理论依据。

6.1 国内外研究现状

农业生产大多都是在自然环境条件中进行的，气候资源是农业生产中的重要资源之一，它在农业生产中的数量、组合与分配状况，在一定程度上决定了一个地区农业类型的结构、农业生产潜力和农业种植的合理性。气候资源不同于其它自然资源，它不仅具有巨大的潜在利用价值，同时也会由于开发与利用的不当造成严重的灾害。因此熟悉与掌握各地区农业气候资源状况及其时空分布规律，选择适合当地的种植品种，对于充分合理地利用农业气候资源，发挥各地区的农业气候优势，防避不利气候条件，提高农业生产潜力具有十分重要的意义。

早期的农业气候区划研究一般采用重叠法和指示法等方法的定性研究为主，但此类方法均不同程度存在着区划结果精度不高等问题。由于农业气候资源不仅在地理空间上有显著变化，而且随着时间推移也会相应地发生变化。因此利用传统的区划方法来进行种植区域划分一方面缺乏直观的空间数据反映，另一方面也很难做到随着时间的变化而及时变化。鉴于此，后期的农业气候区划工作越来越多地采用了数理传统方法进行研究分区，农业气候区划也由定性研究阶段转向定量研究阶段[1]。乔丽等利用聚类分析法选取主要气候变量、地质土壤类型与水文等影响因子对陕西生态环境干旱区划进行研究[2]。王连喜等通过模糊数学中的软划分方法利用降水、平均气温、日照时数和积温等作为分类指标对宁夏全区进行农业气候区划分类，得到了与其它方法区划结果基本一致的结论[3]。此外，欧几里德贴近度法、逼近理想解排序法与因子分析法等数理方法也被应用到农业气候区划领域，并均取得良好效果[4-6]。

随着GIS技术的不断发展，GIS技术作为分析、预测和模拟的新工具和新方法使农业气候区划结果由基于行政基本单元发展为基于相对均质的地理网格单元，大大地提高了区划结果的精度和准确度。利用GIS技术的农业气候区划不仅克服了传统区划方法的种种弊端，而且使得农业气候区划由平面走向立体，由静态走向动态，极大地满足农业快速发展的需求[7]。20世纪70年代，联合国粮食及农业组织（FAO）和国际应用系统分析研究所（IIASA）首次提出GIS技术在研究土地资源评价、地区人口容量和作物生产力水平评价等方面的应用[8]。20世纪90年代以后，随着GIS技术在农业研究领域的不断普及与深入，GIS技术在农业气候资源区划和农作物适宜性评价等领域均有广泛应用。Sombroek和Antoine（1994）介绍了如何利用GIS技术对非洲大陆土地种植适宜性进行评价，并将11个分级水平结果通过可视化技术展示出来[9]。Caldiz等（2002）通过GIS技术与作物模拟模型对100多年以来的气象数据进行分析研究，预测阿根廷不同气候资源区划区域的马铃薯潜在产量[10]。Neamatollahi等（2012）利用GIS技术结合多年的气象数据、灌溉条件和地理高程信息，按照不同作物生育时期和地理高程分区对小麦、甜菜和玉米提出合理适宜的种植区划和栽培措施[11]。

我国在20世纪60年代和80年代曾进行过两次较大规模的农业气候区划工作，但受当时科技水平限制，气候区划多是宏观定性分析，而结果也多以文字和图表形式表现，实践指导和实用价值较低。近年来，多项研究共同表明，GIS技术结合RS（遥感）和GPS（全球定位系统）技术等现代化技术是农业气候区划发展研究中最广泛且最精确的研究技术手段[12]。曾燕等（2003）利用GIS中数字高程模型（DEM）的起伏地形可照时间计算模型，分析我国全年各月可照时间的空间分布（1千米×1千米格网）；郭兆夏等（2000）利用小网格资源推算原理，依托GIS的空间运算能力，制作《陕西省气候资源及专题气候区划图集》；纪瑞鹏等（2003）利用GIS计算热量的思路和方法，建立了热量空间分析模型，分析辽宁重要热量资源的空间分布规律[13-15]。

内蒙古地区地处我国北疆，地域辽阔、地势较高、蕴含着丰富的气候资源。20世纪60年代，中国科学院内蒙古宁夏综合考察队在对内蒙古地区气候资源综合考察后于1976年出版《气候与农牧业的关系》一书，标志着对内蒙古地区气候资源区划研究的开始[16]。内蒙古自治区气象局（1983）组织编写的《内蒙古自治区农牧业气候资源和区划》一书，系统详尽地阐述内蒙古地区主要气候类型分布与气候资源区划[17]。裴浩等（2000）分析大量气象数据后，利用遥感技术对内蒙古阿拉善气候、地貌、土壤和植被等因子分类研究表明，遥感等现代化技术在气候区划中的应用极大地提高了气候区划的功效和质量[18]。刘洪等（2011）利用107个气象站资料和GIS工具完成高精度的内蒙古草地精细化气候区划，并对全区的资源分区做出科学评价[19]。

6.2 研究方法及技术路线

本研究基于影响作物地理分布的限制条件，通过文献调研收集现有研究给出的影响玉米种植分布的气候因子，在对相关数值理论分析的基础上，利用GIS技术数值模拟方法对种植区域气候资源进行插值，基于MaxEnt模型构建玉米种植分布与气候的关系模型；利用综合反映各主导气候因子影响的玉米作物存在概率，进行内蒙古玉米种植分布的气候适宜性划分，具体技术路线如图6-1所示。

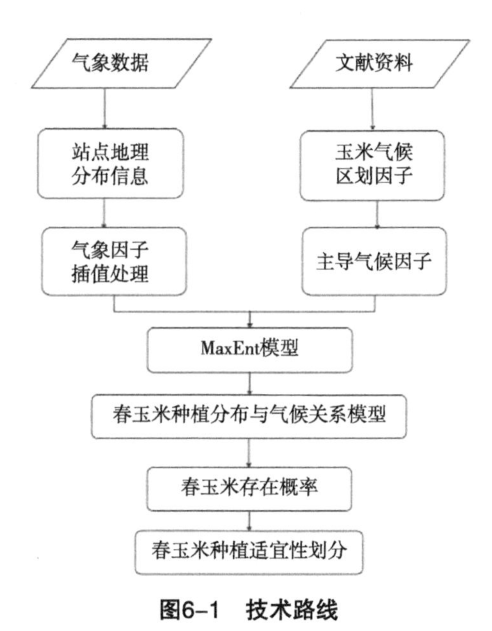

图6-1　技术路线

6.2.1 研究区概况

内蒙古位于我国北疆，由东北向西南斜伸，全区总面积118.3万平方千米，占中国土地面积的12.3%。气候以温带大陆性季风气候为主，大兴安岭北段地区属于寒温带大陆性季风气候。全年太阳辐射量从东北向西南递增，降水量由东北向西南递减。年平均气温为0～8℃，气温年差平均在

34～36℃，日差平均为12～16℃。年总降水量50～450毫米，东北降水多，向西部递减，且分布不匀。内蒙古日照充足，光能资源非常丰富，大部分地区年日照时数都大于2 700小时，阿拉善高原的西部地区则高达3 400小时以上。

6.2.2 数据来源与方法

本研究气象数据均来源于中国气象局气象数据中心，选取内蒙古1951—2011年连续性日值数据集，并对部分站点的缺测和异常数据予以剔除。收集数据包括各个站点逐日平均气温和降水量等数据。

6.2.2.1 气候因子的选取及计算方法

为了更好地表达玉米气候适宜性与气候因子之间的关系，本研究参照相关研究筛选出6个具有明确生物学意义的影响玉米种植分布的气候因子（表6-1），包括年平均温度、≥10℃积温、持续日数（气温≥10℃）、最热月平均温度、气温年较差、年降水，并对气候因子进行10千米×10千米空间分辨率插值处理，形成空间栅格数据[20]。

表6-1 文中引用的6个气候因子

气候因子	计算方法	生物学意义	因子定义
年平均温度	$\sum_{i=1}^{n} t_i / n$	年总的热量资源情况	平均温度能够综合反映一地的热量状况，一般用年平均温度来说明热量资源的年际变化。
年降水	$\sum_{i=1}^{n} P_i$	年总的水分条件	年降水为该地区一年降水量的总和。
最热月平均温度	7月平均气温	喜温作物所需的高温条件	最热月平均温度表示喜温作物如玉米所需要的高温条件，用夏季月份的月平均温度来计算。
气温年较差	7月的月平均气温与1月的月平均气温之差	一年中月平均温度的变化幅度	气温年较差也称最热、最冷月平均温度差，反映的是一地温度强度的变化，采用7月的月平均温度与1月的月平均温度之差来计算。

（续表）

气候因子	计算方法	生物学意义	因子定义
≥10℃积温	5日滑动平均法	喜温植物生长期或喜凉植物旺盛生长期内的温度强度和持续时间	日平均气温初日也是水稻、棉花、玉米、花生等作物的播种时期，日平均气温终日是喜温作物停止生长的日期，积温代表喜温植物生长期或喜凉植物旺盛生长期内的温度强度和持续时间。
持续日数（气温≥10℃）	5日滑动平均法	喜温植物生长期、喜凉植物旺盛生长期	日平均气温的持续日数即日平均气温稳定通过初、终日之间的持续天数，代表喜温作物的生长期，是喜凉作物的旺盛生长期。

6.2.2.2　最大熵理论

最大熵理论认为，在已知条件下，熵最大的事物最接近它的真实状态[21]。最大熵模型是根据不完全的信息进行预测或推断的方法，即根据已知样本对未知分布的最优估计应当满足已知对该未知分布的限制条件，并使该分布具有最大的熵（即不被任何其它条件限制）。在最大熵估计中，物种的真实分布表示成研究区域X个站点集上的概率π。因此，对每一个站点x均有一个非负的概率π（x），然后以物种分布点的数据作为限制因子对概率分布π进行建模。限制因子的表达为环境变量的简单函数f_1、f_2、K、f_n，称为特征函数。在模拟物种分布时，假设从站点集X中随机选取一个站点x，如果存在某物种则记为1，不存在记为0，记响应变量（是否存在）为y，则分布概率π（x）=P（$x|y$=1），即已知该物种在研究区内分布情况下，在站点观察到物种存在的概率。由贝叶斯定理可知：

$$P\left(y=1|x\right)=\frac{P\left(x|y=1\right)P\left(y=1\right)}{P\left(x\right)}=\pi\left(x\right)P\left(y=1\right)|x|$$

式中，$P\left(x\right)=\frac{1}{|x|},P\left(y=1\right)$是整个区域内该物种分布的概率，$P\left(y=1|x\right)$

是该物种分布在同站点x处的概率。由此可见，π（x）正比于物种分布的存在概率。由于在实际应用中，通常仅有取样点的观察数据，并不能得到P（y=1），因此不能直接估计p（y=1|x），而对π（x）进行最大熵估计。

最大熵分布是根据特征函数集f_1、f_2、K、f_n构建的Gibbs分布族。Gibbs分布族是以特征函数集f的加权和作为参数的指数分布，定义为：

$$q_\lambda(x)=\frac{\exp\left[\sum_{i=1}^{n}\lambda_i f_i(x)\right]}{Z_\lambda}$$

式中，λ=（λ_1，λ_2，K，λ_n）为特征权重，Z_λ为归一化常数。因此，最大熵模型q_λ（x）在站点的值仅取决于x处的环境变量，通过在取样集上训练得到权重值，得到的模型便可以在具有同样环境变量的点上进行预测。具体而言，通过对已知取样点上带惩罚项的自然对数似然函数求最大值：$\max\frac{1}{m}\sum_{i=1}^{m}\ln\left[q_\lambda(x_i)\right]-\beta_j\ \lambda_j|$来确定权重值$\lambda_j$及调整参数$\beta_j$，$\beta_j$是特征函数$f_j$的误差边界宽度，$x_1$、$x_2$、$K$、$x_m$为已知站点。

式中的第一项自然对数似然函数值越大，意味着模型对已知站点的拟合效果越好，即对已知站点分配的概率更高，而对其它站点分配的概率相对越小。这使得模型更容易从背景中将取样点识别出来并赋予更高的权重值λ_j。但是，过高的权重λ_j会使模型变得更复杂，导致取样数据的过度拟合。为此，通过添加第二项调整参数$\beta_j=\beta\sqrt{\frac{s^2\left[f_j\right]}{m}}$来对模型复杂程度和数据拟合程度进行权衡。其中$s^2[f_j]$为特征函数的经验方差，根号中的内容即为特征标准差的经验平均值估计。

特征函数是由环境变量生成，包括连续型和分类型两类。在MaxEnt软件中，特征函数分为线性、二次曲线、乘积、阈值、中心和分类指标6类。其中，线性、二次曲线、乘积、阈值和中心型特征函数均由连续变量生成，分类指标由分类变量生成。线性、二次曲线和乘积特征函数分别等价于环境变量、环境变量的方差及一对环境变量的点乘积。通常在应用中根据实际情况选取适当的特征函数组合以达到最佳拟合效果。

6.2.2.3 最大熵（MaxEnt）模型

MaxEnt模型在实际应用中，采用物种出现点数据和环境变量数据对物种生境适宜性进行评价，从符合条件的分布中选择熵最大的分布作为最优分布，预测的结果是物种存在的相对概率，其优点在于数学基础简单而清晰，易于从生态学上进行解释；连续型或分类型的环境变量均可使用；仅需要“当前存在”数据，而不需要“不存在”数据。研究表明，最大熵模型在物种现实生境模拟、主导因子筛选、环境因子对物种生境影响的定量描述方面都表现出了优越的性能，预测结果优于同类预测模型，特别是在物种分布数据不全的情况下仍然能得到较为满意的结果[22-25]。利用模型研究内蒙古春玉米种植分布与气候关系需要两组数据：一是目标物种的地理分布数据，即春玉米种植区的玉米农业气象观测站地理分布数据；二是环境变量。本研究采用MaxEnt模型为Version 3.4.1版本，见图6-2、图6-3。

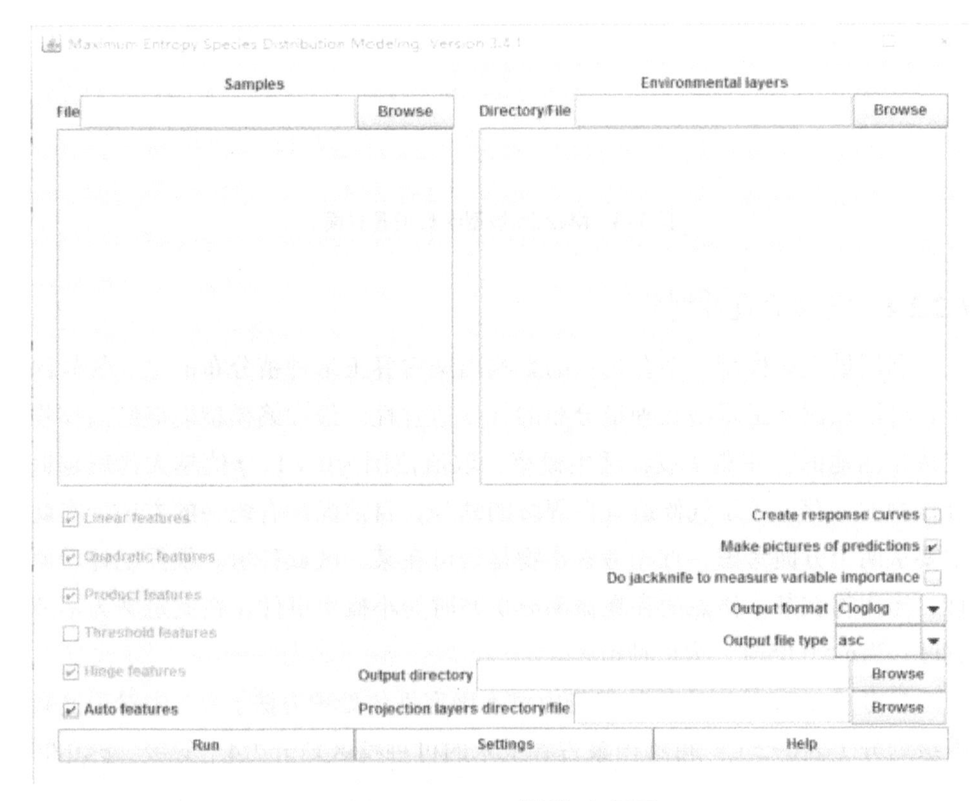

图6-2 MaxEnt模型运行界面

Maximum Entropy Parameters

Basic | Advanced | Experimental

- [ ] Random seed
- [x] Give visual warnings
- [x] Show tooltips
- [x] Ask before overwriting
- [ ] Skip if output exists
- [x] Remove duplicate presence records
- [x] Write clamp grid when projecting
- [x] Do MESS analysis when projecting

Random test percentage	25
Regularization multiplier	1
Max number of background points	10000
Replicates	1
Replicated run type	Crossvalidate
Test sample file	Browse

图6-3　MaxEnt模型参数设置界面

6.2.2.4　气候适宜性划分

利用最大熵模型，结合选定的影响内蒙古春玉米种植分布的主导气候因子，可以预测春玉米潜在种植分布的气候适宜性。最大熵模型能够给出作物在待预测地的存在概率或称适生概率，取值范围为0～1，p值越大代表越适合作物的生存。关于气候适宜性等级的划分，目前尚没有统一的方法，在此主要从两个方面考虑，首先考察作物是否可在某一区域种植。根据统计学原理，当作物在某一格点的存在概率$p<0.05$时为小概率事件，在此定义为不适宜区；当$p\geq 0.05$时，为可种植区。

参考《IPCC第四次评估报告中对不确定性的处理方法》[26]中对于气候等级划分（表6-2），可将内蒙古春玉米的可种植区划分为4个等级：$p<0.05$为不适宜种植区；$0.05\leq p<0.33$为次适宜种植区；$0.33\leq p<0.66$为较适宜种植区；$p\geq 0.66$为最适宜种植区。

表6-2 IPCC第四次评估报告中对“不确定性/可能性”的表述

术语	发生或结果的可能性
基本确定	发生概率大于99%
很可能	90%～99%的发生概率
可能	66%～90%的发生概率
一半可能	33%～66%的发生概率
不可能	10%～33%的发生概率
很不可能	1%～10%的发生概率
绝对不可能	小于1%的发生概率

6.2.2.5 模型适用性评价

要利用模型模拟的方法研究农作物种植分布与气候的关系，首先要对被选模型的适用性做出评价。模型评价是进行潜在分布研究建模的一个重要环节，模型预测能力及准确程度、误差来源等均要通过模型评价过程来进行检验。常用的模型评价指标有总体准确度、灵敏度、特异度和Kappa统计量等。Young等2011年提出ROC曲线（The receiver operating characteristic curve）可以很好地检验MaxEnt模型预测准确性[27]。在MaxEnt模型中，系统可以直接绘制出ROC曲线得到AUC（Area under curve）值来检测模型预测准确性，试验表明，AUC值越大，表示环境变量与预测的物种地理分布模型之间相关性越大，模型的预测准确性越好。ROC曲线及AUC值如图6-4所示，AUC的取值范围为0.5～1，评估标准设定0.5～0.6为失败；0.6～0.7为较差；0.7～0.8为一般；0.8～0.9为好；0.9～1.0为特别好[28]。

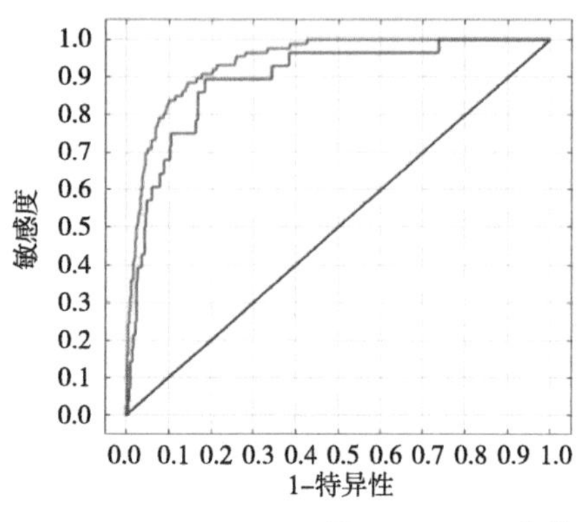

图6-4 ROC曲线示意图

6.2.2.6 统计分析及模型检验

全部气象数据整理和计算采用Microsoft Excel和Matlab 2014（MathWorks Inc.，MA）软件完成，空间数据分析与处理利用ArcGIS10.2软件完成，相关性分析用IBM SPSS Statistics 25完成，模型的运行和检验通过MaxEnt V3.4.1模型完成[29]。

6.2.3 数据插值与模型校检

6.2.3.1 数据插值

将整理好的研究区域1951—2011年连续性日值数据按照表6-1中介绍计算公式进行计算，得出6个影响玉米种植分布的气候因子［包括年平均温度、≥10℃积温、持续日数（气温≥10℃）、最热月平均温度、气温年较差、年降水量］的相应数值，并利用ArcGIS10.2软件中Geostatistical Analyst Tools插值工具，采用Thornton等给出的截断高斯滤波算子空间插值算法[20, 25]，进行气候因子10千米×10千米空间分辨率插值处理，形成相应的空间栅格数据，如图6-5所示。

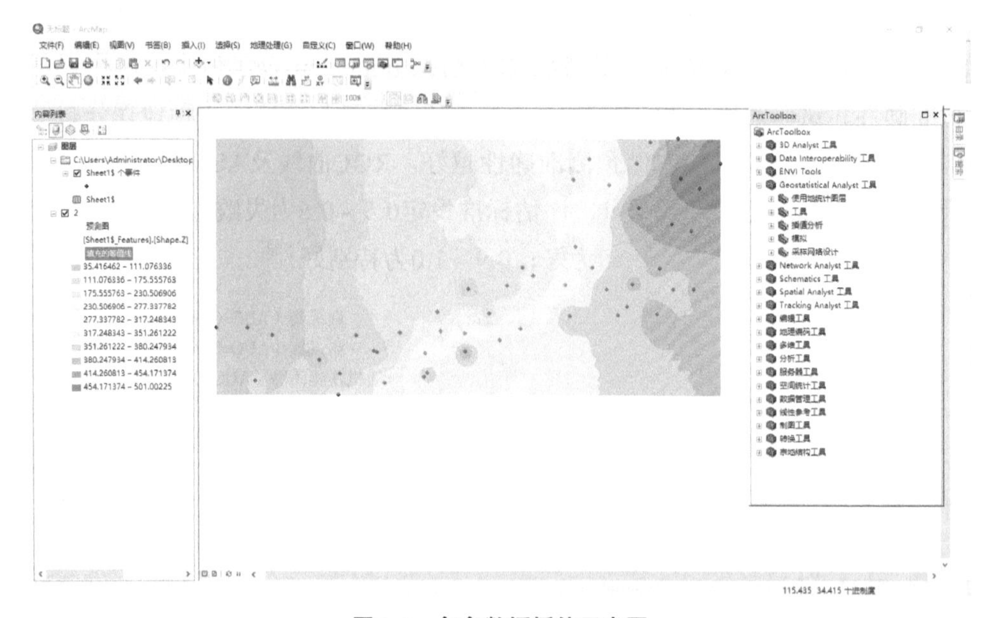

图6-5　气象数据插值示意图

6.2.3.2 模型校检

本研究中，MaxEnt模型研究需要两组输入数据，一是目标物种的地理分布数据（图6-5），即春玉米种植区的玉米农业气象观测站地理分布数据；二是环境变量数据（即图6-6中模型输入项Environmental layers数据）。利用Microsoft Excel，ArcGIS软件和Notepad软件将气象观测站地理分布数据和6个气候因子数据创建为上述两个输入项的数据集，导入MaxEnt模型，并运行模型。然后将整个数据分为两个子集，即训练子集（Training data）和评估子集（Test data）。参数设置参考相关文献介绍，通过设置随机取样取得总数据集的75%作为训练子集，来训练模型，剩下的25%作为模型评估子集[25, 32]。构建内蒙古春玉米种植分布与气候因子关系模型，模型绘制得到ROC曲线图（图6-7和图6-8）。

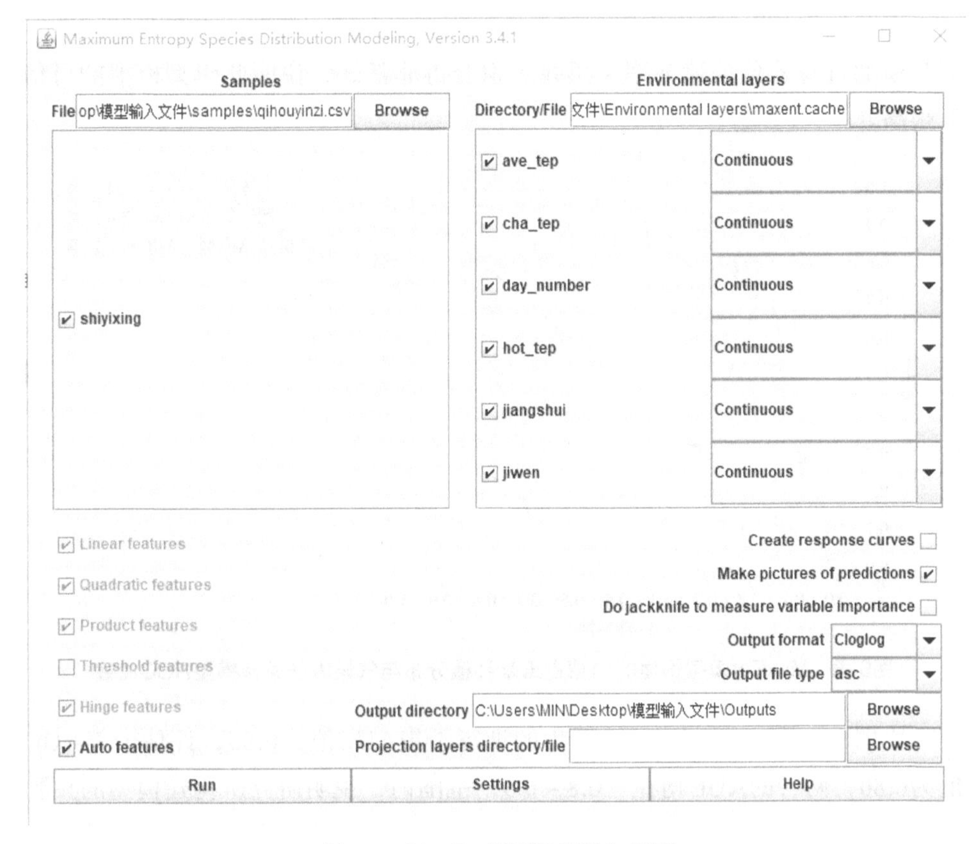

图6-6　MaxEnt模型数据输入界面

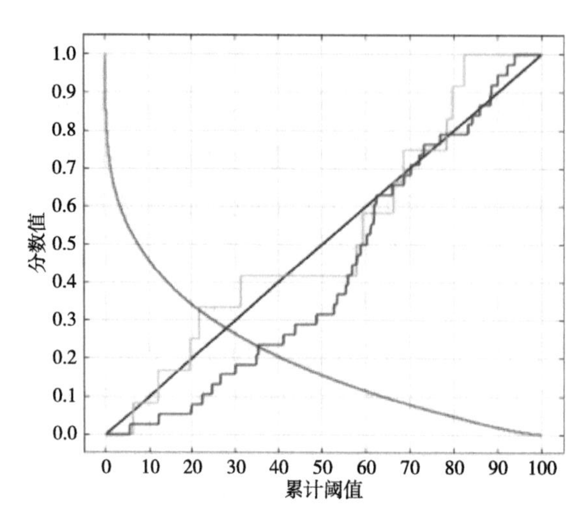

图6-7　内蒙古春玉米种植分布与气候因子关系模型遗漏和预测区域

由图6-7可知，模型中25%的测试样本的遗漏率（绿线）和75%的训练样本与模型自身的预测遗漏率（黑线）拟合得非常好，说明此模型模拟的可信度很高。

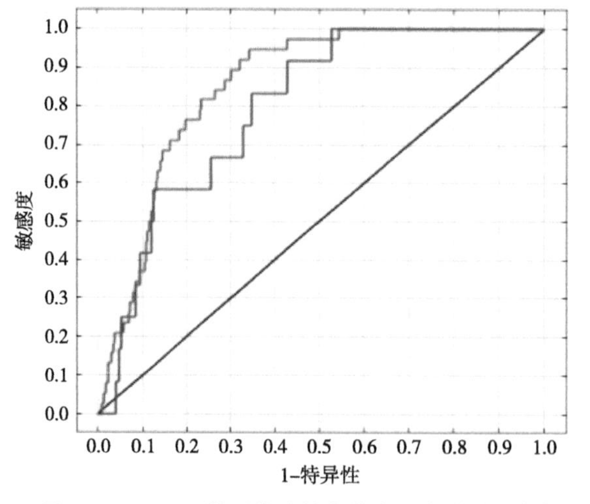

图6-8　MaxEnt模型构建的内蒙古玉米种植分布与气候因子关系模型ROC曲线

由图6-8可知，MaxEnt计算出的训练子集AUC值为0.85，评估子集AUC值为0.80，两者的AUC均在“0.8～0.9”范围内，说明研究所构建模型的预测准确性达到了“好”的标准，可采用MaxEnt模型来进行内蒙古春玉米种植分布的适宜性研究。

6.2.3.3 主导气候因子筛选

MaxEnt模型通过计算气候因子对模型的贡献率和重要性排序来评估影响物种分布的主要环境因子[25]。本研究中6个气候因子对内蒙古玉米种植分布的贡献率和重要性排序结果如表6-3所示，其中贡献率表示最佳模型中每个变量的贡献，而排列重要性显示了改变每个变量对最终模型会有多大影响。结果表明，前4个气候因子的累积贡献率达95%以上，所以影响内蒙古春玉米种植分布的主导因子为持续日数（气温≥10℃）、气温年较差、年降水和最热月平均温度。由于内蒙古只有春玉米种植，所以对年内平均温度不敏感，年平均温度因子的贡献率和重要性排序都很低。

表6-3　MaxEnt模型中各气候因子贡献率和重要性排序

气候因子	贡献百分率（%）	重要性排序
持续日数（气温≥10℃）	36.6	45.2
气温年较差	27.1	10.8
年降水	19.4	15.1
最热月平均温度	16.4	23.3
年平均温度	0.5	5.6
≥10℃积温	0	0

此外，研究还利用MaxEnt模型的Jackknife测试，研究逐个分析6个环境气候因子对春玉米种植分布影响的贡献（图6-9）。其中图中横坐标代表各气候因子的贡献程度，纵坐标代表6个气候因子。红色条带代表所有变量的贡献；蓝色的条带越长，说明该变量越重要；绿色的条带长度代表除该变量以外，其它所有变量组合的贡献，且绿色条带越短说明此因子对模型越重要。由此可知，6个气候因子对内蒙古春玉米种植分布影响的重要性排序为气温年较差、最热月平均温度、年降水、年平均温度、持续日数（气温≥10℃）和≥10℃积温。

结合各气候因子贡献率和重要性排序结果，筛选出影响内蒙古春玉米种植分布的主导气候因子为持续日数（气温≥10℃）、最热月平均温度、气温年较差和年降水。

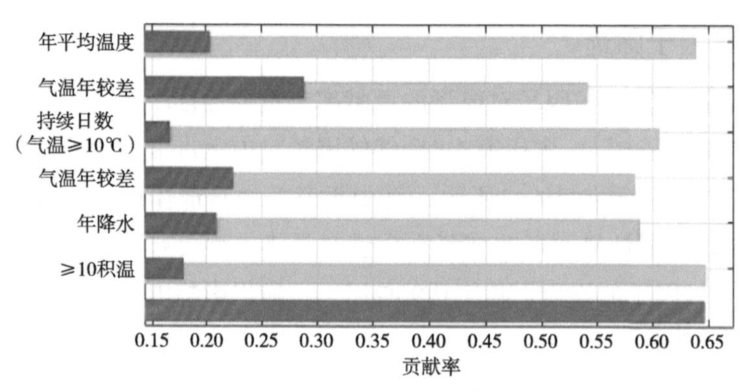

图6-9　利用MaxEnt模型Jackknife模块评价6个气候因子对内蒙古玉米种植分布的贡献率

6.3　结论

6.3.1　气候因子间相关性分析

研究考虑选择的6个影响玉米种植分布的气候因子在表达生物学意义上具有一定相关性，所以对6个气候因子分别做相关分析（表6-4）。结果表明，持续日数（气温≥10℃）、≥10℃积温、最热月平均温度和年平均温度4个气候因子之间存在极显著正相关关系，年降水和气温年较差两因子同持续日数（气温≥10℃）、≥10°积温、最热月平均温度、年平均温度4个因子间存在极显著负相关关系。年降水和气温年较差两者间无显著性差异。

表6-4　影响玉米种植分布的气候因子间的相关系数

气候因子	持续日数（气温≥10℃）	≥10°积温	年降水	最热月平均温度	气温年较差	年平均温度
持续日数（气温≥10℃）	1	0.983**	−0.539**	0.924**	−0.694**	0.987**
≥10°积温	0.983**	1	−0.599**	0.975**	−0.574**	0.955**
年降水	−0.539**	−0.599**	1	−0.658**	0.144	−0.509**
最热月平均温度	0.924**	0.975**	−0.658**	1	−0.396**	0.876**
气温年较差	−0.694**	−0.574**	0.144	−0.396**	1	−0.787**
年平均温度	0.987**	0.955**	−0.509**	0.876**	−0.787**	1

注：**表示在0.01水平上显著相关。

6.3.2 主导气候因子分析

MaxEnt模型考虑到多种气候因子的互作影响，通过进一步筛选出影响内蒙古春玉米种植分布的4个主导气候因子［持续日数（气温≥10℃）、最热月平均温度、气温年较差和年降水］进行建模分析，得到各气候因子的存在概率曲线。其中横坐标为主导气候因子，纵坐标代表玉米种植存在的概率。

从图6-10可知，随着持续日数（气温≥10℃）增加，内蒙古春玉米的种植分布存在概率直线上升，最大概率峰值出现在140天左右，当持续日数（气温≥10℃）范围在140～210天内时，内蒙古春玉米的种植分布存在概率随持续日数的增加而降低，当持续日数（气温≥10℃）大于210天后，玉米的种植分布存在概率将维持稳定。当持续日数（气温≥10℃）范围在130～180天内时，玉米的种植分布存在概率处于最高阶段。

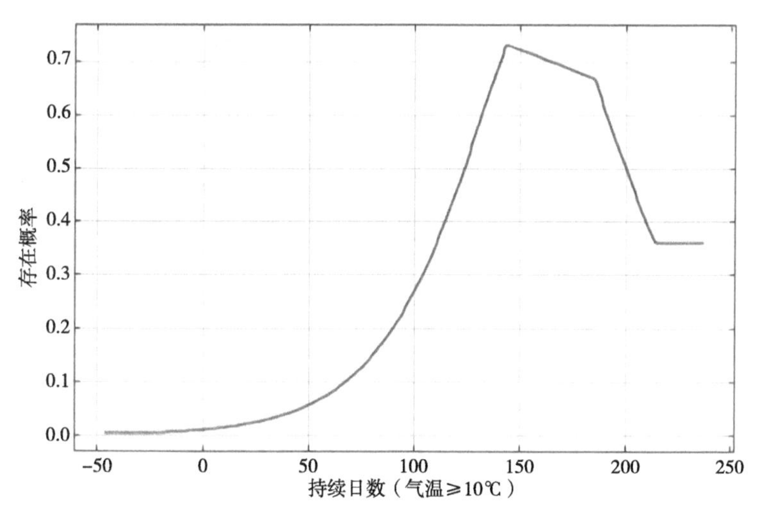

图6-10　主导气候因子“持续日数（气温≥10℃）”的存在概率分布

从图6-11可知，内蒙古春玉米的种植分布存在概率曲线随最热月平均温度变化呈现标准正态分布。最大概率峰值出现在最热月平均温度是22℃左右，当最热月平均温度范围在18～25℃时，内蒙古春玉米的种植分布存在概率均处于较大概率。反之，随着最热月平均温度的降低（小于18℃）或者增高（大于22℃），玉米的种植分布存在概率都随之降低。

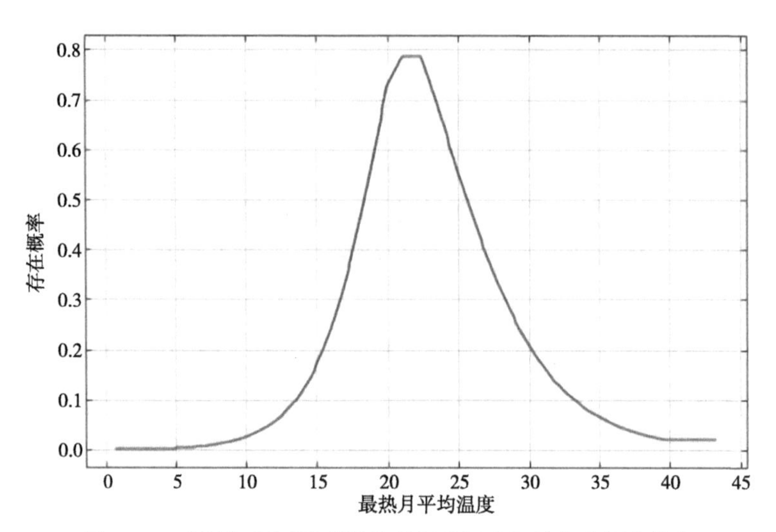

图6-11　主导气候因子“最热月平均温度”的存在概率分布

从图6-12可知，内蒙古春玉米的种植分布存在概率曲线随气温年较差变化呈现正态分布。最大概率峰值出现在气温年较差35℃左右，当气温年较差范围在32～38℃时，内蒙古春玉米的种植分布存在概率均处于较大概率。反之，随着气温年较差的降低（小于32℃）或者增高（大于38℃），玉米的种植分布存在概率都随之降低。曲线两侧斜率不同显示最热月温度越低玉米存在概率下降越快，反之，则下降比较缓慢。表明玉米更“喜热”而“怕冷”。

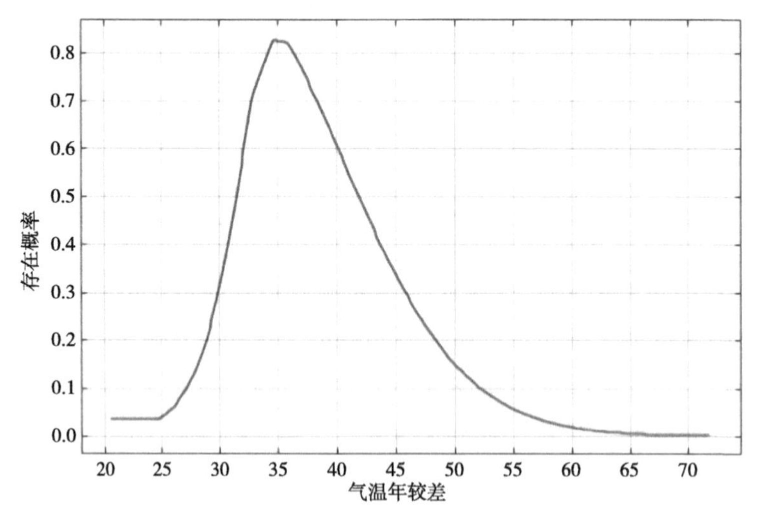

图6-12　主导气候因子“气温年较差”的存在概率分布

从图6-13可知，内蒙古春玉米的种植分布存在概率曲线随年降水变化呈现正态分布。最大概率峰值出现在年降水量400毫米左右，当年降水量范围在200～450毫米时，内蒙古春玉米的种植分布存在概率均处于较大概率。反之，随着年降水量的降低（小于200毫米）或者增高（大于450毫米），玉米的种植分布存在概率都随之降低。

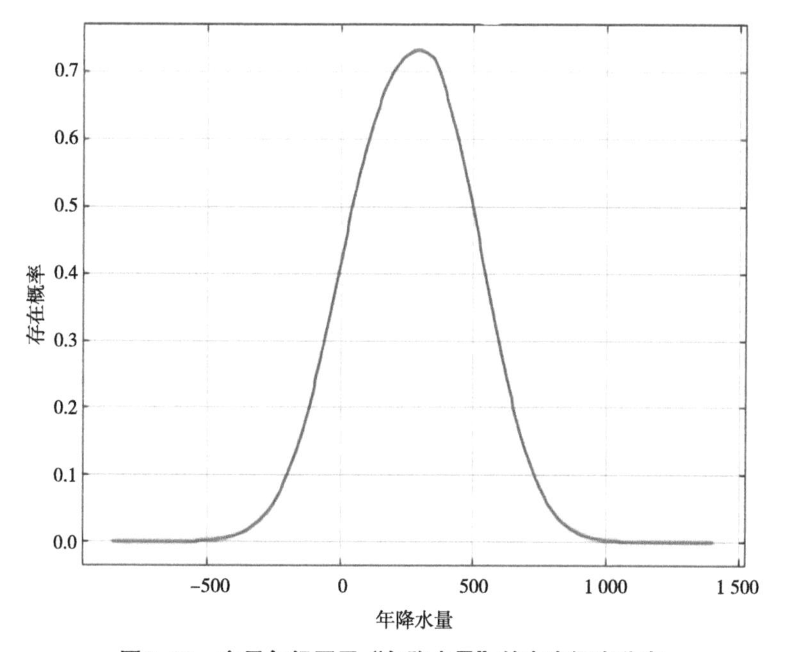

图6-13　主导气候因子“年降水量”的存在概率分布

同时，研究对影响内蒙古春玉米种植分布的2个非主导气候因子（≥10℃积温和年平均温度）进行建模分析，得到2个气候因子的存在概率曲线。由图6-14和图6-15可知，内蒙古春玉米的种植分布存在概率曲线随≥10℃积温和年平均温度变化均呈现正态分布。其中，“≥10℃积温”最大概率峰值出现在积温3 000℃左右，当年≥10℃积温范围在2 100～3 500℃时，内蒙古春玉米的种植分布存在概率均处于较大概率。反之，随着≥10℃积温的降低（小于2 100℃）或者增高（大于3 500℃），玉米的种植分布存在概率都随之降低（图6-14）。

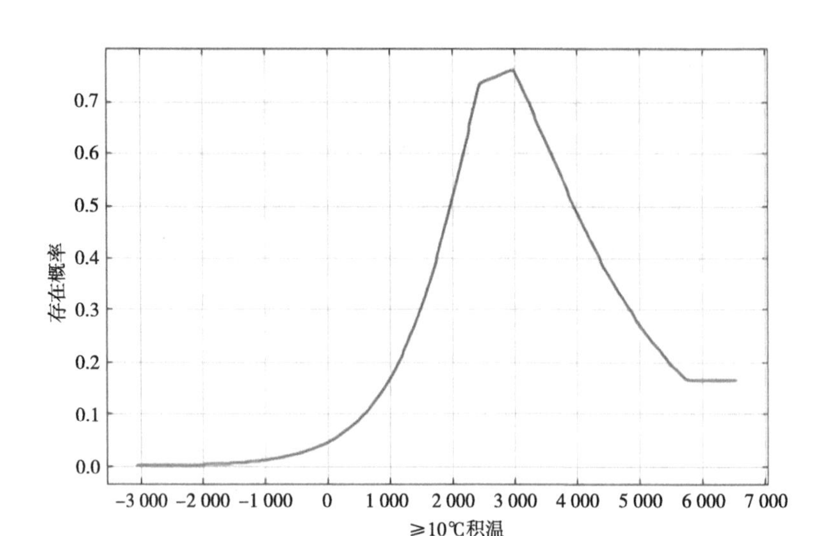

图6-14　主导气候因子“≥10℃积温”的存在概率分布

由图6-15可知，“年平均温度”最大概率峰值出现在4℃左右，当年平均温度范围在0～8℃时，内蒙古春玉米的种植分布存在概率均处于较大概率。反之，随着≥10℃积温的降低（小于0℃）或者增高（大于8℃），玉米的种植分布存在概率都随之降低。

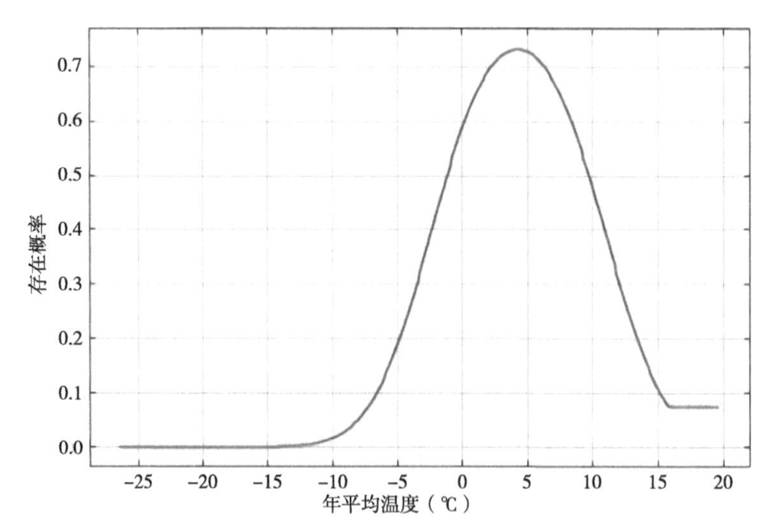

图6-15　主导气候因子“年平均温度”的存在概率分布

综上所述，玉米作为一种喜温作物，对热量的需求较高。研究表明，与温度相关的5个气候因子和内蒙古春玉米的种植分布的存在概率有着正态分布的关系，存在着最佳阈值范围。在一定范围内，热量越高越利于玉米种植生长，但低于一定范围或高于一定程度时，热量将对玉米的种植生长带来一定的负效应。

6.3.3 气候适宜性评价

根据选定的影响内蒙古春玉米潜在种植分布的6个主导气候因子（年平均温度、≥10℃积温、持续日数（气温≥10℃）、最热月平均温度、气温年较差、年降水），利用选定的MaxEnt模型重新构建内蒙古春玉米种植分布—气候关系模型，将栅格图层的存在概率导入ArcGIS软件中，用ArcGIS软件中的空间分析功能选择合适的阈值进行气候适宜性等级划分。根据本研究的内蒙古春玉米4个等级的可种植区划分标准：$p<0.05$为不适宜种植区；$0.05\leq p<0.33$为次适宜种植区；$0.33\leq p<0.66$为较适宜种植区；$p\geq0.66$为最适宜种植区。

研究可知，内蒙古1951—2011年全区的年均气温为-1.45～8.5℃。气温大体呈现东北低、西南高的分布特点。年均气温最高的地区为阿拉善，年均气温可高达6.6～8.5℃；年均气温较高的地区为赤峰以东及呼和浩特以西的地区，为3.0～6.6℃。最低的地区为呼伦贝尔，在0℃以下，中北部地区气温介于0～6.6℃。

内蒙古1951—2011年全区的≥10℃积温区间为2 090～3 630℃。积温大体也呈现东北低、西南高的分布特点。≥10℃积温较高的地区为阿拉善盟及巴彦淖尔和鄂尔多斯南部的地区，≥10℃积温在3 310～3 630℃；最低的地区为呼伦贝尔，≥10℃积温仅介于2 090～2 400℃。其中，内蒙古春玉米的主产区通辽和赤峰等地的≥10℃积温分布在2 500～3 000℃。

内蒙古1951—2011年全区的持续日数（气温≥10℃）基本也呈现东北低、西南高的分布特点。持续日数（气温≥10℃）最高的地区为阿拉善地区、赤峰和通辽的南部部分地区持续日数可高达170～182天；第二等级的巴彦淖尔、呼和浩特、包头、鄂尔多斯、赤峰和通辽大部分地区，持续日数（气温≥10℃）为143～170天；第三等级的兴安盟和锡林郭勒的大部分地区持续日数（气温≥10℃）在128～143天；最低的地区为呼伦贝尔及周边，持续日数（气温≥10℃）在114～128天。

内蒙古1951—2011年全区的最热月平均温度呈现东北低、西南高的分布特点。最热月平均温度最高的地区为阿拉善盟地区，最热月平均温度可高达23.8～24.9℃；第二等级的巴彦淖尔和鄂尔多斯部分地区，最热月平均温度可高达22.6～23.8℃；第三等级的呼和浩特、包头和乌兰察布部分地区，还有赤峰和通辽南部地区最热月平均温度可高达21.6～22.6℃；第四等级的锡林郭勒、赤峰、通辽和兴安盟部分地区最热月平均温度可高达20.4～21.5℃；最低的地区为呼伦贝尔及周边，最热月平均温度可高达19.3～20.4℃。

内蒙古1951—2011年全区的气温年较差呈现纬度越高，气温年较差越大的分布特点。气温年较差最高的地区为呼伦贝尔地区，气温年较差可高达41.2～43.5℃；第二等级的兴安盟、赤峰、通辽、锡林郭勒和阿拉善部分地区，气温年较差可高达36.9～41.2℃；第三等级的呼和浩特、包头、鄂尔多斯、乌兰察布、巴彦淖尔、阿拉善和锡林郭勒的南部地区，气温年较差可高达32.9～35.1℃。

内蒙古1951—2011年全区的年降水量明显呈现从东到西依次减少的分布特点。年降水量最高的地区依次为呼伦贝尔、兴安盟、通辽和赤峰的东部地区，年降水量可达404.3～526.8毫米；第二等级的呼伦贝尔、兴安盟、通辽和赤峰的北部地区，年降水量可达311.01～404.3毫米；第三等级的呼包鄂、巴彦淖尔、乌兰察布和锡林浩特部分地区，年降水量可达203.6～311.0毫米；第四等级的阿拉善东部和乌海地区年降水量可达76.9～203.6毫米；最低的地区为阿拉善西北部，年降水量仅为0～76.9毫米。

由图6-16可知，受以上6种气候因子的影响，并综合其它影响因素分析，内蒙古大部分地区气候条件均适宜春玉米种植。其中最适宜气候条件区域集中在赤峰大部分地区、通辽南部、巴彦淖尔西南部、鄂尔多斯南部及内蒙古中部的呼和浩特、包头和乌兰察布部分地区；另外内蒙古绝大部分地区气候条件均为春玉米种植较适宜区域，具体包括兴安盟、通辽、赤峰、锡林郭勒、乌兰察布、呼和浩特、包头、鄂尔多斯和巴彦淖尔大部分地区；次适宜气候条件区域主要分布在通辽、兴安盟和阿拉善的部分地区，呼伦贝尔的大部分地区；最不适宜区气候条件地区为呼伦贝尔北部地区，如表6-5所示。

旗县	适宜性等级	旗县	适宜性等级	旗县	适宜性等级	旗县	适宜性等级
呼和浩特市	0.7	乌兰浩特市	0.5	根河市	0.05	敖汉旗	0.8
土默特左旗	0.7	科尔沁右翼前旗	0.6	临河区	0.9	通辽市	0.8
和林格尔县	0.6	科尔沁右翼中旗	0.6	五原县	0.8	通辽市市辖区	0.7
清水河县	0.5	扎赉特旗	0.5	磴口县	0.9	科尔沁左翼中旗	0.7
武川县	0.7	突泉县	0.6	乌拉特前旗	0.8	科尔沁左翼后旗	0.7
包头市辖区	0.8	阿巴嘎旗	0.7	乌拉特中旗	0.8	开鲁县	0.8
土默特右旗	0.7	苏尼特左旗	0.8	杭锦后旗	0.9	库伦旗	0.8
固阳县	0.8	苏尼特右旗	0.9	集宁区	0.7	奈曼旗	0.8
达茂旗	0.8	太仆寺旗	0.6	卓资县	0.7	扎鲁特旗	0.7
赤峰市	0.8	正镶白旗	0.8	化德县	0.8	东胜区	0.5
松山区	0.8	镶黄旗	0.8	商都县	0.8	达拉特旗	0.7
元宝山区	0.8	正蓝旗	0.7	兴和县	0.6	准格尔旗	0.4
阿鲁科尔沁旗	0.7	多伦县	0.7	凉城县	0.7	鄂托克前旗	0.8
巴林左旗	0.6	额济纳旗	0.5	察哈尔右翼前旗	0.7	杭锦旗	0.6
巴林右旗	0.7	阿拉善左旗	0.8	察哈尔右翼中旗	0.7	乌审旗	0.9
林西县	0.8	阿拉善右旗	0.7	察哈尔右翼后旗	0.7	伊金霍洛旗	0.6
克什克腾旗	0.8	乌拉特后旗	0.9	四子王旗	0.8	海拉尔区	0.5
翁牛特旗	0.8	乌海市辖区	0.8	丰镇市	0.6	阿荣旗	0.5
喀喇沁旗	0.8	满洲里市	0.5	扎兰屯市	0.5	莫力达瓦达斡尔族自治旗	0.5
宁城县	0.7	牙克石市	0.2	额尔古纳市	0.2	鄂伦春自治旗	0.05

最适宜区 较适宜区 次适宜区 不适宜区

图6-16 内蒙古各旗（县）玉米种植适宜性评价

表6-5 内蒙古春玉米种植区划划分标准及结果

划分标准	最适宜区	较适宜区	次适宜区	不适宜区
	$p\geqslant 0.66$	$0.33\leqslant p<0.66$	$0.05\leqslant p<0.33$	$p<0.05$
主要分布区	赤峰大部分地区、通辽南部、巴彦淖尔西南部、鄂尔多斯南部及内蒙古中部的呼和浩特、包头和乌兰察布部分地区	内蒙古绝大部分地区均为春玉米种植适宜区域（具体包括兴安盟、通辽、赤峰、锡林郭勒、乌兰察布、呼和浩特、包头、鄂尔多斯和巴彦淖尔大部分地区）	通辽、兴安盟和阿拉善的部分地区；呼伦贝尔的大部分地区	呼伦贝尔北部地区

6.4 小结与讨论

当前，内蒙古全境范围的春玉米气候适宜性研究及规划还鲜见报道，大部分均是全国范围内春玉米种植研究，或是内蒙古局部地区的研究。为此，本研究以多年时间跨度的气象资料为基础对内蒙古全境的春玉米种植适宜性进行研究。以下比较分析本研究与之前的部分研究结果的异同。

侯越通过对内蒙古赤峰气候生态研究指出，内蒙古赤峰春玉米种植适宜性由南到北、由东至西逐渐变低，其研究结果与本研究结果基本一致。但侯越结果中将阿鲁科尔沁旗中南部、克什克腾旗中西部和松山区大部分地区划分为春玉米的不适宜种植区，本研究区域变大，参照对比和划分标准不同，把侯越研究结果中的不适宜种植区划分为春玉米的较适宜种植区[32]。唐红艳等通过内蒙古兴安盟玉米种植区划因子和地理信息的回归模型研究表明，兴安盟玉米种植适宜区位于大兴安岭中段东南坡，随着坡度的增高，兴安盟的西北部地区不适合玉米的种植，其研究结果与本研究结果几乎完全一致。但唐红艳等结果中将扎赉特旗大部分地区划分为春玉米的适宜种植区，本研究参照对比和划分标准不同，把唐红艳等结果中的适宜种植区划分为春玉米的较适宜种植区和次适宜种植区[32]。何奇瑾等通过对我国玉米种植区气候适宜性划分认为，内蒙古中西部属于玉米种植适宜区，内蒙古西部地区属于玉米种植次适宜区，内蒙古东部地区为玉米种植气候不适宜区，其研究结果与本研究结果大体一致。但本研究中，由于本研究区域变小，参照对比和划分标准不同，把何奇瑾等结果中内蒙古东部区的次适宜和不适宜种植区域重新细划，提供更为精细的内蒙古东部区春玉米种植区划[20, 22]。

为了进一步提高内蒙古春玉米种植区划研究的精细程度，探索更加有效、准确、符合地域性特征的春玉米种植方案，解决因玉米越区种植造成的产量和品质不稳定等系列问题，今后还将在以下两个方面继续开展相关研究。

（1）扩大研究对象范围，结合当前当地的主要春玉米栽培品种，提供更为精细的不同生产区域的春玉米品种优选栽培方案。

（2）扩展内蒙古春玉米种植区划研究的领域，进行具有地区特色的（干旱和冷害等）灾害风险评估和区划研究。

参考文献

［1］ 王连喜，陈怀亮，李琪，等. 农业气候区划方法研究进展[J]. 中国农业气象，2010，31（2）：277-281.

［2］ 乔丽，杜继稳，江志红，等. 陕西省生态农业干旱区划研究[J]. 干旱区地理，2009，32（1）：112-118.

[3] 王连喜. 宁夏农业气候资源及其分析[M]. 银川：宁夏人民出版社，2009.

[4] 梁平，王洪斌，龙先菊，等. 黔东南州种植太子参的气候生态适宜性分区[J]. 中国农业气象，2008，29（3）：329-332.

[5] 杨凤瑞，孟艳静，高桂芹，等. 用DTOPSIS方法评价内蒙古中西部农业气候资源[J]. 气象，2008，34（11）：106-110.

[6] 康锡言，马辉杰，徐建芬. 因子分析在农业气候区划建立模型中的应用[J]. 中国农业资源与区划，2007，28（4）：40-43.

[7] 王连喜，李欣，陈怀亮，等. GIS技术在中国农业气候区划中的应用进展[J]. 中国农业通报，2010，26（14）：361-364.

[8] FAO. A framework for land evaluation. Soils Bulletin 32. Rome，1976.

[9] SOMBROEK W G，ANTOINE J. The use of geographic information systems（GIS）in land resources appraisal[J]. FAO Outlook on Agriculture，1994，23：249-255.

[10] CALDIZ D O，HAVERKORT A J，STRUIK P C. Analysis of a complex crop production system in interdependent agro-ecological zones：a methodological approach for potatoes in Argentina[J]. Agricultural Systems，2002，73（3）：297-311.

[11] NEAMATOLLAHI E，BANNAYAN M，JAHANSUZ M R，et al. Agro-ecological zoning for wheat（*Triticum aestivum*），sugar beet（*Beta vulgaris*）and corn（*Zea mays*）on the Mashhad plain，Khorasan Razavi province[J]. The Egyptian Journal of Remote Sensing and Space Science，2012，15（1）：99-112.

[12] 褚庆全，李林. 地理信息系统（GIS）在农业上的应用及其发展趋势[J]. 中国农业科技导报，2003，5（1）：22-26.

[13] 曾燕，邱新法，缪启龙，等. 起伏地形下我国可照时间的空间分布[J]. 地理学报，2003，13（5）：545-549.

[14] 郭兆夏，朱琳，杨文峰. 基于GIS的《陕西省气候资源及专题气候区划图集》制作方法研究[J]. 山西气象，2000，5（3）：46-49.

[15] 纪瑞鹏，张玉书，陈鹏狮. GIS在热量资源分析中的应用[J]. 山东农业大学学报（自然科学版），2003，34（2）：224-229.

[16] 中国科学院内蒙古宁夏综合考察队. 气候与农牧业的关系[M]. 北京：科学出版社，1976.

[17] 内蒙古自治区气象局农牧业气候区划编写组. 内蒙古自治区农牧业气候资源和区划[M]，1983。

[18] 裴浩，敖艳红，李云鹏，等. 内蒙古阿拉善地区气候区划研究[J]. 干旱区资源与环境，2000，14（3）：46-55.

[19] 刘洪，郭文利，郑秀琴. 内蒙古天然草地资源精细化气候区划研究[J]. 自然资源学报，2011，26（12）：2088-2099.

[20] 何奇瑾，周广胜. 我国玉米种植区分布的气候适宜性[J]. 科学通报，2012，57（4）：267-275.

[21] PHILLIPS S J，ANDERSON R P，SCHAPIRE R E. Maximum entropy modeling of species geographic distributions[J]. Ecological Modelling，2006，90：231-259.

[22] 何奇瑾，周广胜. 我国玉米种植区分布的气候适宜性[J]. 科学通报，2012，57（4）：267-275.

[23] PHILLIPS S J，ANDERSON R P，SCHAPIRE R E. Maximum entropy modeling of species geographic distributions[J]. Ecological Modelling，2006，190（3-4）：231-259.

[24] PHILLIPS S J，DUKÍK M. Modeling of species distributions with MaxEnt：new extensions and a comprehensive evaluation[J]. Ecography，2008，31：161-175.

[25] PHILLIPS S J，ANDERSON R P，DUDÍK M，et al. Opening the black box：an open-source release of MaxEnt[J]. Ecography，2017，40（7）：887-893.

[26] MANNING M R，戴晓苏. IPCC第四次评估报告中对不确定性的处理方法[J]. 气候变化研究进展，2006（5）：233-237.

[27] YOUNG N， CARTER L，EVANGELISTA P. A MaxEnt Model v3.3.3e Tutorial（ArcGISv10）[R]. Natural Resource Ecology Laboratory at Colorado State University and the National Institute of Invasive Species Science，2011.

［28］ ELITH J. Quantitative methods for modeling species habitat：comparative performance and an application to Australian plants[J]. Springer New York，2000，10.1007/b97704（Chapter 4）：39–58.

［29］ PHILLIPS S J. A Brief Tutorial on Maxent[EB/OL]. http://biodiversityinformatics.amnh.org/open_source/maxent/

［30］ 刘宇，陈泮勤，张稳，等. 一种地面气温的空间插值方法及其误差分析[J]. 大气科学，2006（1）：146–152.

［31］ THORNTON P E，RUNNING S W，WHITE M A. Generating surfaces of daily meteorological variables over large regions of complex terrain[J]. Journal of Hydrology，1997，190（3–4）：214–251.

［32］ 侯越. 内蒙古赤峰市玉米种植适宜性评价研究[D]. 杨凌：西北农林科技大学，2013.

［33］ 唐红艳，牛宝亮. 基于GIS技术的内蒙古兴安盟春玉米种植气候区划[J]. 中国农学通报，2009，25（23）：447–450.

7 内蒙古玉米适宜种植品种指南与推荐

7.1 内蒙古近10年玉米品种栽培情况统计

内蒙古地域狭长，生态类型多样，区位优势明显，玉米种植面积、总产量、单产水平均居粮食作物之首，是内蒙古第一大农作物，在内蒙古粮食连续增产和保障粮食安全中占举足轻重的地位。随着内蒙古玉米种植面积逐年增加，玉米种植品种也在逐年增加，2019年全区玉米种植品种达到630个左右，杂交种应用率在97%以上，其中普通玉米单交种基本达到100%，但青贮玉米仍以常规种为主。1991—2018年，内蒙古累计种植面积最大的玉米品种是郑单958，2003—2018年累计面积达516.3万公顷，其中2013年面积达到最高，为64万公顷，之后呈逐年下降的趋势；其次是四单19，1993—2017年累计面积达270.6万公顷，之后呈快速下降趋势；哲单七号是内蒙古累计种植面积最大的自选品种，1993—2013年累计种植面积达231.2万公顷，其中1997—2012年连续年种植面积超过6.67万公顷，到2013年呈快速下降趋势，2014年之后几乎没有种植面积；先玉335从2008年开始大面积种植，2008—2018年累计面积达502.4万公顷，其中2014年面积为20.1万公顷，之后呈下降趋势；京科968从2014年大面积推广，目前在内蒙古推广面积排首位，2016年达到83.5万公顷，2018年有所下降，仍达到60.8万公顷。

7.1.1 内蒙古审定推广玉米品种类型概况

自2004年以后，美国先锋公司的先玉335、先玉696等系列品种的审定和推广，给中国的玉米育种带来了一场革命，尤其是在育种理念、育种方向上，发生了很大的变化。国内开始大量使用外引自交系和外引杂交种作为育种材料，育种模式发生了变化。在此背景下，内蒙古一些企业选育了一批如大民3307、西蒙6号、丰田14号、利禾1等优良品种。玉米品质、籽粒脱水速度、成熟后植株抗倒性得到提高，更适合机械收获。

据统计，2005—2018年内蒙古品种审定委员会共审定玉米品种564个，其中甜糯玉米31个，普通玉米500多个。对玉米品种遗传组成及杂优模式分析得出，塘四平头群×Reid群86个，占26.63%，塘四平头群×Lancaster群65个占20.12%，Reid群×Lancaster群49个占15.17%，国外杂交种选系×旅大红骨或塘四平头20个占6.19%，Reid群×旅大红骨+塘四平头11个占3.41%，Lancaster群×其它群11个占3.41%，Reid群×其它群27个占8.36%，其它类54个占16.72%，如图7-1所示。

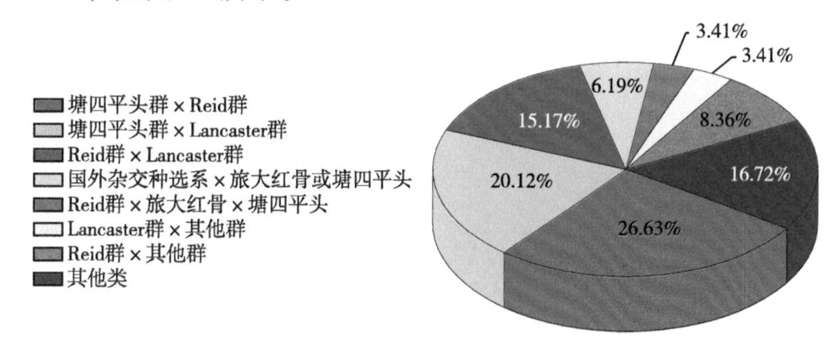

图7-1 2015—2018年内蒙古玉米审定品种遗传组成及杂优模式分布

7.1.2 近年内蒙古玉米主导品种推广应用情况

2009年内蒙古玉米种植面积在100万亩以上的品种有10个，分别是郑单958、兴垦10号、科河10号、承单22、巴单3号、东单8号、哲单37、赤早5、四单19、浚单20；推广面积在50万～100万亩的品种有9个，分别是晋单52、承3359、科河8号、东陵白、长城288、九园一号、久龙5号、永玉2号、康地5035；推广面积在10万～50万亩的品种有41个，分别是永玉3号、丰田12号、元华2号、兴垦3号、宏博218、内单四号、内单402、秦龙九、中北410、丰田6号、吉单27、兴垦4号、登海1号、丹玉27、大民338、大地6号、宁单10号、真金8号、内单205、兴单15号、内早9、新引KX3564、内单314、富友9号、金山9号、先玉335、厚德198、布鲁克2号、京单28、哲单39、康地5031、冀承单3号、宏博1088、郝育20、长城799、玉龙3号、玉龙2号、兴垦5号、东单5号、登海9号、德单8号；推广面积在0～10万亩的品种有96个，以上品种名称按种植面积大小依次排列，下同，具体品种与推广播种面积如图7-2所示。

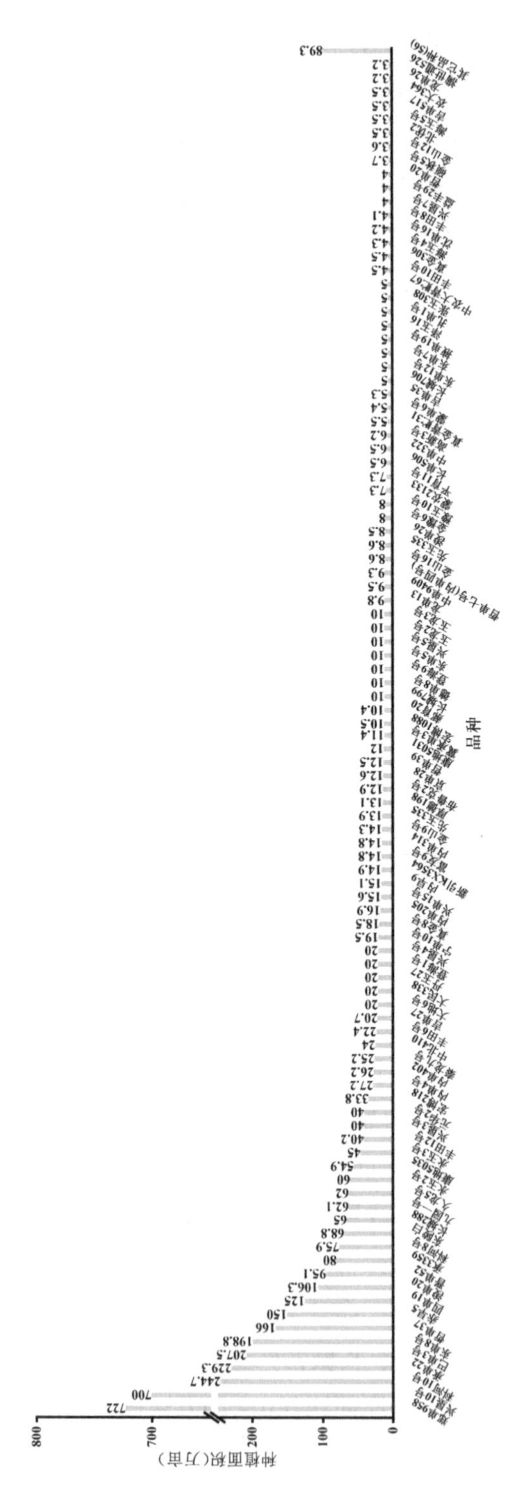

图7-2　2009年内蒙古玉米主导品种的种植面积（万亩）

其中，玉米主导品种种植面积在100万亩以上的品种只有10个，占到品种数量的6.4%，但其种植总面积达到2 849.6万亩，占到全区玉米种植面积的62.6%；种植面积在50万～100万亩的主导品种有9个，占到品种数量的5.8%，其种植总面积达到623.8万亩，占到全区玉米种植面积的13.7%；种植面积在10万～50万亩的主导品种有41个，占到品种数量的26.3%，其种植总面积达到768.4万亩，占到全区玉米种植面积的16.9%；种植面积在0～10万亩的主导品种有96个，占到品种数量的61.5%，其种植总面积达到310.9万亩，占到全区玉米种植面积的6.8%，如图7-3所示。

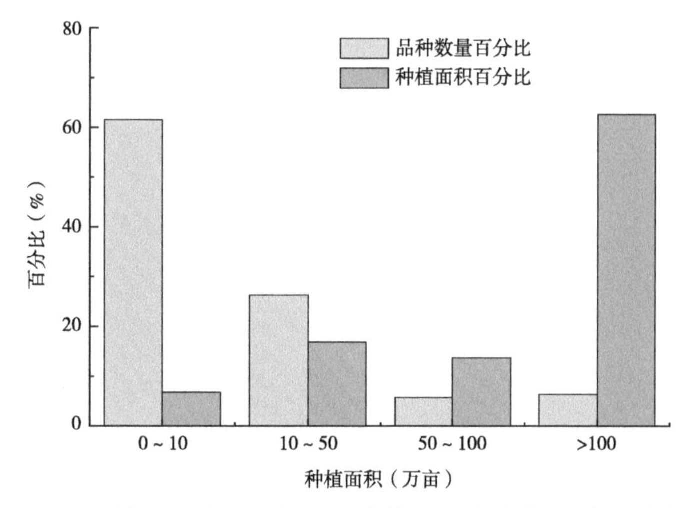

图7-3　2009年度内蒙古玉米主导品种的品种数量与种植面积分级占比

2010年内蒙古玉米种植面积在100万亩以上的品种有5个，分别是郑单958、四单19、哲单七号（内单四号）、哲单39、冀承单3号；推广面积在50万～100万亩的品种有10个，分别是科河8号、东陵白、海玉4号、海玉5号、兴垦3号、巴单3号、哲单35、哲单37（蒙单6）、先玉335、浚单20；推广面积在10万～50万亩的品种有40个，分别是益丰29、宏博218、内单402、秦龙九号、丰田6号、浚单26、内单314、金山27、硕秋8号、承单22、吉单27、硕秋5号、津北288、内单205、英国红、东单8号、宁单10号、长城706、长城288、北优2、郑单17、厚德198、九园一号、内早9、蒙农2133、丹玉27、农大364、郑单518、兴垦10号、兴单13号、布鲁克2号、平安54、哲单33、金山12、康地5031、吉品7号、真金306、潞玉13号、铁单15、金豫6号；推广面积在0～10万亩的品种有142个，具体品种与推广播种面积如图7-4所示。

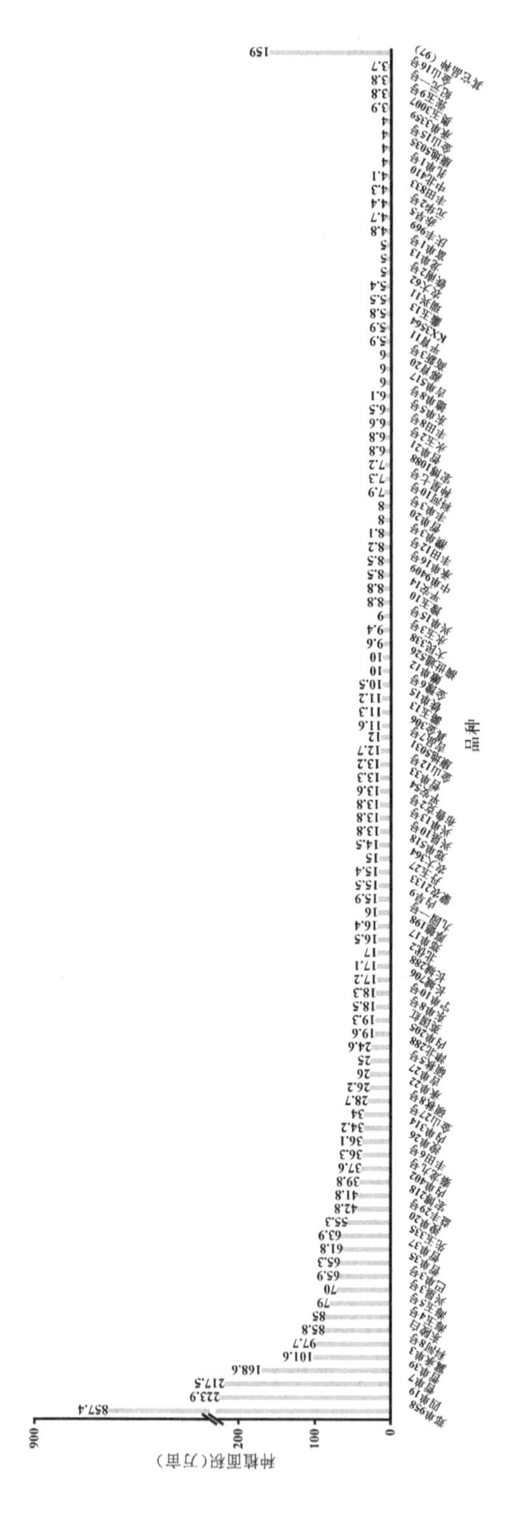

图7–4　2010年内蒙古玉米主导品种的种植面积（万亩）

其中，玉米主导品种种植面积100万亩以上的品种只有5个，占到品种数量的2.5%，但其种植总面积达到1 666.7万亩，占到全区玉米种植面积的46.6%；种植面积在50万～100万亩的主导品种有10个，占到品种数量的5.1%，其种植总面积达到674.4万亩，占到全区玉米种植面积的18.8%；种植面积在10万～50万亩的主导品种有40个，占到品种数量的20.3%，其种植总面积达到836.1万亩，占到全区玉米种植面积的23.4%；种植面积在0～10万亩的主导品种有142个，占到品种数量的72.1%，其种植总面积达到444.1万亩，占到全区玉米种植面积的12.4%，如图7-5所示。

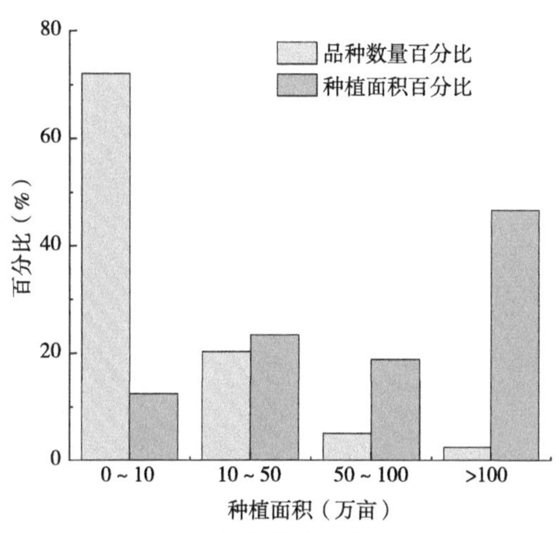

图7-5　2010年内蒙古玉米主导品种的品种数量与种植面积分级占比

2011年内蒙古玉米种植面积在100万亩以上的品种有7个，分别是郑单958、四单19、先玉335、哲单七号、兴垦3号、哲单39、承3359；推广面积在50万～100万亩的品种有10个，分别是东陵白、丰田6号、海玉5号、哲单37、吉单27、冀承单3号、海玉4号、科河8号、哲单35、厚德198；推广面积在10万～50万亩的品种有67个，分别是金山27、大民3307、豪单168、浚单26、宏博218、兴垦10号、浚单20、英国红、益丰29、长城706、秦龙九号、内单314、九园一号、兴单13号、硕秋8号、丰田8号、中单322、宁单10号、豫禾988、大民338、平安14、丰单3号、蒙农2133、乐玉1号、瑞兴11、金创8号、吉品7号、滑玉14、硕秋5、津北288、新引KX3564、巴单3号、益丰10、人禾698、蒙龙668、久龙8、九玉二号、吉农大259、厚德203、德美亚1号、大民420、承单22、久龙5号、京单28、富单5、大民三号、德单8号、丹玉27、豫玉10、九玉早熟1号、平育11、郑单17、张玉1355、内单205、科河10号、久龙3号、金豫6号、沁单712、九玉011、中科11号、庆丰969、平安54、浚单29、金山28、金山10号、富单1号、长城58；推广面积在0～10万亩的品种有174个，具体品种与推广播种面积如图7-6所示。

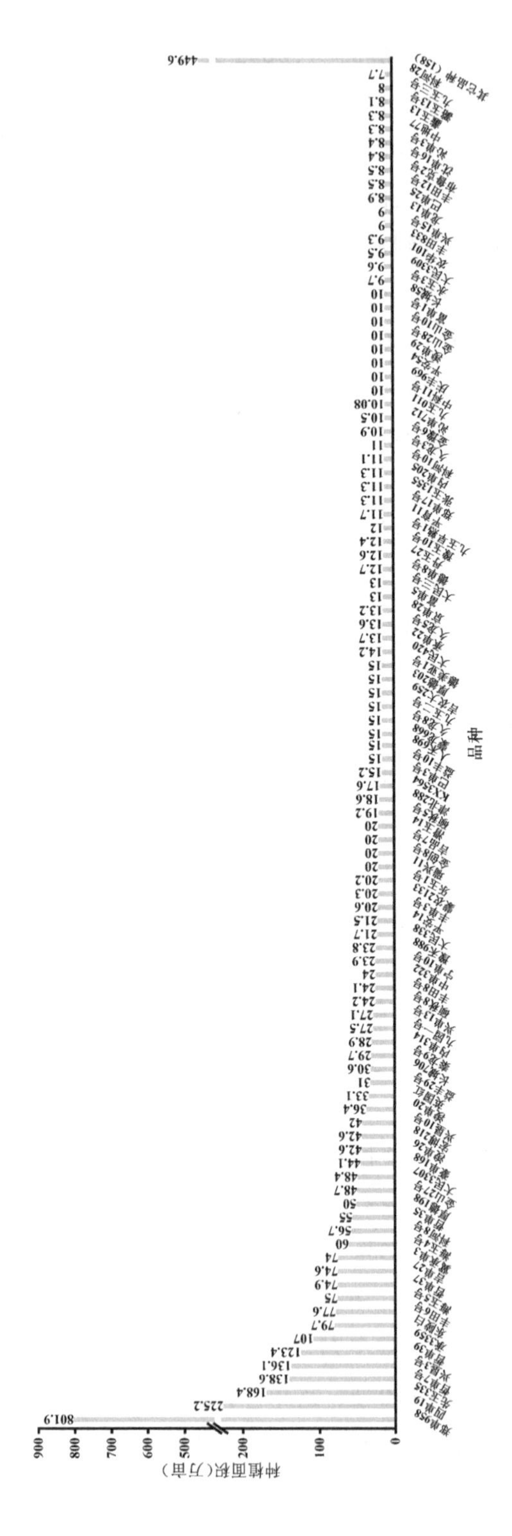

图7-6　2011年内蒙古玉米主导品种的种植面积（万亩）

其中，玉米主导品种种植面积在100万亩以上的品种只有7个，占到品种数量的2.7%，但其种植总面积达到1 700.6万亩，占到全区玉米种植面积的39.7%；种植面积在50万～100万亩的主导品种有10个，占到品种数量的3.9%，其种植总面积达到677.5万亩，占到全区玉米种植面积的15.8%；种植面积在10万～50万亩的主导品种有67个，占到品种数量的26.0%，其种植总面积达到1 317.2万亩，占到全区玉米种植面积的30.7%；种植面积在0～10万亩的主导品种有174个，占到品种数量的67.4%，其种植总面积达到588.8万亩，占到全区玉米种植面积的13.7%，如图7-7所示。

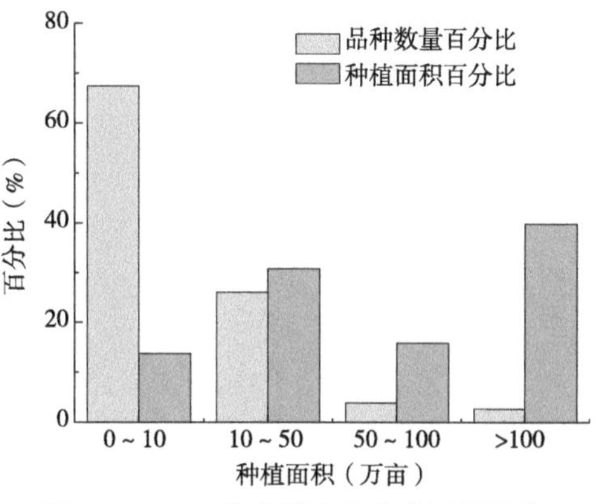

图7-7　2011年内蒙古玉米主导品种的品种数量与种植面积分级占比

2012年内蒙古玉米种植面积在100万亩以上的品种有9个，分别是郑单958、先玉335、四单19、哲单七号、冀承单3号、东陵白、哲单39、兴垦3号、丰田6号；推广面积在50万～100万亩的品种有10个，分别是哲单37、浚单20、兴垦10号、大民3307、厚德198、海玉4号、金山27、吉单27、科河8号、新引KX3564；推广面积在10万～50万亩的品种有82个，分别是吉单535、丰田8号、哲单35、德美亚1号、宏博218、浚单26、中地77、豫禾988、豪单168、兴垦5号、利合16号、九玉5号、登海605、益丰29、英国红、长城706、硕秋8号、大民338、金豫6号、丰单3号、秦龙九号、农华101、平安14、九玉四号、亨达988、种星618、金创8号、乐玉1号、人禾698、九玉二号、宁单10号、硕秋5、先正达408、德单8号、嫩单12、九园一号、郑单17号、吉单505、沁单712、内单314、吉单32号、吉品7号、丰田12号、九玉三号、金创1号、罕玉5号、罕玉1号、大民420、中单2996、九玉早熟1号、富单2号、丰垦008、真金8号、真金306、中单322、哲单36、泽玉19、冀玉988、德美亚2号、内单205、布鲁克2号、种星七号、瑞星11号、真金202、津北288、内早9、蒙龙3、大民3309、宏博18、兴垦6号、中科11号、兴垦9号、兴单13号、齐玉2号、辽禾6、科河13、久龙8号、九玉一号、吉农大259、富单1号、承单13、宝丰10；推广面积在0～10万亩的品种有200个，具体品种与推广播种面积如图7-8所示。

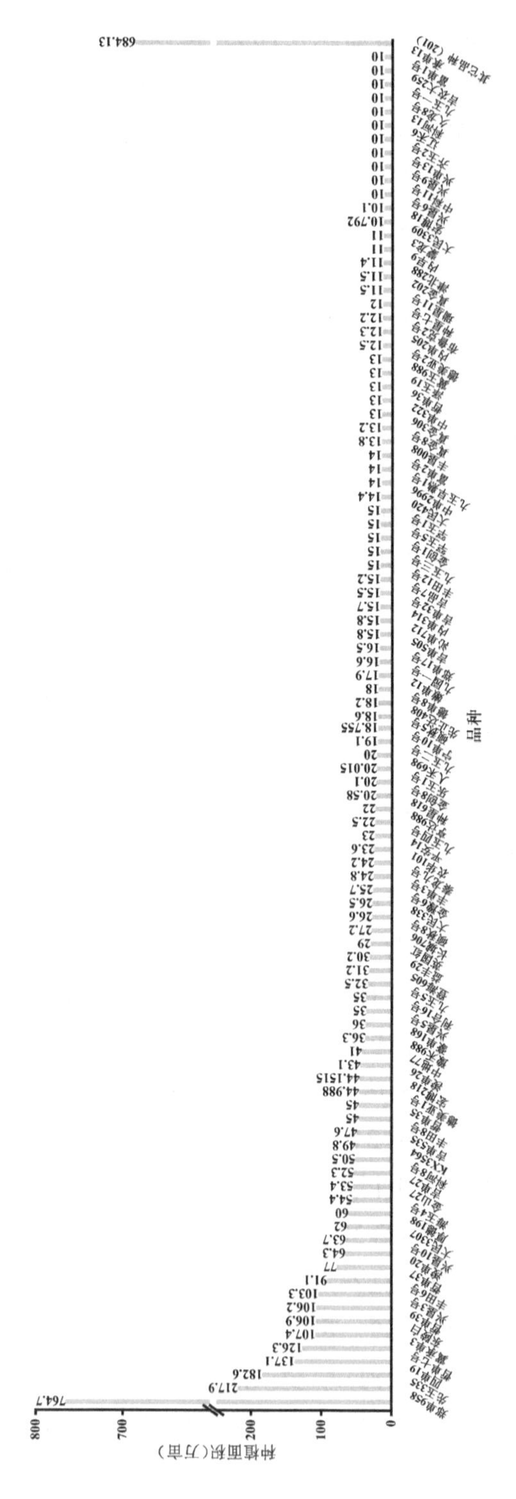

图7-8　2012年内蒙古玉米主导品种的种植面积（万亩）

其中，玉米主导品种种植面积在100万亩以上的品种只有9个，占到品种数量的3.0%，但其种植总面积达到1 852.4万亩，占到全区玉米种植面积的38.6%；种植面积在50万～100万亩的主导品种有10个，占到品种数量的3.3%，其种植总面积达到628.7万亩，占到全区玉米种植面积的13.1%；种植面积在10万～50万亩的主导品种有82个，占到品种数量的27.2%，其种植总面积达到1 644万亩，占到全区玉米种植面积的34.3%；种植面积在0～10万亩的主导品种有200个，占到品种数量的66.4%，其种植总面积达到674.1万亩，占到全区玉米种植面积的14.0%，如图7-9所示。

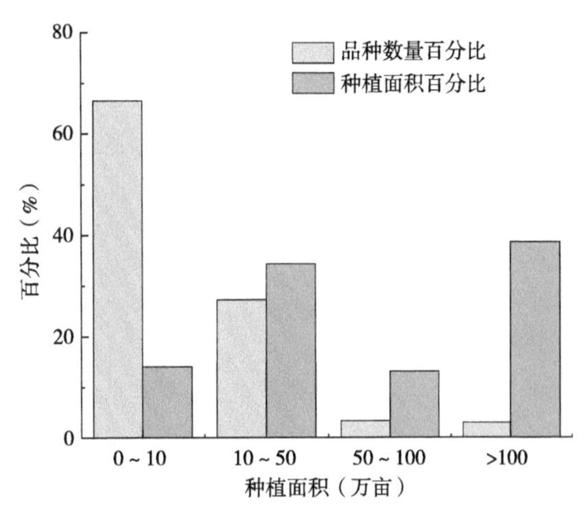

图7-9 2012年内蒙古玉米主导品种的品种数量与种植面积分级占比

2013年内蒙古玉米种植面积在100万亩以上的品种有4个，分别是郑单958、先玉335、冀承单3号、利合16；推广面积在50万～100万亩的品种有16个，分别是哲单39、东陵白、内单四号、兴垦3号、四单19、哲单37、德美亚1号、丰田6号、丰单3号、海玉6号、吉单535、西蒙6号、滑玉14、海玉4号、京科968、大民3307；推广面积在10万～50万亩的品种有71个，分别是宏博218、兴垦10号、豫禾988、吉单27、浚单29、科河28、农华101、伟科702、罕玉5号、厚德198、金山27、嫩单12、原单68、丰田12号、丰田13号、种星618、哲单35、登海605、沁单3号、人禾698、布鲁克2号、大民338、呼单7号、丰垦008、亨达988、金创8号、齐玉2号、先玉696、英国红、硕秋8、吉单32号、长城706、先正达408、兴垦5号、乐玉1号、宁玉524、丰田8号、益丰29、硕秋5号、浚单26、高新3号、中单322、真金202、大民420、吉品7号、宏博778、新引KX3564、宏博18、德单8号、龙源3号、南北1号、浚单20、包玉2号、内早9、泽玉19、内单314、九园一号、大民3309、玉龙9号、大民8860、豫青贮23、宝丰10、富单1号、罕玉1号、宏博1088、吉农大259、金山28、辽禾6、内单302、众德331；推广面积在0～10万亩的品种有50个，具体品种与推广播种面积如图7-10所示。

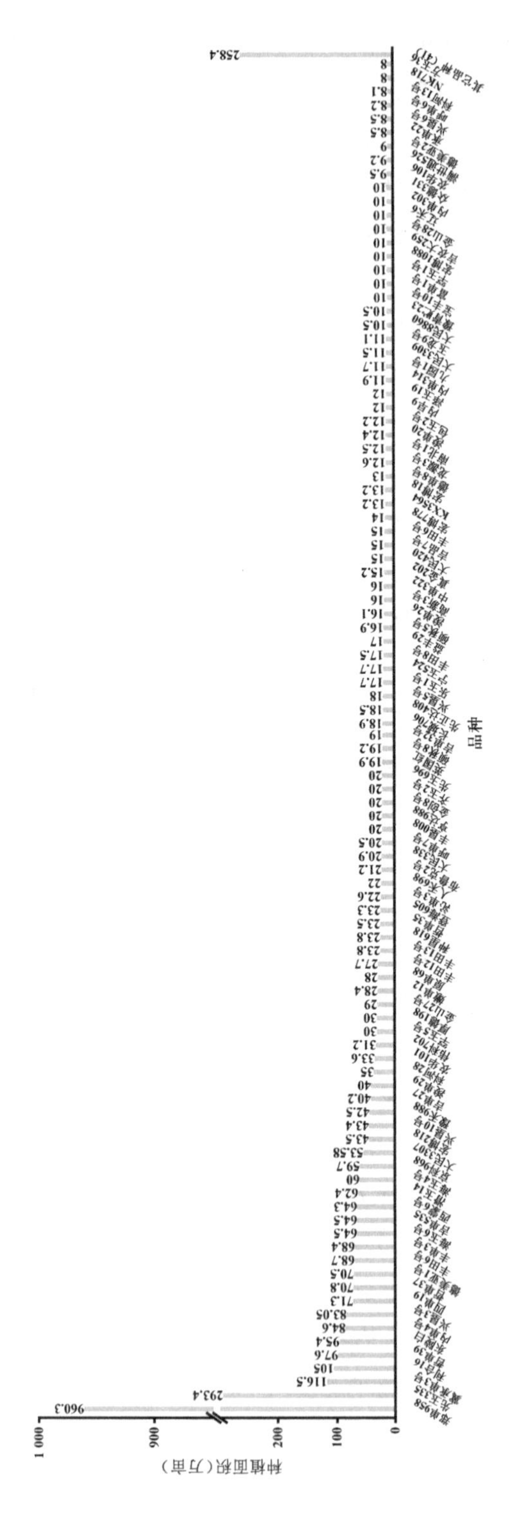

图7-10　2013年内蒙古玉米主导品种的种植面积（万亩）

其中，玉米主导品种种植面积在100万亩以上的品种只有4个，占到品种数量的2.8%，但其种植总面积达到1 475.2万亩，占到全区玉米种植面积的34.1%；种植面积在50万～100万亩的主导品种有16个，占到品种数量的11.3%，其种植总面积达到1 139.3万亩，占到全区玉米种植面积的26.3%；种植面积在10万～50万亩的主导品种有71个，占到品种数量的50.4%，其种植总面积达到1 377万亩，占到全区玉米种植面积的31.8%；种植面积在0～10万亩的主导品种有50个，占到品种数量的35.5%，其种植总面积达到335.4万亩，占到全区玉米种植面积的7.8%，如图7-11所示。

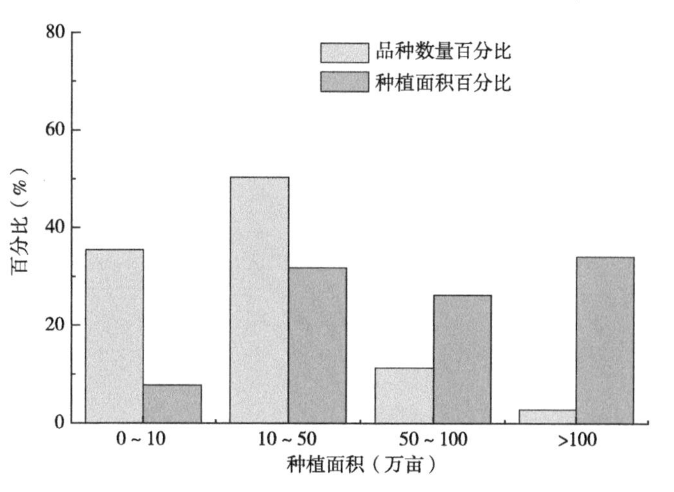

图7-11 2013年内蒙古玉米主导品种的品种数量与种植面积分级占比

2014年内蒙古玉米种植面积在100万亩以上品种有5个，分别是郑单958、京科968、先玉335、大民3307、伟科702；推广面积在50万～100万亩的品种有16个，分别是冀承单3号、西蒙6号、丰垦008、罕玉5号、丰田6号、内单四号、哲单39、NK718、农华101、德美亚1号、兴垦3号、哲单37、丰单3号、东陵白、登海605、吉单535；推广面积在10万～50万亩的品种有66个，分别是兴垦10号、吉单27、金创1号、四单19、宏博218、滑玉14、先玉696、秦龙18、豫禾988、厚德198、科河28、浚单20、丰田12号、利合16、农华106、富单1号、罕玉1号、众德331、金山27、大民338、种星618、英国红、丰田13号、宁玉524、科河8号、先正达408、布鲁克2号、沁单3号、哲单35、嫩单12、玉龙9号、海玉4号、中单909、人禾698、宏博18、金创8号、承单13、亨达988、中单322、奥玉3804、吉单519、齐玉2号、源申213、呼单7号、大民8860、益丰29、德美亚2号、高新3号、承单22、厚德203、天农九、先玉698、宏博778、平安54、硕秋5号、吉单32号、宏博1088、38P05、辽河4号、乐玉1号、利民33、浚单26、内早9、吉农大401、九园一号、兴垦6号；推广面积在0～10万亩的品种有235个，具体品种与推广播种面积如图7-12所示。

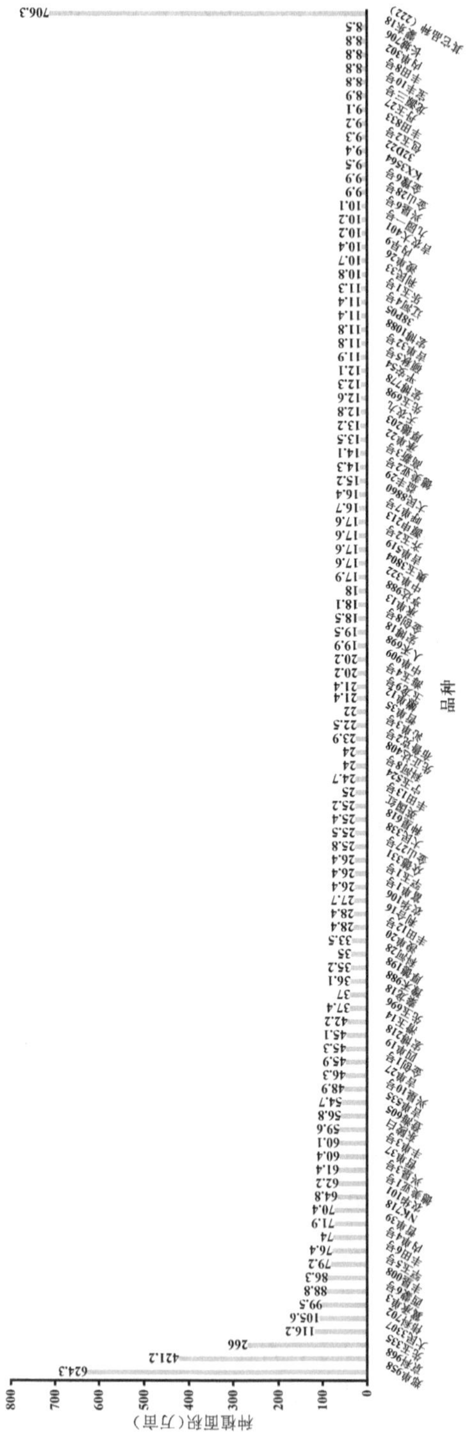

图7-12 2014年内蒙古玉米主导品种的种植面积（万亩）

其中，玉米主导品种种植面积在100万亩以上的品种只有5个，占到品种数量的1.6%，但其种植总面积达到1 533.3万亩，占到全区玉米种植面积的30.9%；种植面积在50万～100万亩的主导品种有16个，占到品种数量的5.0%，其种植总面积达到1 126.5万亩，占到全区玉米种植面积的22.7%；种植面积在10万～50万亩的主导品种有66个，占到品种数量的20.5%，其种植总面积达到1 470.8万亩，占到全区玉米种植面积的29.7%；种植面积在0～10万亩的主导品种有235个，占到品种数量的73.0%，其种植总面积达到825.5万亩，占到全区玉米种植面积的16.7%，如图7-13所示。

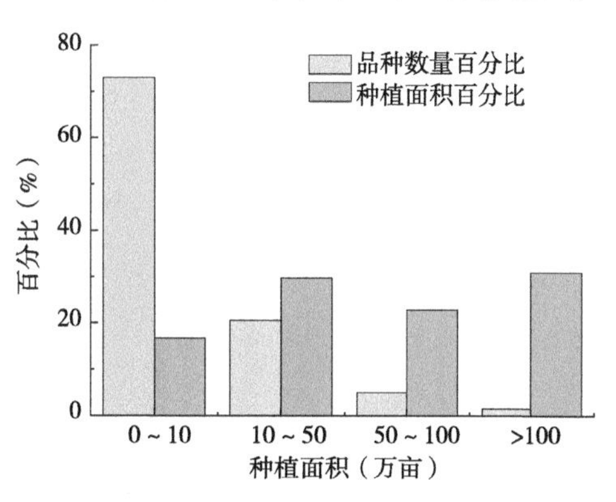

图7-13　2014年内蒙古玉米主导品种的品种数量与种植面积分级占比

2015年内蒙古玉米种植面积在100万亩以上品种有7个，分别是京科968、先玉335、郑单958、大民3307、哲单39、西蒙6号、NK718；推广面积在50万～100万亩的品种有13个，分别是丰田6号、冀承单3号、伟科702、吉单27、兴垦3号、东陵白、农华101、兴垦10号、吉单535、哲单37、罕玉5号、京科665、丰垦008；推广面积在10万～50万亩的品种有82个，分别是兴垦5号、先玉696、德美亚1号、富单2号、科河28、种星618、秦龙18、登海605、豫禾988、哲单35、先玉698、真金202、金创1号、哲单七号、38P05、农华106、四单19、九玉1034、德美亚2号、鑫达5、罕玉1号、隆平702、先正达408、玉龙9号、吉单32号、丰田13号、人禾698、奥玉3804、屯玉188、包玉2号、嫩单12、兴垦6号、金创998、吉农大401、承单13、沁单3号、丰田12号、宁玉524、卓玉819、宏博218、中单909、源申213、英国红、丰单3号、罕玉3号、厚德198、呼单7号、金山27、兴玉1号、天农九、宏博18、佳518、齐玉2号、厚德203、滑玉14、中单322、大民8860、兴垦9号、赤单218、宏博778、科河16、宏博2106、科河8号、沁单683、大民420、宏博1088、瑞星11号、中单2996、九园一号、硕秋5、哲单38、富单1号、布鲁克2号、大丰30、丰田833、大民338、辽单青贮625、丰田15、利民33、满世通526、张玉308、豫青贮23；推广面积在0～10万亩的品种有304个，具体品种与推广播种面积如图7-14所示。

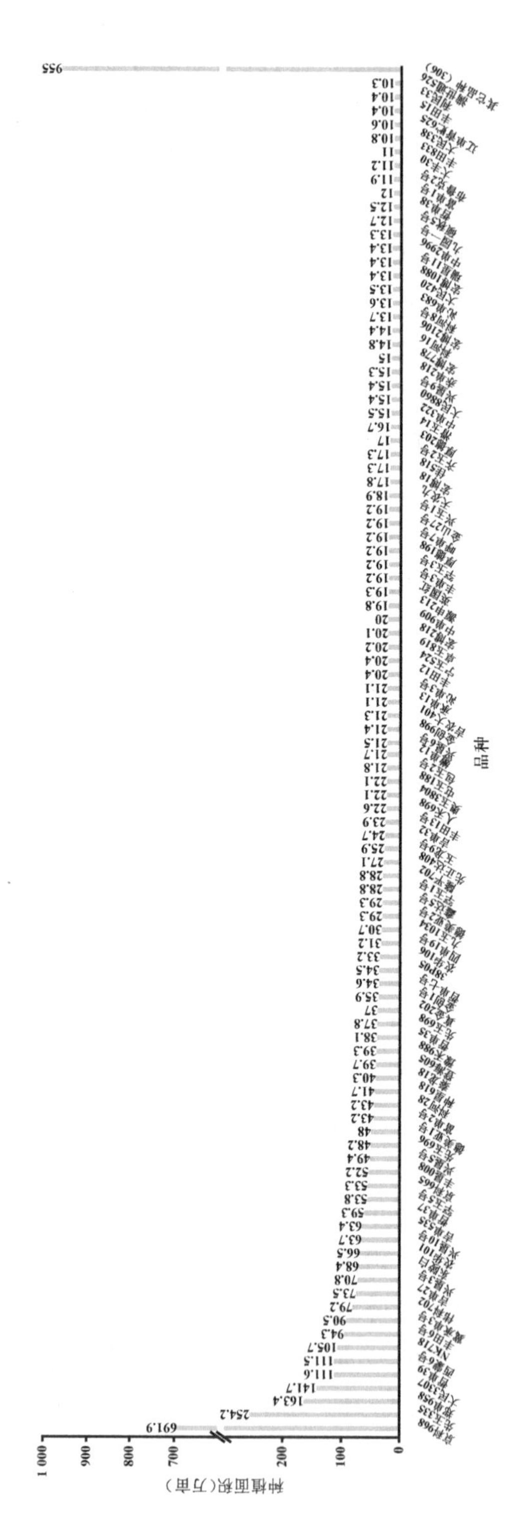

图7-14　2015年内蒙古玉米主导品种的种植面积（万亩）

其中，玉米主导品种种植面积在100万亩以上的品种只有7个，占到品种数量的1.7%，但其种植总面积达到1 580万亩，占到全区玉米种植面积的30.1%；种植面积在50万～100万亩的主导品种有13个，占到品种数量的3.2%，其种植总面积达到889万亩，占到全区玉米种植面积的16.9%；种植面积在10万～50万亩的主导品种有82个，占到品种数量的20.2%，其种植总面积达到1 844.8万亩，占到全区玉米种植面积的35.2%；种植面积在0～10万亩的主导品种有304个，占到品种数量的74.9%，其种植总面积达到934.1万亩，占到全区玉米种植面积的17.8%，如图7-15所示。

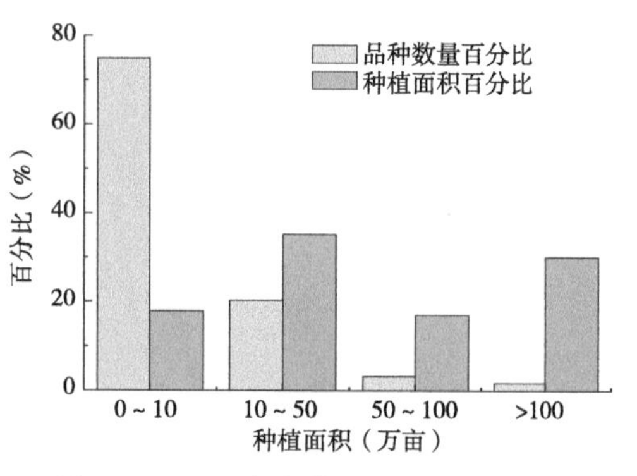

图7-15　2015年内蒙古玉米主导品种的品种数量与种植面积分级占比

2016年内蒙古玉米种植面积在100万亩以上品种有4个，分别是京科968、先玉335、郑单958、东陵白；推广面积在50万～100万亩的品种有6个，分别是大民3307、西蒙6号、罕玉5号、NK718、丰垦008、冀承单3号；推广面积在10万～50万亩的品种有85个，分别是农华106、农华101、禾田1号、天农九、富单1号、华农292、种星618、先玉696、哲单七号、哲单39、吉单535、先正达408、锋玉2号、登海605、38P05、郝育20、京科青贮516、先玉698、富单2号、大民707、富单12、真金202、金创1号、吉单27、兴垦10号、金谷玉1号、隆平702、屯玉188、大德216、利禾1、德美亚1号、吉农大401、罕玉1号、罕玉336、九玉1034、科河28、丰田12号、鑫达5、金创998、人禾698、沁单3号、玉龙9号、并单16、欣晨18、晋单73号、吉单32号、丰单3号、良玉188、东农251、中单2996、科多八号、宁玉524、德美亚2号、兴丰5号、长丰59、大民3309、赤单218、大民8860、丰垦10号、金山28号、哲单38、卓玉819、雷奥150、兴垦6号、厚德186、佳518、兴玉1号、九园36、科河16、西蒙青贮707、宏博1088、布鲁克990、中北410、兴垦3号、和育183、金创8号、瑞星11号、先达203、玉龙904、丰田13号、伟科702、大民420、北农青贮208、宏博2106、金山27号；推广面积在0～10万亩的品种有347个，具体品种与推广播种面积如图7-16所示。

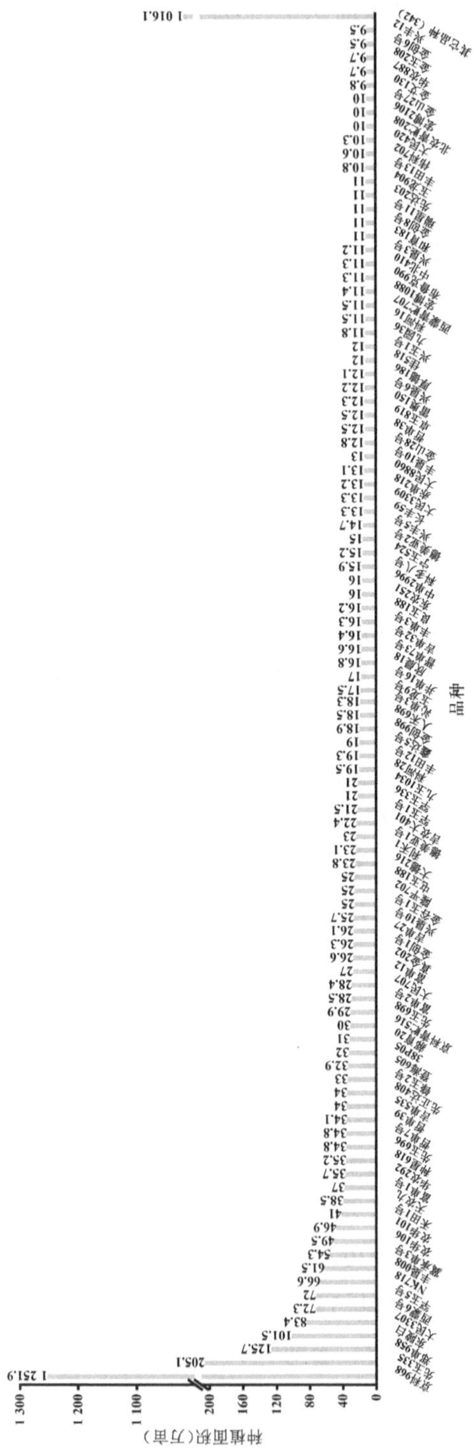

图7-16　2016年内蒙古玉米主导品种的种植面积（万亩）

其中，玉米主导品种种植面积在100万亩以上的品种只有4个，占到品种数量的0.9%，但其种植总面积达到1 684.2万亩，占到全区玉米种植面积的34.3%；种植面积在50万～100万亩的主导品种有6个，占到品种数量的1.4%，其种植总面积达到410.1万亩，占到全区玉米种植面积的8.4%；种植面积在10万～50万亩的主导品种有85个，占到品种数量的19.2%，其种植总面积达到1 747.8万亩，占到全区玉米种植面积的35.6%；种植面积在0～10万亩的主导品种有347个，占到品种数量的78.5%，其种植总面积达到1 064.3万亩，占到全区玉米种植面积的21.7%，如图7-17所示。

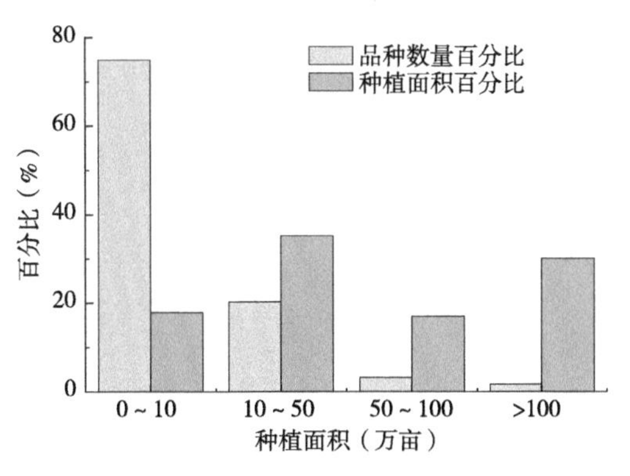

图7-17　2016年内蒙古玉米主导品种的品种数量与种植面积分级占比

2017年内蒙古玉米种植面积在100万亩以上品种有2个，分别是京科968、东陵白；推广面积在50万～100万亩的品种有4个，分别是先玉335、郑单958、西蒙6号、禾田4号；推广面积在10万～50万亩的品种有87个，分别是内单四号、大民3307、利禾1、均隆1217、冀承单3号、德美亚1号、隆平702、天农九、先玉698、NK718、禾田1号、玉龙9号、富单2号、先达205、英国红、先达203、大民707、并单16、罕玉5号、种星618、丰垦008、丰田6号、大丰30、中单909、峰单189、翔玉998、屯玉188、农华106、38P05、龙育10、罕玉1号、吉单27、XD108、吉单535、先玉696、玉龙7899、京科青贮516、布鲁克1099、兴丰5号、西蒙208、大德216、丰田12号、法尔利1010、真金8号、兴丰68、先正达408、哲单39、华农292、科河24号、先玉1219、京科665、九玉1034、晋单73、西蒙668、兴丰12、金艾130、沁单712、丰田101、登海605、博品1号、优迪919、农华101、吉单32号、兴农5号、吉农大401、丰垦10号、宏博66、科河28、包玉9、卓玉819、金创103、四单19、卓玉816、铁旭338、辽单青贮625、裕丰303、金创998、登海618、科多八号、华农887、承单22、长丰59、瑞星11号、龙辐玉9号、宏博2106、丰泽118、农青贮208；推广面积在0～10万亩的品种有278个，具体品种与推广播种面积如图7-18所示。

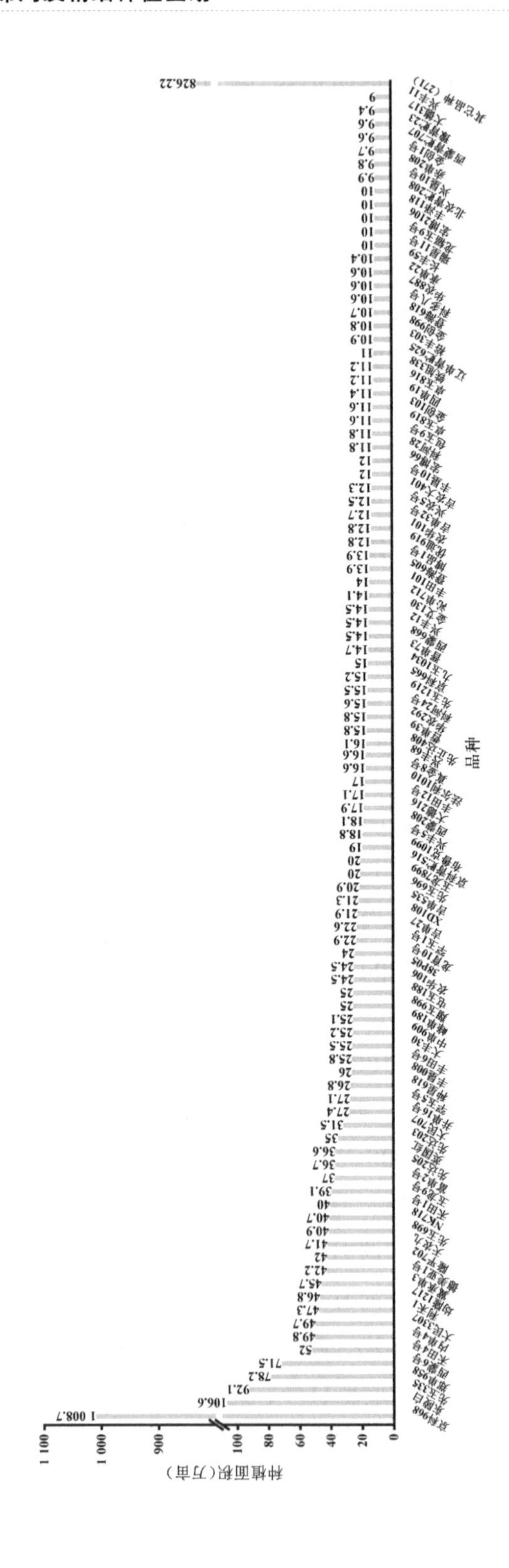

图7-18　2017年内蒙古玉米主导品种的种植面积（万亩）

其中，玉米主导品种种植面积在100万亩以上的品种只有2个，占到品种数量的0.5%，但其种植总面积达到1 115.3万亩，占到全区玉米种植面积的26.7%；种植面积在50万～100万亩的主导品种有4个，占到品种数量的1.1%，其种植总面积达到293.8万亩，占到全区玉米种植面积的7.0%；种植面积在10万～50万亩的主导品种有87个，占到品种数量的23.5%，其种植总面积达到1 851.7万亩，占到全区玉米种植面积的44.3%；种植面积在0～10万亩的主导品种有278个，占到品种数量的74.9%，其种植总面积达到922.7万亩，占到全区玉米种植面积的22.1%，如图7-19所示。

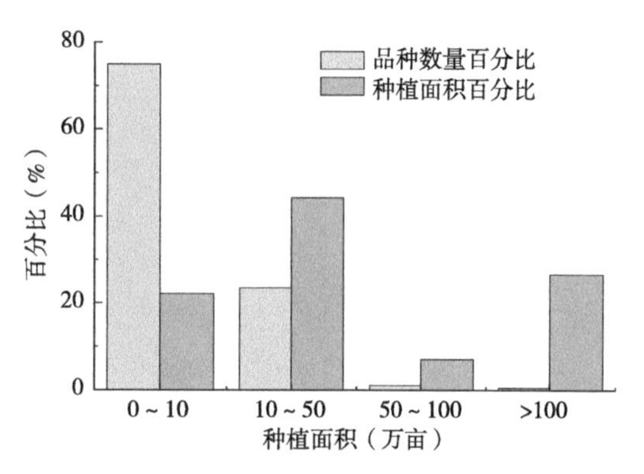

图7-19　2017年内蒙古玉米主导品种的品种数量与种植面积分级占比

2018年内蒙古玉米种植面积在100万亩以上的品种只有1个，是京科968；推广面积在50万～100万亩的品种有5个，分别是利禾1、东陵白、德美亚1号、MC738、英国红；推广面积在10万～50万亩的品种有90个，分别是西蒙6号、大德216、大民3307、天农九、吉单535、先玉335、冀承单3号、玉龙9号、大民707、裕丰303、富友7、并单16号、罕玉5号、峰单189、翔玉998、大丰30、丰田6号、禾田4号、科河699、华农292、兴丰68、丰垦008、京科665、龙育10、罕玉1号、中科玉505、先玉698、丰田101、郑单958、农华106、法尔利1010、种星618、先达203、平安169、兴农5号、禾田1号、赤单218、吉单27、辽单青贮625、兴丰5号、哲单39、华农887、先正达408、吉农大401、利禾5、泓丰656、均隆1217、内单四号、金创103、丰垦139、北农青贮368、锋玉5号、金岭青贮37、京科青贮516、文玉3号、38P05、中单909、农华101、金田8号、隆平702、玉龙7899、屯玉188、科多八号、先玉696、中单2996、富尔116、金创6号、联创808、丰田14号、方玉36、丰田12号、豫青贮23、金艾130、吉单32号、NK718、科河28、宏博2106、富单12、先达205、西蒙668、恒育1号、博品1号、德单1029、西蒙208、卓玉819、利禾2、铁旭338、吉单50、瑞福尔1号、原单68；推广面积在0～10万亩的品种有429个，具体品种与推广播种面积如图7-20所示。

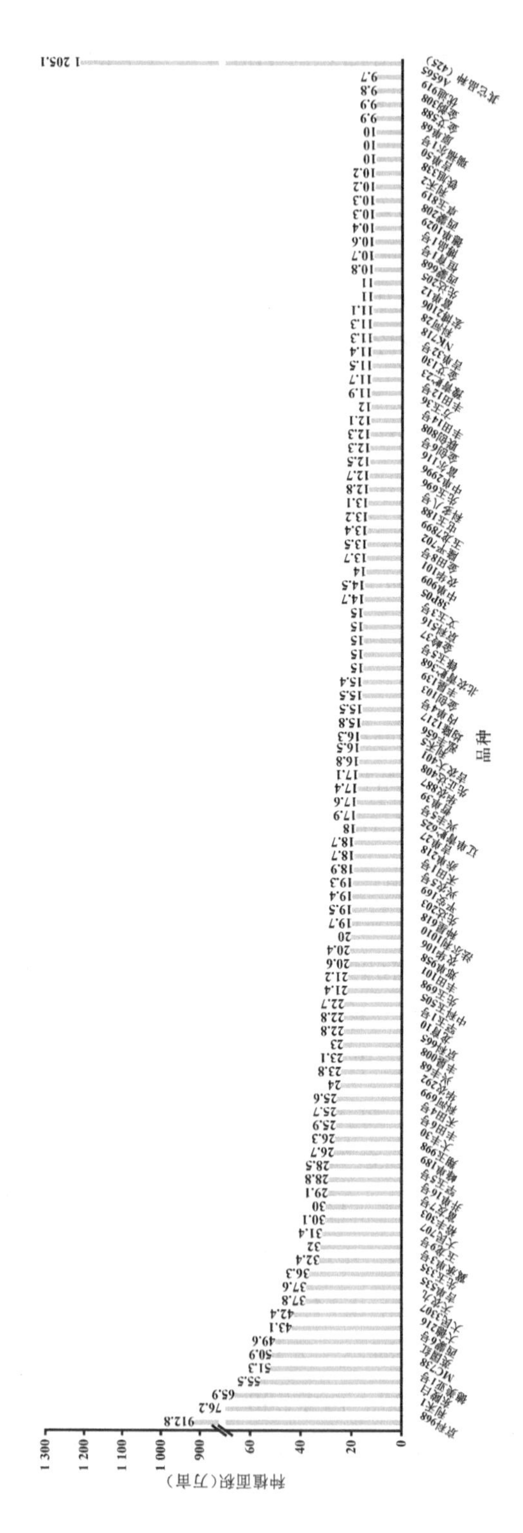

图7-20　2018年内蒙古玉米主导品种的种植面积（万亩）

其中，玉米主导品种种植面积在100万亩以上的品种只有1个，占到品种数量的0.2%，但其种植总面积达到912.8万亩，占到全区玉米种植面积的21.9%；种植面积在50万～100万亩的主导品种有5个，占到品种数量的1.0%，其种植总面积达到299.7万亩，占到全区玉米种植面积的7.2%；种植面积在10万～50万亩的主导品种有90个，占到品种数量的17.1%，其种植总面积达到1 706.2万亩，占到全区玉米种植面积的41.0%；种植面积在0～10万亩的主导品种有429个，占到品种数量的81.7%，其种植总面积达到1 244.3万亩，占到全区玉米种植面积的29.9%，如图7-21所示。

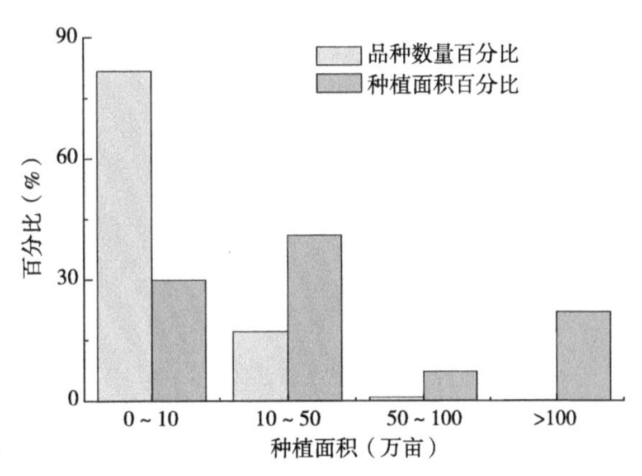

图7-21　2018年内蒙古玉米主导品种的品种数量与种植面积分级占比

2019年内蒙古玉米种植面积在100万亩以上品种只有1个，是京科968；推广面积在50万～100万亩的品种有4个，分别是德美亚1号、东陵白、利禾1、西蒙6号；推广面积在10万～50万亩的品种有80个，分别是隆平702、罕玉5号、大民3307、科河699、禾田4号、先达203、英国红、法尔利1010、大德216、丰垦008、峰单189、并单16、延科288、冀承单3号、龙育10、富友7号、先玉335、MC703、锋玉5号、华农292、天农九、兴丰68、禾田1号、罕玉1号、丰垦139、郑单958、38P05、垦沃6、吉单535、均隆1217、豫青贮23、优迪919、桂青贮1号、宏博2106、农华106、金艾130、富单12、先玉696、平安169、泓丰656、晋单73、屯玉188、德美亚2号、必祥101、兴农5号、利禾7、辽单青贮625、金艾588、松科706、兴丰5号、吉单27、兴农7、种星618、裕丰303、先达205、利合228、T808、恒育1号、吉农大401、先玉1225、先正达408、金园15、华农887、宏博66、玉龙9号、MC738、利禾5、中科玉505、东北丰0022、大民707、铁旭338、迪卡159、京科665、翔玉988、丰田6号、NK718、中单909、通单248、吉农大115、吉单50；推广面积在0～10万亩的品种有545个，具体品种与推广播种面积如图7-22所示。

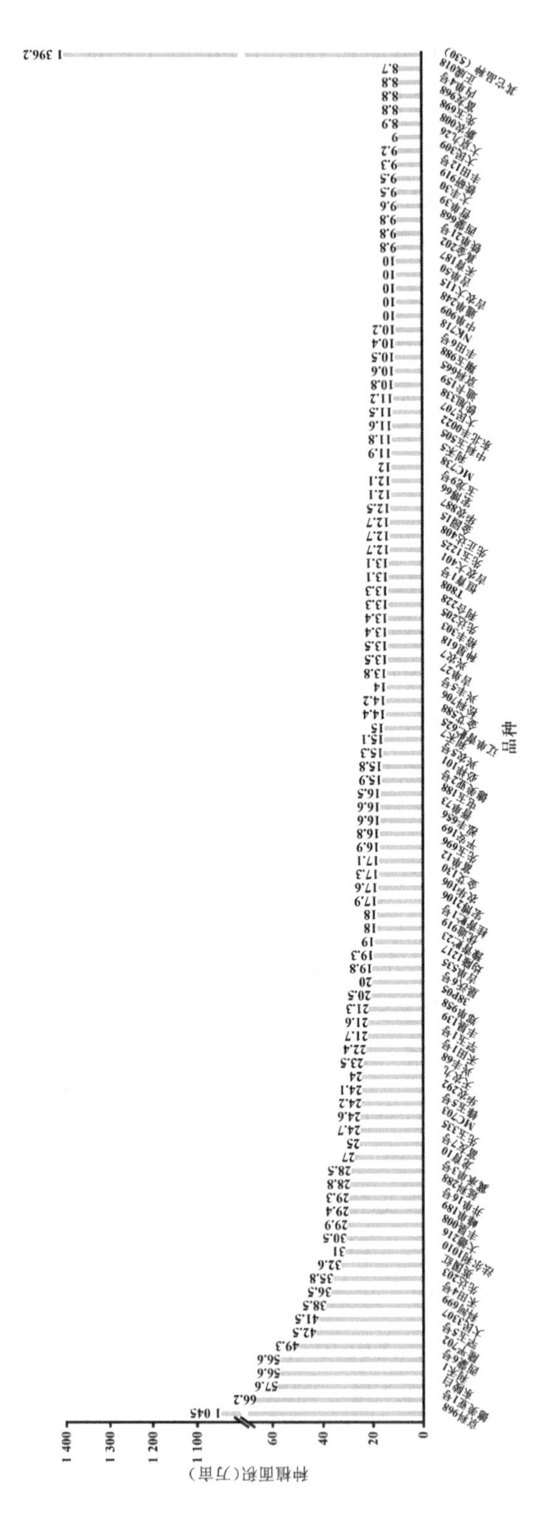

图7-22　2019年内蒙古玉米主导品种的种植面积（万亩）

其中，玉米主导品种种植面积在100万亩以上的品种只有1个，占到品种数量的0.2%，但其种植总面积达到1 045万亩，占到全区玉米种植面积的24%；种植面积在50万～100万亩的主导品种有4个，占到品种数量的0.6%，其种植总面积达到237.1万亩，占到全区玉米种植面积的5.5%；种植面积在10万～50万亩的主导品种有80个，占到品种数量的12.7%，其种植总面积达到1 533.2万亩，占到全区玉米种植面积的35.3%；种植面积在0～10万亩的主导品种有545个，占到品种数量的86.5%，其种植总面积达到1 534万亩，占到全区玉米种植面积的35.3%，如图7-23所示。

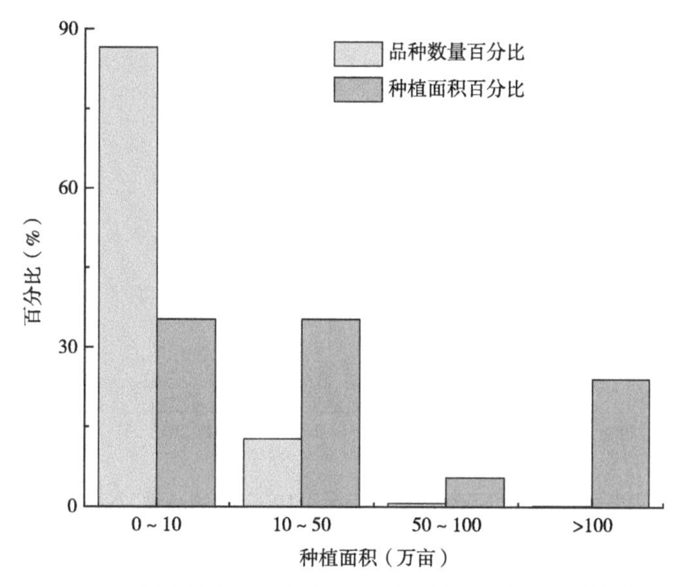

图7-23　2019年内蒙古玉米主导品种的品种数量与种植面积分级占比

7.1.3　内蒙古玉米主导品种种植情况变化

由图7-24可知，在2009—2019年，内蒙古玉米种植面积在100万亩以上的品种逐年减少，从2009年的10个百万亩品种（郑单958、兴垦10号、科河10号、承单22、巴单3号、东单8号、哲单37、赤早5、四单19、浚单20，10个品种推广面积达2 849.6万亩）下降到2018年和2019年的只有1个百万亩品种（京科968，1个品种推广面积达1 045万亩）；内蒙古玉米种植面积在50万～100万亩品种呈现先增加后减少的态势，从2009年的9个品种（9个品种推广面积达623.8万亩）增加到2013年和2014年的16个品种（16个品种推广面积达1 130

万亩左右），最后又下降到2019年的4个品种（4个品种推广面积达237.1万亩），见图7-25。由图7-26可知，在2009—2019年，内蒙古玉米种植面积在10万～50万亩品种逐年增加并趋于稳定，从2009年的41个10万～50万亩品种增加到2019年的80个品种；而内蒙古玉米种植面积在0～10万亩品种逐年增加，从2009年的96个增加到2019年的545个。由此可知，大面积的内蒙古玉米主导种植品种从10多年前的多而杂逐渐演变到单一品种一家独大的局面，而小面积的内蒙古玉米主导种植品种随着本地自育和外地引入品种增多呈现多而杂的局面，见图7-27。

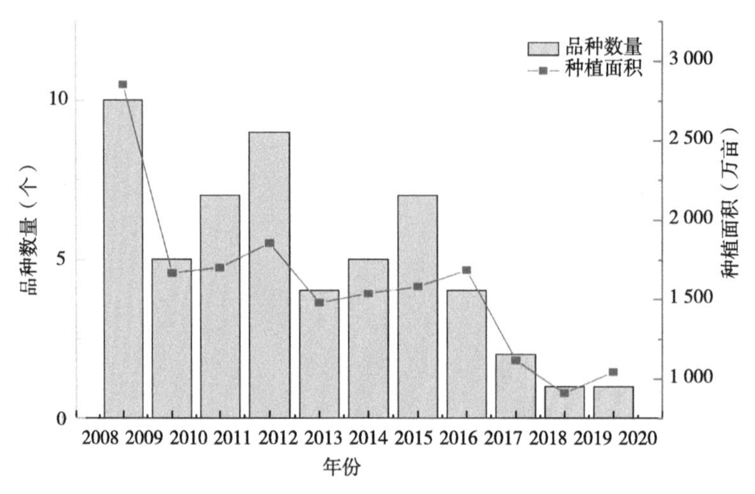

图7-24　内蒙古玉米主导品种种植面积大于100万亩的品种数量和种植面积变化

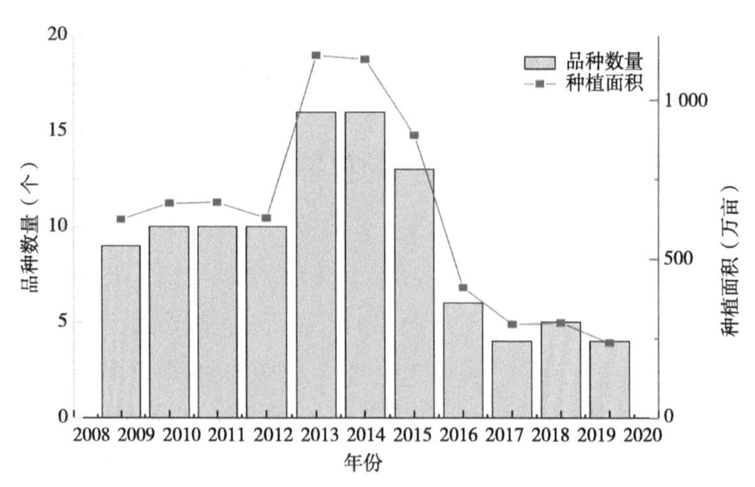

图7-25　内蒙古玉米主导品种种植面积50万～100万亩的品种数量和种植面积变化

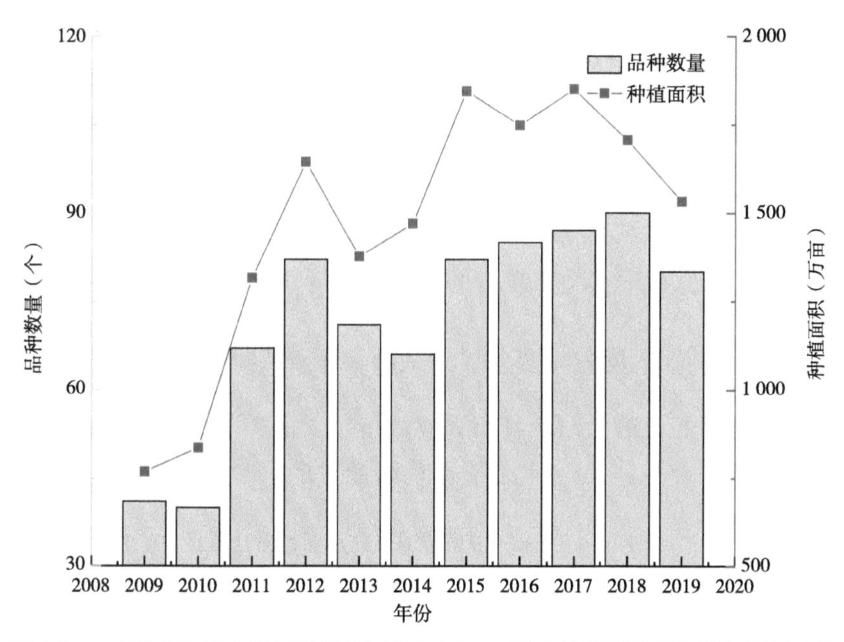

图7-26　内蒙古玉米主导品种种植面积10万～50万亩的品种数量和种植面积变化

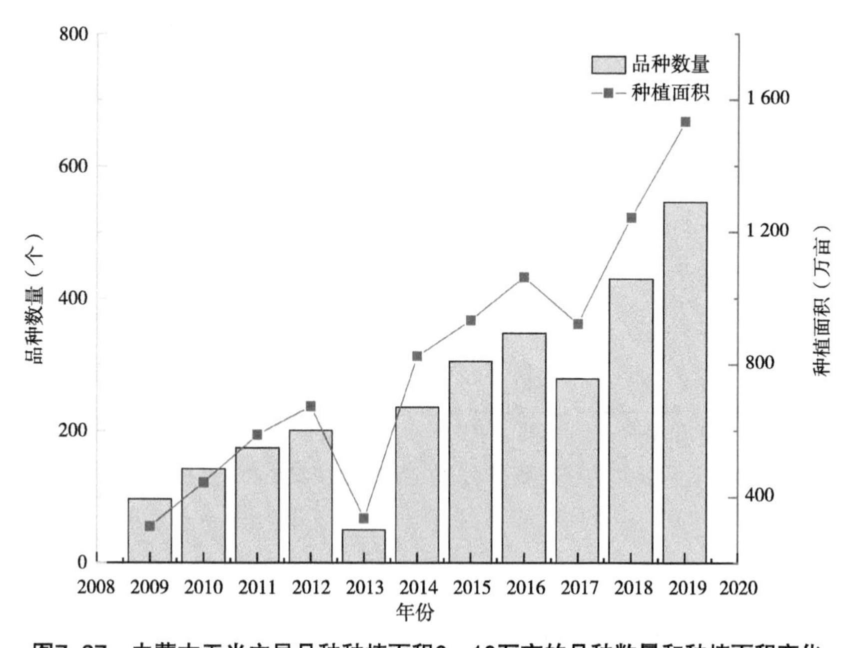

图7-27　内蒙古玉米主导品种种植面积0～10万亩的品种数量和种植面积变化

7.2　玉米品种匹配指南标准

不同玉米品种或种质资源的生育期存在着较大的差异，而国内外玉米生育期的划分标准和方法也存在着很大的差异。长期以来，我国玉米生育期划分还没有形成统一的标准和规范，给玉米生产、品种审定和推广带来诸多不便，十分必要建立或完善全国统一的玉米生育期调查和划分标准。

7.2.1　联合国粮食及农业组织（FAO）玉米熟期组的划分

依据播种到开花的天数及其相对应的积温，将所有玉米品种划分为8个或10个熟期类型（表7-1），这种划分方法被欧美的一些国家广泛使用。

表7-1　FAO与GDU玉米熟期组划分比较

FAO熟期组积温（℃）	播种至开花天数（天）	播种至成熟天数（天）	播种至成熟积温（℃）（>0℃）	播种至成熟有效积温（℃）（>10℃）	GDU熟期组积温（℃）
100	44～49	<110	2 600～2 700	950～1 000	1 650
200	55～56	110～115	2 700～2 800	1 000～1 100	1 850
300	54～58	115～120	2 800～2 900	1 100～1 200	2 050
400	58～63	120～125	2 900～3 000	1 200～1 300	2 250
500	60～66	125～130	3 000～3 100	1 300～1 400	2 450
600	66～77	130～135	3 100～3 200	1 400～1 450	2 650
700	70～80	135～140	3 250～3 400	1 450～1 500	2 850
800	>80	>140	>3 400	>1 500	3 050

注：1.积温为从播种到生理成熟（籽粒含水量28%～32%）的每天平均温度（>0℃）之和；2.有效温度为从播种到生理成熟的日温度减去10℃之和；3.FAO=（GDU-1 650）/2+100。

7.2.2　美国玉米熟期组的划分

使用大于10℃的温度计算玉米生长期的有效积温来划分熟期类型。每日有效温度单位（GDU）=[每日最高温度（≤30℃）+每日最低温度

（≥10℃）]/2-10（当某日的最高温度大于30℃时取30℃，当每日的最低温度低于10℃取10℃）。

7.2.3 我国玉米熟期组的划分

我国玉米生育期划分一般以出苗至成熟（生育期）所需的≥10℃活动积温为标准，有时考虑地域、生育期、春播或夏播、叶片数等，标准的不一致划分的熟期组差别很大。国家玉米品种试验按地域和用途划分，一些省份按当地已有的熟期组类型划分，往往出现同一品种在不同地区划为不同熟期组的现象。相对认可的全国玉米生育期的划分见表7-2。

表7-2 我国玉米熟期组划分

熟期组	生育期（天）			≥10℃活动积温（℃）	
	北方春播区	春夏交界区	夏播区	春播玉米	夏播玉米
极早熟	<105	<95	<85	<2 000	1 800 ~ 2 000
早熟	106 ~ 115	96 ~ 105	86 ~ 95	2 200 ~ 2 400	2 000 ~ 2 200
中熟	116 ~ 125	106 ~ 115	96 ~ 105	2 400 ~ 2 600	2 200 ~ 2 400
晚熟	126 ~ 135	116 ~ 125	106 ~ 115	2 600 ~ 2 800	2 400 ~ 2 600
极晚熟	>135	>125	>115	>2 800	2 600 ~ 2 800

由于温度高低和光照时数的差异，玉米品种在南北向引种时，生育期会发生变化。一般规律是北方品种向南方引种，常因日照短、温度高而缩短生育期；反之，向北引种生育期会有所延长。生育期变化的大小，取决于品种本身对光温的敏感程度，对光温越敏感，生育期变化越大。

7.2.4 内蒙古玉米熟期组的划分

内蒙古地势狭长，位处祖国北部边疆，地理、气候、生产条件、耕作制度等与我国其它玉米主产区的差异很大，玉米品种的熟期从超早熟至晚熟皆有。随着玉米生产的不断发展和优良新品种的选育成功与推广，参考国内外玉米熟期组划分标准，内蒙古玉米品种试验应进一步进行熟期组细划，及时更换对照品种，以提高新品种水平。根据内蒙古玉米生产实际情况，按玉米正常成熟为标准，初步开展了玉米品种区划，分为超早熟、极早熟、早熟、较早熟、中早熟、中熟、中晚熟、晚熟、极晚熟9个熟期组别（表7-3）。

表7-3　内蒙古自治区玉米熟期组划分

熟期组	≥10℃活动积温（℃）	生育期（天）	推荐对照	历年品种试验		FAO熟期组	GDU熟期组
				对照品种	生育期		
超早熟	<1 950	<100	九玉201				
极早熟	1 950～2 100	100～105	冀承单3号	冀承单3号	101	100	1 650
早熟	2 100～2 250	105～110	海玉4号	海玉4号	110	200	1 850
较早熟	2 250～2 400	110～115	哲单37	哲单37	114	300	2 050
中早熟	2 400～2 550	115～120	吉单27	九玉一号	118	400	2 250
中熟	2 550～2 700	120～125	四单19	四单19	122	500	2 450
中晚熟	2 700～2 850	125～130	先玉335	哲单20	128	600	2 650
晚熟	2 850～3 000	130～135	郑单958	郑单958	130	700	2 850
极晚熟	>3 000	>135		农大108	136	800	3 050

（1）超早熟组。呼伦贝尔西北部，兴安盟北部，锡林郭勒北部、乌兰察布后山北部。≥10℃活动积温<1 950℃，九玉201在当地难以正常成熟，种植面积较小。

（2）极早熟组。呼伦贝尔东南部，兴安盟、通辽、赤峰北部，锡林郭勒南部，乌兰察布后山南部，呼和浩特、包头北部小区域。以乌兰察布后山、呼伦贝尔东南部为主。冀承单3号熟期，≥10℃活动积温1 950～2 100℃。

（3）早熟组。呼伦贝尔市东南部，兴安盟、通辽、赤峰北部，乌兰察布前、后山，呼和浩特、包头北部。以呼伦贝尔东南部为主。海玉4号、克单8熟期，≥10℃活动积温2 100～2 250℃。

（4）较早熟组。呼伦贝尔东部（毗邻黑龙江），兴安盟、通辽、赤峰中北部，乌兰察布前山，呼和浩特、包头中北部。以乌兰察布前山、赤峰和兴安盟中北部为主。哲单37熟期，≥10℃活动积温2 250～2 400℃。

（5）中早熟组。兴安盟、通辽、赤峰中北部，乌兰察布前山，呼和浩特中部，包头中部。以兴安盟、赤峰中北部为主。吉单27熟期，≥10℃活动积温2 400～2 550℃。

（6）中熟组。兴安盟大部，通辽、赤峰中部，乌兰察布前山小区域，呼和浩特、包头、鄂尔多斯大部，巴彦淖尔延山区部。以兴安盟、呼和浩特、包头、鄂尔多斯为主。四单19熟期，≥10℃活动积温2 550～2 700℃。

（7）中晚熟组。兴安盟南部，通辽、赤峰大部，呼和浩特、包头、鄂尔多斯南部，巴彦淖尔大部。以通辽、赤峰、巴彦淖尔为主。先玉335熟期，≥10℃活动积温2 700～2 850℃。

（8）晚熟组。通辽、赤峰南部，巴彦淖尔少部，阿拉善东南部。以通辽、赤峰、巴彦淖尔为主。主对照为郑单958，≥10℃活动积温2 850～3 000℃。

（9）极晚熟组。乌海、阿拉善盟局部。玉米面积较小，≥10℃活动积温>3 000℃。

7.3　近10年内蒙古各地适合栽培品种推荐①

7.3.1　京科968

选育单位：北京市农林科学院玉米研究中心

亲本血缘：京724×京92

类型：普通玉米

区试产量：东华北春玉米区域试验平均每公顷产量11 566.5千克，比对照郑单958增产7.1%。生产试验平均每公顷产量10 744.5千克，比对照郑单958增产10.5%。

熟期：中晚熟品种，出苗至成熟128天，与郑单958相当。

抗性：人工接种鉴定，高抗玉米螟，中抗大斑病、灰斑病、丝黑穗病、茎腐病和弯孢菌叶斑病。

品质：籽粒容重767克/升，粗蛋白质含量10.54%，粗脂肪含量3.41%，粗淀粉含量75.42%，赖氨酸含量0.30%。

---

①　2018年在内蒙古种植推广面积10万亩以上的品种。

主要特点：丰产性和稳产性好、抗性突出，但是熟期相对较晚，不适应今后机械化粒收的发展方向。

审定适宜种植区域：适宜在北京、天津、山西中晚熟区、内蒙古赤峰和通辽、辽宁中晚熟区（丹东除外）、吉林中晚熟区、陕西延安及河北承德、张家口、唐山地区春播种植。

主要推广地区：内蒙古赤峰和通辽。

种植面积变化情况：推广以来，其种植面积在内蒙古均占首位，2016年1 251.9万亩、2017年1 008.7万亩，2018年912万亩。

7.3.2 先玉335

选育单位：铁岭先锋种子研究有限公司

亲本血缘：PH6WC × PH4CV

类型：普通玉米

区试产量：东华北春玉米区域试验平均每公顷产量11 451千克，比对照农大108增产18.6%；生产试验平均每公顷产量11 419.5千克，比对照农大108增产20.9%。

熟期：中熟品种，出苗至成熟127天，比对照农大108早4天。

抗性：人工接种鉴定，高抗瘤黑粉病，抗灰斑病、纹枯病和玉米螟，感大斑病、弯孢菌叶斑病和丝黑穗病。

品质：籽粒容重776克/升，粗蛋白质10.91%，粗脂肪4.01%，粗淀粉72.55%，赖氨酸0.33%。

主要特点：丰产性和稳产性好、适应性广、籽粒后期脱水快、商品品质优，但是抗性差、易倒伏，感大斑病、感弯孢菌叶斑病。

审定适宜种植区域：适宜在北京、天津、辽宁、吉林、河北北部、山西、内蒙古赤峰和通辽、陕西延安地区春播种植。

主要推广地区：内蒙古赤峰、通辽、兴安盟、呼和浩特、包头、鄂尔多斯和巴彦淖尔。

种植面积变化情况：该品种近年来推广面积逐步减少，2016年205.1万亩，2017年92.1万亩，2018年为36.3万亩。

7.3.3 利禾1

选育单位：内蒙古利禾农业科技发展有限公司

亲本血缘：M1001×F2001

类型：普通玉米

区试产量：参加内蒙古中晚熟组区域试验，平均亩产961.3千克，比对照丰田6号增产10.2%；参加内蒙古中晚熟组生产试验，平均亩产860.8千克，比对照丰田6号增产10.25%。

熟期：中晚熟品种，出苗至成熟130天。

抗性：人工接种鉴定，感大斑病、感弯孢病、高抗丝黑穗病、高抗茎腐病、感玉米螟。

品质：籽粒容重750克/升，粗蛋白质8.85%，粗脂肪4.01%，粗淀粉73.39%，赖氨酸0.29%。

主要特点：丰产性和稳产性好、适应性广、籽粒后期脱水较快、商品品质优，但是抗倒性较差、感大斑病、感弯孢菌叶斑病、感玉米螟。

审定适宜种植区域：适宜内蒙古≥10℃活动积温2 800℃以上地区种植。

主要推广地区：内蒙古赤峰、通辽、兴安盟、呼和浩特、包头、鄂尔多斯和巴彦淖尔。

种植面积变化情况：该品种审定以来，作为一个新品种其推广面积逐步增加，2017年47.3万亩，2018年76.2万亩。

7.3.4 西蒙6号

选育单位：内蒙古西蒙种业有限公司

亲本血缘：J203×817-2

类型：普通玉米

区试产量：参加内蒙古中熟组区域试验，平均亩产868.5千克，比对照兴垦3号增产19.3%；参加内蒙古中熟组生产试验，平均亩产921.5千克，比对照丰田6号增产14.2%。

熟期：中晚熟品种，出苗至成熟131天。

抗性：人工接种鉴定，中抗大斑病、中抗弯孢病、感丝黑穗病、中抗茎腐病、中抗玉米螟。

品质：籽粒容重739克/升，粗蛋白质8.19%，粗脂肪3.22%，粗淀粉76.03%，赖氨酸0.28%。

主要特点：丰产性和稳产性好、适应性广，注意防治丝黑穗病。

审定适宜种植区域：适宜内蒙古≥10℃活动积温2 700℃以上地区种植。

主要推广地区：内蒙古赤峰、通辽、兴安盟、呼和浩特、包头、鄂尔多斯和巴彦淖尔。

种植面积变化情况：该品种近年来推广面积呈逐年下降的趋势，2017年71.5万亩，2018年49.6万亩。

7.3.5 天农九

选育单位：抚顺天农种业有限公司

亲本血缘：T106×W08

类型：普通玉米

区试产量：参加内蒙古玉米中熟组区域试验，平均亩产773.1千克，比对照兴垦3号增产8.1%；参加内蒙古玉米中熟组生产试验，平均亩产801.7千克，比对照兴垦3号增产7.9%。

熟期：中熟品种，出苗至成熟125天。

抗性：人工接种鉴定，抗大斑病，感弯孢病，高抗丝黑穗病，高抗茎腐病，中抗玉米螟。

品质：籽粒容重780克/升，粗蛋白质8.47%，粗脂肪4.38%，粗淀粉74.89%，赖氨酸0.24%。

主要特点：丰产性好、适应性广、高抗丝黑穗病、高抗茎腐病，但是感弯孢菌叶斑病。

审定适宜种植区域：适宜内蒙古鄂尔多斯、包头、呼和浩特、赤峰、兴安盟≥10℃活动积温2 600℃以上地区种植。

主要推广地区：内蒙古赤峰、通辽、兴安盟、呼伦贝尔、乌兰察布、呼和浩特、包头。

种植面积变化情况：该品种近年来推广面积逐步减少，2017年41.7万亩，2018年37.8万亩。

7.3.6 大民3307

选育单位：大民种业股份有限公司

亲本血缘：R37×P2

类型：普通玉米

区试产量：参加内蒙古玉米中早熟组区域试验，平均亩产量667.8千克，比对照哲单37增产12.5%；参加内蒙古玉米中早熟组生产试验，平均亩产量637.4千克，比对照哲单37增产8.5%。

熟期：中早熟品种，出苗至成熟114天。

抗性：人工接种鉴定，抗大斑病，感弯孢菌叶斑病，抗丝黑穗病，中抗茎腐病，中抗玉米螟。

品质：籽粒容重772克/升，粗蛋白质10.82%，粗脂肪3.69%，粗淀粉72.64%，赖氨酸0.30%。

主要特点：丰产性和稳产性好、适应性广、抗倒性较好，但是感弯孢菌叶斑病。

审定适宜种植区域：适宜内蒙古呼和浩特、呼伦贝尔、通辽、赤峰、兴安盟≥10℃活动积温2 400℃以上地区种植。

主要推广地区：内蒙古赤峰、通辽、兴安盟、呼伦贝尔、乌兰察布、呼和浩特、包头。

种植面积变化情况：该品种近年来推广面积呈逐年下降的趋势，2017年49.7万亩，2018年27.8万亩。

7.3.7 先玉696

选育单位：铁岭先锋种子研究有限公司

亲本血缘：PH6WC×PHB1M

类型：普通玉米

区试产量：东华北春玉米区域试验平均每公顷产量10 663.5千克，比对照品种增产13.3%；生产试验平均每公顷产量9 505.5千克，比对照品种增产7.9%。

熟期：中早熟品种，出苗至成熟125天。

抗性：人工接种鉴定，抗大斑病、灰斑病、弯孢菌叶斑病、丝黑穗病和玉米螟，中抗纹枯病。

品质：籽粒容重736克/升，粗蛋白质9.59%，粗脂肪4.60%，粗淀粉74.15%，赖氨酸0.31%。

主要特点：丰产性好、抗性强，但是耐密性稍差，不合理密植易导致大面积空秆。

审定适宜种植区域：适宜在北京、天津、河北北部、山西、吉林、内蒙古赤峰、陕西延安地区春播种植。

主要推广地区：内蒙古兴安盟、赤峰、通辽、呼和浩特和包头。

种植面积变化情况：该品种推广面积逐年减少，2017年40.9万亩，2018年12.8万亩。

7.3.8 罕玉5号

选育单位：乌兰浩特市秋实种业有限责任公司

亲本血缘：H530×合344

类型：普通玉米

区试产量：参加内蒙古玉米中早熟组区域试验，平均亩产663.4千克，比对照九玉一号增产19.5%；参加内蒙古玉米中早熟组生产试验，平均亩产601.6千克，比对照九玉一号增产11.7%。

熟期：中早熟品种，出苗至成熟121天。

抗性：人工接种鉴定，中抗大斑病，感弯孢菌叶斑病，高抗丝黑穗病，高抗茎腐病，感玉米螟。

品质：籽粒容重736克/升，粗蛋白质10.06%，粗脂肪3.02%，粗淀粉74.43%，赖氨酸0.29%。

主要特点：丰产性好、抗倒能力强，稳产性好，但是感弯孢菌叶斑病、玉米螟。

审定适宜种植区域：适宜内蒙古呼和浩特、赤峰、通辽、兴安盟、呼伦贝尔≥10℃活动积温2 500℃以上地区种植。

主要推广地区：内蒙古兴安盟、赤峰、通辽、乌兰察布、呼和浩特和包头。

种植面积变化情况：该品种推广面积近3年来不稳定，变化幅度较大，2016—2017年下降了166%。2017年27.1万亩，2018年20.5万亩。

7.3.9 禾田1号

选育单位：黑龙江禾田丰泽兴农科技开发有限公司

亲本血缘：B10194×合344

类型：普通玉米

区试产量：参加内蒙古早熟组区域试验，平均亩产739.0千克，比对照丰垦008增产8.3%；参加内蒙古早熟组生产试验，平均亩产633.0千克，比对照丰垦008增产1.2%。

熟期：早熟品种，出苗至成熟120天，与对照丰垦008同期。

抗性：人工接种鉴定，感大斑病，中抗弯孢病，高抗丝黑穗病，高抗茎腐病，中抗玉米螟。

品质：籽粒容重718克/升，粗蛋白质9.17%，粗脂肪4.26%，粗淀粉75.30%，赖氨酸0.27%。

主要特点：丰产性和稳产性好、抗倒伏性强，但是感大斑病。

审定适宜种植区域：适宜内蒙古≥10℃活动积温2 200℃以上地区种植。

主要推广地区：内蒙古兴安盟、呼伦贝尔、赤峰、通辽、乌兰察布、呼和浩特和包头。

种植面积变化情况：该品种推广面积近年来呈增长的趋势。2017年40万亩，2018年18.9万亩。

7.3.10 郑单958

选育单位：河南省农业科学院粮食作物研究所

亲本血缘：郑58×昌7-2

类型：普通玉米

区试产量：参加内蒙古区域试验，平均亩产859.1千克，比对照农大108增产19.3%；参加内蒙古生产试验，平均亩产856.1千克，比对照农大108增产11.0%。

熟期：中晚熟品种，出苗至成熟120天。

抗性：人工接种鉴定，抗大斑病和小斑病，高抗黑粉病，中抗茎腐病，抗玉米螟、黑粉病、矮花叶病。

品质：籽粒含粗蛋白质8.47%，粗脂肪3.92%，粗淀粉73.42%，赖氨酸

0.37%。

主要特点：丰产、稳产、抗病性强，但是熟期偏晚，籽粒商品品质一般。

审定适宜种植区域：适宜内蒙古≥10℃活动积温3 100℃以上地区种植。

主要推广地区：内蒙古巴彦淖尔、鄂尔多斯。

种植面积变化情况：该品种近年来推广面积逐步减少，2017年78.2万亩，2018年15.1万亩。

7.3.11 农华101

选育单位：北京金色农华种业科技股份有限公司

亲本血缘：NH60 × S121

类型：普通玉米

区试产量：参加东华北、西北组玉米生产试验，内蒙古4点平均亩产856.2千克，比对照郑单958增产6.8%；参加内蒙古玉米中晚熟组区域试验，平均亩产833.7千克，比对照郑单958增产5.2%。

熟期：中晚熟品种，出苗至成熟128天。

抗性：人工接种鉴定，抗丝黑穗病，高抗茎腐病。

品质：籽粒容重738克/升，粗蛋白质10.90%，粗脂肪3.48%，粗淀粉71.35%，赖氨酸0.32%。

主要特点：丰产、稳产、抗病性强。

审定适宜种植区域：适宜内蒙古巴彦淖尔、鄂尔多斯、赤峰、通辽≥10℃活动积温2 800℃以上地区种植。

主要推广地区：内蒙古巴彦淖尔、鄂尔多斯。

种植面积变化情况：该品种近年来推广面积相对稳定，变化幅度较小，2017年12.8万亩，2018年13.9万亩。

7.3.12 种星618

选育单位：内蒙古种星种业有限公司

亲本血缘：F2911 × M168

类型：普通玉米

区试产量：参加内蒙古玉米中熟组区域试验，平均亩产723.7千克，比对照四单19增产7.8%；参加内蒙古玉米中熟组生产试验，平均亩产723.9千克，比对照四单19增产5.9%。

熟期：中晚熟品种，出苗至成熟132天。

抗性：人工接种鉴定，抗大斑病，高抗丝黑穗病，中抗茎腐病，中抗玉米螟。

品质：籽粒容重748克/升，粗蛋白质9.87%，粗脂肪4.06%，粗淀粉70.60%，赖氨酸0.26%。

主要特点：丰产、稳产、抗病性强。

审定适宜种植区域：适宜内蒙古兴安盟、赤峰、呼和浩特、鄂尔多斯≥10℃活动积温2 800℃以上地区种植。

主要推广地区：内蒙古巴彦淖尔、鄂尔多斯。

种植面积变化情况：该品种近年来推广面积逐步减少，2017年26.8万亩，2018年19.7万亩。

7.3.13 NK718

选育单位：北京市农林科学院玉米研究中心、北京农科院种业科技有限公司

亲本血缘：京464×京2416

类型：普通玉米

区试产量：参加内蒙古玉米中晚熟组区域试验，平均亩产927.9千克，比对照郑单958增产8.2%；参加内蒙古玉米中晚熟组生产试验，平均亩产831.0千克，比对照郑单958增产3.9%。

熟期：中晚熟品种，出苗至成熟131天。

抗性：人工接种鉴定，中抗大斑病、感弯孢病、中抗丝黑穗病、高抗茎腐病、抗玉米螟。

品质：籽粒容重770克/升，粗蛋白质8.46%，粗脂肪3.97%，粗淀粉75.32%，赖氨酸0.29%。

主要特点：丰产性和稳产性好、适应性广、抗倒伏性较好，但是感弯孢病。

审定适宜种植区域：适宜内蒙古巴彦淖尔、赤峰、通辽≥10℃活动积温2 900℃以上地区种植。

主要推广地区：内蒙古鄂尔多斯和巴彦淖尔。

种植面积变化情况：该品种近年来推广面积呈逐年下降的趋势，2017年40.7万亩，2018年11.3万亩。

7.3.14 均隆1217

选育单位：四川丰大种业有限公司

亲本血缘：F149 × D007

类型：普通玉米

区试产量：参加内蒙古晚熟组区域试验，平均亩产942.6千克，比组均值增产6.44%；参加内蒙古晚熟组生产试验，平均亩产905.0千克，比对照郑单958增产10.28%。

熟期：晚熟品种，出苗至成熟131天。

抗性：人工接种鉴定，感大斑病，中抗弯孢病，中抗丝黑穗病，高抗茎腐病，中抗玉米螟。

品质：籽粒容重769克/升，粗蛋白质8.83%，粗脂肪3.94%，粗淀粉74.64%，赖氨酸0.26%。

主要特点：丰产性和稳产性好、适应性广、抗倒伏性较好，但是感大斑病。

审定适宜种植区域：适宜内蒙古≥10℃活动积温2 900℃以上地区种植。

主要推广地区：内蒙古鄂尔多斯和巴彦淖尔。

种植面积变化情况：该品种2017年推广面积较大，为46.8万亩，2018年15.8万亩。

7.3.15 东陵白

引进单位：呼和浩特市种子管理站

亲本血缘：来源于河北、天津，因原产于清东陵地区而得名，又名白马牙。东陵白属农家品种，是常规种子。

类型：饲用玉米

区试产量：参加内蒙古饲用作物区域试验，3点平均生物产量为5 405.3千克/亩。

抗性：田间未见大斑病和小斑病、黑粉病、茎腐病、青枯病等玉米常见病害。

品质：水分70.95%，粗蛋白质6.53%，粗脂肪3.26%，粗纤维22.48%，总糖16.52%。

主要特点：植株高大，田间生长较为整齐，保绿性中等，抗病虫，抗倒伏性一般。

审定适宜种植区域：适宜内蒙古≥10℃有效积温在2 800℃以上的地区种植，整株青贮。

主要推广地区：内蒙古呼和浩特、赤峰、通辽、鄂尔多斯和巴彦淖尔。

种植面积变化情况：该品种近年来推广应用面积逐年下降，2017年106.6万亩，2018年65.9万亩。

7.3.16　英国红

引进单位：呼和浩特市种子管理站

亲本血缘：该品种为国外品种，原产于英国，因籽粒紫红色而得名。

类型：饲用玉米

区试产量：参加内蒙古饲用作物区域试验，3点平均生物产量为4 404.8千克/亩。

主要特点：植株高大，田间生长较整齐一致，保绿性中等，抗病虫，较抗倒伏。

审定适宜种植区域：适宜内蒙古≥10℃有效积温在2 800℃以上的地区种植，整株青贮。

主要推广地区：内蒙古呼和浩特、赤峰、通辽、鄂尔多斯和巴彦淖尔。

种植面积变化情况：该品种近年来推广应用面积变化幅度较大，2017年36.6万亩，2018年50.9万亩。

7.3.17　冀承单3号

选育单位：赤峰市喀喇沁旗种子公司

亲本血缘：北711×承18

类型：普通玉米

区试产量：平均亩产421.5～545.5千克

熟期：生育期90天左右。

品质：穗行12～16行，百粒重23～25克。

主要特点：植株较矮，抗倒性强。

审定适宜种植区域：适宜在有效积温1 900～2 300℃地区种植推广。

主要推广地区：内蒙古乌兰察布、锡林郭勒盟、赤峰。

种植面积变化情况：该品种推广应用面积相对稳定，2017年45.7万亩，2018年32.4年万亩。

7.3.18　哲单39

选育单位：通辽市农牧业科学研究所、通辽市扎鲁特旗原种场

亲本血缘：917×黑系2

类型：普通玉米

区试产量：1997—1999年3年内蒙古玉米区域试验，平均亩产546.13千克，比对照哲单35增产12%。1998—1999年两年生产试验，平均亩产603.5千克，比哲单35增产11.9%，比四单19增产8.2%。

熟期：中早熟玉米单交种，生育期113天。

抗性：抗玉米大斑病和小斑病、丝黑穗病、茎腐病。

品质：粗蛋白质8.1%，粗脂肪3.22%，粗淀粉74.84%，赖氨酸0.25%，属高淀粉玉米。

主要特点：成株根系发达，不早衰，适应性、稳定性较好。

审定适宜种植区域：适宜内蒙古、黑龙江、吉林等地中早熟区域种植，需≥10℃活动积温在2 500～2 600℃。

主要推广地区：内蒙古通辽、赤峰、兴安盟。

种植面积变化情况：该品种推广应用面积相对稳定，2017年15.8万亩，2018年17.6年万亩。

7.3.19　丰田6号

选育单位：赤峰市丰田科技种业有限责任公司

亲本血缘：F017×T8532

类型：普通玉米

区试产量：2003年内蒙古中早熟组预备试验，平均亩产量为801.2千克，比对照四单19增产1.9%。2004年内蒙古中熟组区域试验，平均亩产量为751.5千克，比对照四单19增产19.3%。2004年自治区中熟组生产试验，平均亩产量为743.1千克，比对照四单19增产22.1%。

熟期：中熟品种。

品质：穗行数16～18行，行粒数43粒，穗粒数783粒，单穗粒重224.2克，百粒重31.5克，出籽率81.3%。

主要特点：丰产稳产，适应性好，但高感矮花叶病，感茎腐病、丝黑穗病。

审定适宜种植区域：适宜内蒙古≥10℃活动积温2 700℃以上地区种植。

主要推广地区：内蒙古兴安盟、鄂尔多斯、巴彦淖尔、赤峰和呼和浩特。

种植面积变化情况：该品种推广应用面积减少，2017年25.8万亩，2018年15.4万亩。

7.3.20 德美亚1号

选育单位：黑龙江省垦丰种业有限公司

亲本血缘：（KWS10×KWS73）×KWS49

类型：普通玉米

区试产量：2010年参加内蒙古极早熟组区域试验，平均亩产599.2千克，比对照冀承单3号增产12.4%。2011年参加内蒙古极早熟组生产试验，平均亩产598.2千克，比对照冀承单3号增产22.1%。

熟期：极早熟品种。

品质：穗行数14行，行粒数35粒，单穗粒重136.5克，出籽率83.7%。亩保苗6 000～6 700株。

主要特点：生长势强，耐旱性、耐寒性强，适应性广。

审定适宜种植区域：适宜内蒙古≥10℃活动积温2 200℃以上地区种植。

主要推广地区：内蒙古呼伦贝尔、锡林郭勒盟、兴安盟。

种植面积变化情况：该品种推广应用面积有所增加，2017年42.2万亩，2018年55.5万亩。

7.3.21 吉单27

选育单位：吉林吉农高新技术发展股份有限公司

亲本血缘：四-287×四-144

区试产量：2005年参加内蒙古玉米中熟组生产试验，平均亩产量706.8千克，比对照四单19增产4.2%。

熟期：平均生育期123天，比对照四单19早1天。

品质：穗行数14～18行，行粒数38粒，出籽率88.0%。

主要特点：品种苗势强，抗旱，出籽率高，丰产稳产，但高感矮花叶病、霉腐茎腐病，感小斑病。

审定适宜种植区域：适宜内蒙古呼和浩特、鄂尔多斯、兴安盟、赤峰≥10℃活动积温2 700℃以上的地区种植。

主要推广地区：内蒙古兴安盟。

种植面积变化情况：该品种推广应用面积相对稳定，2017年22.6万亩，2018年18.7万亩。

7.3.22 吉单535

选育单位：吉林吉农高新技术发展股份有限公司北方农作物优良品种开发中心

亲本血缘：吉V022×吉V016

类型：普通玉米

区试产量：2009年参加内蒙古玉米中熟组区域试验，平均亩产807.8千克，比对照四单19增产13.0%。2010年参加内蒙古玉米中熟组区域试验，平均亩产801.6千克，比对照兴垦3号增产10.6%。2010年参加内蒙古玉米中熟组生产试验，平均亩产816.8千克，比对照兴垦3号增产9.9%。

熟期：中熟品种。

品质：穗行数16～18行，行粒数37粒，穗粒数641粒，单穗粒重213.0克，出籽率87.6%。

主要特点：植株株型半紧凑，果穗长筒形。

审定适宜种植区域：适宜内蒙古鄂尔多斯、包头、呼和浩特、赤峰、兴安盟≥10℃活动积温2 700℃以上地区种植。

主要推广地区：内蒙古兴安盟。

种植面积变化情况：该品种推广应用面积增加，2017年21.3万亩，2018年37.6万亩。

7.3.23 丰垦008

选育单位：内蒙古丰垦种业有限责任公司

亲本血缘：K454×扎461

类型：普通玉米

区试产量：2008年参加内蒙古玉米中早熟组预备试验，平均亩产604.8千克，比对照哲单37增产5.9%。2009年参加内蒙古玉米早熟组区域试验，平均亩产582.0千克，比对照克单8增产13.6%。2009年参加内蒙古玉米早熟组生产试验，平均亩产599.4千克，比对照克单8增产17.2%。

熟期：平均生育期121天，与对照克单8同期。

抗性：中抗大斑病，中抗弯孢菌叶斑病，高抗丝黑穗病，抗茎腐病，中抗玉米螟。

品质：籽粒容重753克/升，粗蛋白质9.15%，粗脂肪4.11%，粗淀粉72.95%，赖氨酸0.26%。

主要特点：高抗丝黑穗病，抗茎腐病，但是易感玉米螟。

审定适宜种植区域：适宜内蒙古乌兰察布、赤峰、通辽、兴安盟、呼伦贝尔≥10℃活动积温2 300℃以上地区种植。

主要推广地区：内蒙古兴安盟。

种植面积变化情况：该品种推广应用面积相对稳定，2017年26万亩，2018年23.1万亩。

7.3.24 丰田12号

选育单位：赤峰市丰田科技种业有限责任公司

亲本血缘：F1216×T2116

类型：普通玉米

区试产量：2004年参加内蒙古中早熟组玉米预备试验，平均亩产697.9千克，比四单19增产3.6%。2005年参加内蒙古中熟组玉米区域试验，平均亩产

642.8千克，比四单19增产0.7%。2006年参加内蒙古中熟组玉米生产试验，平均亩产790.8千克，比对照四单19增产8.8%。

熟期：平均生育期134天，比对照四单19晚1天。

品质：穗行数14～16行，行粒数40～45粒，穗粒数612粒，单穗粒重215.2克，出籽率85%。

主要特点：植株株型半紧凑，穗轴红色，籽粒黄色、马齿型。

审定适宜种植区域：内蒙古赤峰、通辽、呼和浩特、兴安盟≥10℃活动积温2 700℃以上地区种植。

主要推广地区：内蒙古乌兰察布、赤峰、鄂尔多斯和呼和浩特。

种植面积变化情况：该品种的推广应用面积有所减少，2017年17.1万亩，2018年11.9万亩。

7.3.25　承3359

选育单位：承德长城金山种子科技有限公司

亲本血缘：593×C663

类型：普通玉米

区试产量：1999年参加了鄂尔多斯品种区域试验，在杭锦旗试点比对照哲单七号增产7.64%，在达旗比对照哲单七号增产1.0%，在鄂尔多斯市农业研究所试点比对照哲单七号减产5.6%。

抗性：高抗丝黑穗病，抗大斑病，抗矮花叶病，高抗红叶病。

品质：籽粒容量754克/升，粗蛋白质10.44%，赖氨酸0.29%，粗脂肪4.84%，淀粉71.66%。

主要特点：果穗长筒形、穗轴红色，籽粒栗红色、中间型。

审定适宜种植区域：适应在有效积温2 600～2 650℃的地区种植推广。

主要推广地区：鄂尔多斯和赤峰等地。

种植面积变化情况：该品种在2011年应用最广，2017年20.9万亩，2018年的推广应用面积有所减少，为12.8万亩。

7.3.26　利合16

选育单位：山西利马格兰特种谷物研发有限公司

亲本血缘：CKEXI13×LPMD72

类型：普通玉米

区试产量：2012年参加内蒙古极早熟组试验，平均亩产666.0千克，比平均值增产2.8%。

熟期：极早熟品种。

品质：穗行数12～14行，行粒数36粒，单穗粒重137.0克，出籽率81.8%。

主要特点：高产、早熟、大斑病、丝黑穗病和玉米螟高发区慎用。

审定适宜种植区域：适宜内蒙古≥10℃活动积温2 100℃以上地区种植。

主要推广地区：内蒙古乌兰察布、呼伦贝尔、赤峰和包头。

种植面积变化情况：该品种推广应用面积有所减少，2017年20.9万亩，2018年12.8万亩。

7.3.27 豫禾988

选育单位：河南省豫玉种业股份有限公司

亲本血缘：581×547

类型：普通玉米

区试产量：2009年参加内蒙古玉米中晚熟组区域试验，平均亩产895.4千克，比对照郑单958增产7.1%。2010年参加内蒙古玉米中晚熟组区域试验，平均亩产888.4千克，比对照郑单958增产8.8%。2010年参加内蒙古玉米中晚熟组生产试验，平均亩产875.4千克，比对照郑单958增产7.0%。

熟期：中晚熟品种。

品质：穗行数16～18行，行粒数37粒，穗粒数628粒，单穗粒重197.4克，出籽率86.1%。

主要特点：植株株型紧凑，果穗筒形、穗轴白色，籽粒马齿型。

审定适宜种植区域：适宜内蒙古巴彦淖尔、赤峰、通辽≥10℃活动积温2 900℃以上地区种植。

主要推广地区：内蒙古巴彦淖尔、赤峰和通辽。

种植面积变化情况：该品种推广以来应用面积逐年减少，2017年20.9万亩，2018年12.8万亩。

7.3.28 农华106

选育单位：北京金色农华种业科技股份有限公司

亲本血缘：8TA60×S121

类型：普通玉米

区试产量：2009年参加内蒙古中早熟组预备试验，平均亩产795.6千克，比对照四单19增产5.5%。2010年参加内蒙古中熟组区域试验，平均亩产828.1千克，比对照兴垦3号增产14.3%。2011年参加内蒙古中熟组生产试验，平均亩产886.8千克，比对照丰田6号增产9.9%。

熟期：中早熟品种。

品质：穗行数18～20行，行粒数36粒，单穗粒重229.5克，出籽率85.7%。

主要特点：植株株型半紧凑，果穗短筒形、穗轴红色，籽粒马齿型、黄色。

审定适宜种植区域：适宜内蒙古≥10℃活动积温2 700℃以上地区种植。

主要推广地区：内蒙古巴彦淖尔、赤峰、鄂尔多斯、呼和浩特和兴安盟。

种植面积变化情况：该品种推广应用面积逐年减少，2017年24.5万亩，2018年20.4万亩。

7.3.29 兴垦3号

选育单位：兴安盟农垦种业有限公司

亲本血缘：167-1×改良Mo17

类型：普通玉米

区试产量：1997—1999年3年兴安盟区域试验，平均亩产795.8千克，较对照四单19增产12.6%。1999—2000年兴安盟生产试验面积9 216亩，两年平均亩产624.1千克，比对照四单19增产11.5%。

熟期：生育期124天。

抗性：抗大斑病、小斑病，抗丝黑穗病，无青枯病。

品质：籽粒容重804克/升，粗蛋白质9.59%，粗脂肪4.9%，淀粉74.38%，赖氨酸0.27%，为高淀粉品种。

主要特点：该品种后期灌浆快，活秆成熟。抗大斑病、小斑病，抗丝黑穗病，无青枯病。

审定适宜种植区域：适宜内蒙古≥10℃活动积温2 650℃以上地区种植。

主要推广地区：内蒙古兴安盟。

种植面积变化情况：该品种2013年应用面积最多，为136.1万亩，此后推广应用面积逐年减少，2017年24.5万亩，2018年20.4万亩。

7.3.30 科河28

选育单位：内蒙古巴彦淖尔市科河种业有限公司

亲本血缘：KH12×KH598

类型：普通玉米

区试产量：2009年参加内蒙古中晚熟组预备试验，平均亩产884.5千克，比对照郑单958增产8.4%。2010年参加内蒙古中晚熟组区域试验，平均亩产860.4千克，比对照郑单958增产5.4%。2011年参加内蒙古中晚熟组生产试验，平均亩产740.4千克，与组均值平产。

熟期：中晚熟品种。

品质：穗行数16～18行，行粒数32粒，单穗粒重168.0克，出籽率85.0%。

主要特点：植株株型紧凑，果穗短筒形、穗轴白色，籽粒偏硬粒型、黄色。

审定适宜种植区域：适宜内蒙古呼和浩特以西≥10℃活动积温2 900℃以上地区种植。

主要推广地区：内蒙古巴彦淖尔。

种植面积变化情况：该品种推广应用面积相对稳定，2017年11.8万亩，2018年11.3万亩。

7.3.31 罕玉1号

选育单位：乌兰浩特市秋实种业有限责任公司

亲本血缘：H35×K10

类型：普通玉米

区试产量：2006年参加内蒙古玉米早熟组区域试验，平均亩产495.0千克，比对照克单8增产8.6%。2007年参加内蒙古玉米早熟组区域试验，平均亩产583.4千克，比对照克单8增产7.2%。2008年参加内蒙古玉米早熟组生产试验，平均亩产565.0千克，比对照克单8增产15.0%。

熟期：平均生育期117天，比对照克单8晚2天。

品质：穗行数12～16行，行粒数38.2粒，穗粒数534粒，单穗粒重153.6克，出籽率83.2%。

主要特点：植株株型平展，护颖绿色，花药黄色，雌穗花丝浅粉色，果穗长柱形、穗轴红色，籽粒偏硬粒型、黄色。

审定适宜种植区域：适宜内蒙古呼伦贝尔、兴安盟、通辽、赤峰、乌兰察布≥10℃活动积温2 400℃以上地区种植。

主要推广地区：内蒙古兴安盟和赤峰。

种植面积变化情况：该品种推广应用面积相对稳定，2017年22.9万亩，2018年22.8万亩。

7.3.32 先正达408

选育单位：先正达（中国）投资有限公司隆化分公司

亲本血缘：NP2034×HF903

类型：普通玉米

区试产量：2004年参加内蒙古中早熟组玉米预备试验，平均亩产739.9千克，比对照四单19增产6.2%。2005年参加内蒙古中熟组玉米区域试验，平均亩产672.7千克，比对照四单19增产5.4%。2005年参加内蒙古中熟组玉米生产试验，平均亩产688.9千克，比对照四单19增产4.6%。

熟期：平均生育期122天，与对照四单19持平。

品质：穗行数12～14行，行粒数45～50粒。

主要特点：植株株型半紧凑，茎秆“之”字形，雄穗主侧枝明显，苞叶长度适中，无剑叶，果穗长柱形、穗轴红色，籽粒半齿型、深黄色。

审定适宜种植区域：内蒙古呼和浩特、鄂尔多斯、兴安盟、赤峰≥10℃活动积温2 700℃以上地区种植。

主要推广地区：内蒙古兴安盟、赤峰和乌兰察布。

种植面积变化情况：该品种推广应用面积相对稳定，2017年16.1万亩，2018年17.1万亩。

7.3.33 玉龙9号

选育单位：翁牛特旗玉龙种子有限公司

亲本血缘：W9901×H1007

类型：普通玉米

区试产量：2009年参加内蒙古中早熟组预备试验，平均亩产823.4千克，比对照四单19增产7.2%。2010年参加内蒙古中熟组区域试验，平均亩产784.0千克，比对照兴垦3号增产9.6%。2011年参加内蒙古中熟组生产试验，平均亩产875.6千克，比对照丰田6号增产8.5%。

熟期：中熟品种。

品质：穗行数16行，行粒数40粒，单穗粒重224.1克，出籽率85.1%。

主要特点：植株株型半紧凑，雄穗护颖绿色、花药黄色，雌穗花丝黄色，果穗长筒形、穗轴红色，籽粒马齿型、黄色。

审定适宜种植区域：适宜内蒙古≥10℃活动积温2 700℃以上地区种植。

主要推广地区：内蒙古巴彦淖尔、兴安盟、赤峰和呼和浩特。

种植面积变化情况：该品种近年的推广应用面积逐渐减少。

7.3.34 隆平702

选育单位：安徽隆平高科种业有限公司

亲本血缘：A119×A027

类型：普通玉米

区试产量：2011年参加内蒙古极早熟组预备试验，平均亩产675.8千克，比对照大地1增产23.3%。2012年参加内蒙古极早熟组区域试验，平均亩产694.1千克，比组均值增产7.2%。2013年参加内蒙古极早熟组生产试验，平均亩产708.4千克，比组均值增产7.8%。

熟期：极早熟品种。

抗性：人工接种、接虫抗性鉴定，感大斑病，中抗弯孢叶斑病，高抗丝黑穗病，高抗茎腐病，中抗玉米螟。

品质：籽粒容重742克/升，粗蛋白质9.68%，粗脂肪4.59%，粗淀粉72.67%，赖氨酸0.30%。

主要优缺点：优点是高抗丝黑穗病，高抗茎腐病，中抗玉米螟。缺点是感大斑病。

审定适宜种植区域：适宜内蒙古≥10℃活动积温2 100℃以上地区种植。

主要推广地区：内蒙古赤峰和呼伦贝尔。

种植面积变化情况：该品种推广应用面积显著减少，2017年42万亩，2018年13.5万亩。

7.3.35 先玉698

选育单位：铁岭先锋种子研究有限公司

亲本血缘：PH6WC×PH4CN

类型：普通玉米

区试产量：2012年参加内蒙古中晚熟组区域试验，平均亩产934.8千克，比对照丰田6号增产7.2%。2013年参加内蒙古中晚熟组生产试验，平均亩产773.1千克，比对照丰田6号增产1.07%。

熟期：中晚熟品种。

品质：穗行数16.5行，行粒数38粒，单穗粒重236.3克，出籽率85.1%。

主要特点：植株株型半紧凑，雄穗护颖绿色、花药黄色，雌穗花丝紫色，果穗长筒形、穗轴粉色，籽粒马齿型、橙黄色。

审定适宜种植区域：内蒙古≥10℃活动积温2 800℃以上地区种植。

主要推广地区：内蒙古赤峰、巴彦淖尔、呼和浩特、兴安盟和鄂尔多斯。

种植面积变化情况：该品种推广应用面积显著减少，2017年40.9万亩，2018年21.3万亩。

7.3.36 38P05

选育单位：铁岭先锋种子研究有限公司

亲本血缘：PH1W2×PHTD5

类型：普通玉米

区试产量：2012年参加内蒙古早熟组区域试验，平均亩产727.1千克，比对照丰垦008增产10.36%。2013年参加内蒙古早熟组生产试验，平均亩产684.7千克，较对照丰垦008增产5.2%。

熟期：早熟品种。

品质：穗行数14.4行，行粒数35粒，单穗粒重158.9克，出籽率84.7%。

主要特点：植株株型平展，雄穗护颖绿色、花药紫色，雌穗花丝浅绿色，果穗短锥形、穗轴红色，籽粒马齿型、黄白色。

审定适宜种植区域：内蒙古≥10℃活动积温2 300℃以上地区种植。

主要推广地区：内蒙古呼伦贝尔、赤峰和呼和浩特。

种植面积变化情况：该品种推广应用面积显著减少，2017年24.5万亩，2018年14.7万亩。

7.3.37 吉单32号

选育单位：吉林吉农高新技术发展股份有限公司

亲本血缘：四-287×150

类型：普通玉米

区试产量：2010年参加内蒙古中早熟组区域试验，平均亩产763.7千克，比对照哲单39增产5.0%。2011年参加内蒙古中早熟组生产试验，平均亩产727.8千克，比对照哲单39增产10.3%。

熟期：中早熟品种。

品质：穗行数16行，行粒数39粒，单穗粒重193.8克，出籽率85.1%。

主要特点：植株株型平展，雄穗护颖绿色、花药黄色，果穗短筒形、穗轴白色，籽粒马齿型、黄色。

审定适宜种植区域：适宜内蒙古≥10℃活动积温2 500℃以上地区种植。

主要推广地区：内蒙古兴安盟。

种植面积变化情况：该品种推广应用面积相对稳定，2017年12.7万亩，2018年11.4万亩。

7.3.38 大德216

选育单位：北京大德长丰农业生物技术有限公司

亲本血缘：1024×H340

类型：普通玉米

区试产量：2011年参加内蒙古中早熟组预备试验，平均亩产758.1千克，比对照哲单37增产10.3%。2012年参加内蒙古早熟组区域试验，平均亩产

698.3千克，比对照丰垦008增产6.3%。2013年参加内蒙古早熟组生产试验，平均亩产682.0千克，比对照丰垦008增产9.8%。

熟期：早熟品种。

抗性：人工接种、接虫抗性鉴定，感大斑病，感弯孢叶斑病，中抗丝黑穗病，中抗茎腐病，感玉米螟。

品质：籽粒容重746克/升，粗蛋白质10.51%，粗脂肪4.30%，粗淀粉72.57%，赖氨酸0.30%。

主要特点：优点是中抗丝黑穗病，中抗茎腐病，缺点是感大斑病，感弯孢叶斑病，感玉米螟。

审定适宜种植区域：适宜内蒙古≥10℃活动积温2 300℃以上地区种植。

主要推广地区：内蒙古呼伦贝尔、赤峰和兴安盟。

种植面积变化情况：该品种推广应用面积大幅增加，2017年17.9万亩，2018年43.1万亩。

7.3.39 京科665

选育单位：北京市农林科学院玉米研究中心

亲本血缘：京725×京92

类型：普通玉米

区试产量：2011—2012年参加东华北春玉米品种区域试验，两年平均亩产789.5千克，比对照增产4.2%。2012年参加东华北春玉米品种生产试验，平均亩产766.2千克，比对照郑单958增产9.8%。

熟期：在东华北春玉米区出苗至成熟128天，比对照郑单958早熟1天。

抗性：接种鉴定，抗玉米螟，中抗大斑病、弯孢叶斑病和茎腐病，感丝黑穗病。

品质：籽粒容重770克/升，粗蛋白质10.52%，粗脂肪3.68%，粗淀粉74.54%，赖氨酸0.32%。

主要特点：中抗大斑病、弯孢叶斑病和茎腐病，但是感丝黑穗病。

审定适宜种植区域：适宜在北京、天津、河北北部、山西中晚熟区、辽宁中晚熟区（不含丹东）、吉林中晚熟区、内蒙古赤峰和通辽、陕西延安地区春播种植。

主要推广地区：内蒙古通辽和赤峰。

种植面积变化情况：该品种推广应用面积逐渐增加，2017年15.2万亩，2018年23万亩。

7.3.40 大民707

选育单位：大民种业股份有限公司

亲本血缘：06-2705×1027P

类型：普通玉米

区试产量：2008年参加内蒙古玉米中早熟组预备试验，平均亩产732.8千克，比对照哲单37增产31.7%。2009年参加内蒙古玉米中早熟组区域试验，平均亩产639.7千克，比对照九玉一号增产15.2%。2009年参加内蒙古玉米中早熟组生产试验，平均亩产603.0千克，比对照九玉一号增产10.3%。

熟期：平均生育期123天，比对照九玉一号早1天。

抗性：人工接种抗性鉴定，感大斑病，中抗弯孢菌叶斑病，抗丝黑穗病，抗茎腐病，中抗玉米螟。

品质：籽粒容重732克/升，粗蛋白质10.95%，粗脂肪4.07%，粗淀粉72.54%，赖氨酸0.22%。

主要特点：中抗弯孢菌叶斑病，抗丝黑穗病，抗茎腐病，中抗玉米螟，但是感大斑病。

审定适宜种植区域：适宜内蒙古呼和浩特、赤峰、通辽、兴安盟、呼伦贝尔≥10℃活动积温2 500℃以上地区种植。

主要推广地区：内蒙古赤峰和兴安盟。

种植面积变化情况：该品种推广应用面积相对稳定，2017年31.5万亩，2018年31.4万亩。

7.3.41 先达203

选育单位：先正达（中国）投资有限公司隆化分公司

亲本血缘：NP2171×NP2464

类型：普通玉米

区试产量：2010年参加内蒙古早熟组区域试验，平均亩产703.4千克，比对照登海19增产9.9%。2011年参加内蒙古早熟组区域试验，平均亩产640.0千克，比对照登海19增产4.3%。2013年参加内蒙古早熟组生产试验，平均亩产740.5千克，比对照丰垦008增产13.8%。

熟期：早熟品种。

抗性：人工接种、接虫抗性鉴定，感大斑病，中抗弯孢叶斑病，中抗丝黑穗病，抗茎腐病，中抗玉米螟。

品质：籽粒容重713克/升，粗蛋白质9.48%，粗脂肪4.10%，粗淀粉74.37%，赖氨酸0.31%。

主要特点：中抗弯孢叶斑病，中抗丝黑穗病，抗茎腐病，中抗玉米螟，但是感大斑病。

审定适宜种植区域：适宜内蒙古≥10℃活动积温2 300℃以上地区种植。

主要推广地区：内蒙古呼伦贝尔和兴安盟。

种植面积变化情况：该品种推广应用面积有所减少，2017年35万亩，2018年19.5万亩。

7.3.42　并单16号

选育单位：山西大丰种业有限公司

亲本血缘：206-305×太系50

类型：普通玉米

区试产量：2013年参加内蒙古早熟组区域试验，平均亩产772.2千克，比对照丰垦008增产13.2%。2014年参加内蒙古早熟组生产试验，平均亩产640.9千克，比对照丰垦008增产2.5%。

熟期：早熟品种。

品质：穗行数16行，行粒数37.1粒，出籽率76.2%。

主要特点：植株株型半紧凑，果穗长筒形、穗轴红色，籽粒偏马齿型、黄色。

审定适宜种植区域：适宜内蒙古≥10℃活动积温2 200℃以上地区种植。

主要推广地区：内蒙古呼伦贝尔、乌兰察布、兴安盟和赤峰。

种植面积变化情况：该品种推广应用面积相对稳定，2017年27.4万亩，2018年29.1万亩。

7.3.43 屯玉188

选育单位：曹冬梅，徐英华，曹丕元

亲本血缘：WFC2611×WFC96113

类型：普通玉米

区试产量：2011年参加内蒙古极早熟组预备试验，平均亩产543.2千克，比对照冀承单3号增产5.82%。2012年参加内蒙古极早熟组区域试验，平均亩产674.39千克，比平均值增产4.15%。2013年参加内蒙古极早熟组生产试验，平均亩产669.3千克，比平均值增产1.79%。

熟期：极早熟品种。

品质：穗行数14.2行，行粒数35粒，单穗粒重139.3克，出籽率82.1%。

主要特点：早熟，株型半紧凑，穗轴红色，籽粒半硬粒型、黄色，中抗丝黑穗病和茎腐病，感大斑病、弯孢叶斑病和玉米螟。

审定适宜种植区域：内蒙古≥10℃活动积温2 000℃以上地区种植。

主要推广地区：内蒙古呼伦贝尔。

种植面积变化情况：该品种推广应用面积逐渐减少，2017年25万亩，2018年13.2万亩。

7.3.44 华农292

选育单位：北京华农伟业种子科技股份有限公司

亲本血缘：HN029×HN002

类型：普通玉米

区试产量：2011年参加内蒙古中早熟组预备试验，平均亩产842.0千克，比对照哲单39增产9.4%。2012年参加内蒙古中早熟组区域试验，平均亩产842.9千克，比组均值增产9.7%。2013年参加内蒙古中早熟组生产试验，平均亩产847.3千克，比组均值增产3.6%。

熟期：中早熟品种。

抗性：人工接种、接虫抗性鉴定，感大斑病，中抗弯孢叶斑病，感丝黑穗病，高抗茎腐病，中抗玉米螟。

品质：籽粒容重751克/升，粗蛋白质8.82%，粗脂肪4.10%，粗淀粉73.20%，赖氨酸0.29%。

主要优缺点：优点是中抗弯孢叶斑病，高抗茎腐病，中抗玉米螟。缺点是感大斑病，感丝黑穗病。

审定适宜种植区域：适宜内蒙古≥10℃活动积温2 400℃以上地区种植。

主要推广地区：内蒙古呼伦贝尔和兴安盟。

种植面积变化情况：该品种推广应用面积逐渐增加，2017年15.8万亩，2018年24万亩。